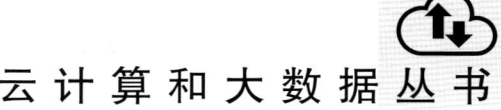
云计算和大数据丛书

机器学习在北斗对流层延迟中的研究与应用

何林 著

武汉大学出版社

图书在版编目(CIP)数据

机器学习在北斗对流层延迟中的研究与应用 / 何林著. -- 武汉：武汉大学出版社, 2025.7. -- 云计算和大数据丛书. -- ISBN 978-7-307-24868-7

Ⅰ.P421.31

中国国家版本馆 CIP 数据核字第 2025X3Q279 号

责任编辑：胡　艳　陈卓琳　　责任校对：鄢春梅　　版式设计：马　佳

出版发行：武汉大学出版社　　(430072　武昌　珞珈山)
（电子邮箱：cbs22@whu.edu.cn　网址：www.wdp.com.cn）
印刷：湖北金海印务有限公司
开本：787×1092　1/16　印张：11　字数：255 千字　插页：1
版次：2025 年 7 月第 1 版　　2025 年 7 月第 1 次印刷
ISBN 978-7-307-24868-7　　定价：66.00 元

版权所有，不得翻印；凡购我社的图书，如有质量问题，请与当地图书销售部门联系调换。

前　言

随着全球导航卫星系统(GNSS)技术的迅猛发展,对流层延迟作为影响卫星信号传播精度的重要因素,其精确建模与预报已成为科学界与工程界共同关注的焦点。对流层作为地球大气的最底层,其复杂的物理过程和丰富的水汽含量对 GNSS 定位精度和气象预报能力产生重要影响。传统对流层延迟模型多依赖于经验公式和实测气象数据,存在精度低、建模过程烦琐、数据传输与管理困难等问题,难以满足高精度 GNSS 定位和气象学研究的需求。

在此背景下,机器学习、神经网络等技术的兴起为全球高精度对流层延迟建模与预报提供了新的契机。本书深入探索了机器学习算法在北斗卫星导航系统(后文简称北斗,英文简称 BDS)及其他 GNSS 对流层延迟建模、湿延迟预报以及水汽反演中的创新应用。本书旨在通过先进的机器学习算法,解决传统对流层延迟模型存在的问题,为 GNSS 大气延迟改正和气象学领域的发展贡献新的思路和方法。

本书主要围绕以下几个方面展开:

(1)针对对流层延迟的复杂性和非线性特征,提出一种基于变分模态分解(VMD)的对流层延迟信号分解算法。该算法能够揭示对流层延迟中隐藏的多个本征模态信号分量,并分析其时空变化特征,不仅为对流层延迟的进一步研究奠定了理论基础,也为后续的高精度预报模型提供了数据支撑。

(2)构建基于 VMD 和长短期记忆神经网络(LSTM)的高精度对流层延迟预报模型。该模型通过对各本征模态分量分别预报并加权求和,实现了对流层延迟时间序列信号的高精度恢复。统计结果表明,该模型在全球范围内的平均预报精度为 1.5cm,显著提升了预报时长和预报精度。

(3)融合鹈鹕算法(POA)、卷积神经网络(CNN)和 LSTM 算法,构建全球对流层湿延迟预报模型。该模型通过 POA 优化 CNN 的超参数,并结合 LSTM 的记忆细胞优势,实现了对流层湿延迟的高精度预报。与同类模型相比,该模型在预报精度上显著提升,为全球范围内对流层湿延迟的预报提供了可靠的数据服务。

(4)构建基于最小二乘支持向量机(LSSVM)和 Adaboost 集成算法的水汽反演模型。该模型将对流层湿延迟及其时空数据作为输入参数,通过集成学习形成强分类器,实现了全球范围内对流层湿延迟向可降水量的高效转化。该模型不仅解决了传统模型对转化系数的依赖问题,还显著提升了水汽反演的精度。

本书的特点在于:探索了先进的机器学习算法在北斗对流层延迟建模与预报中的应用,提出了基于 VMD 的对流层延迟信号分解算法和基于 VMD-LSTM 的高精度对流层延迟预报模型,构建了融合 POA、CNN 和 LSTM 的全球对流层湿延迟预报模型,以及基于

LSSVM-Adboost 集成算法的水汽反演模型。这些研究成果为 GNSS 大气延迟改正与水汽反演研究提供了理论和技术支撑，推动了 GNSS 在气象监测和精密定位领域的发展。

  本书旨在通过深入的理论分析和实验验证，为读者提供较为系统的机器学习算法在北斗对流层延迟建模与预报中的应用指南；同时，本书也可为相关领域的研究人员提供有益的参考和启示。

  由于作者水平有限，书中仍可能存有纰漏和不妥之处，恳请读者和业内专家批评指正。

何 林

2024 年 10 月

目　　录

第1章　绪论 ... 1
1.1　大气层结构 ... 1
1.2　研究背景及意义 ... 2
1.3　对流层延迟基础理论 ... 3
1.3.1　对流层延迟成因 ... 3
1.3.2　对流层延迟基础理论 ... 4
1.3.3　对流层延迟改正常见数学模型 ... 5
1.3.4　天顶静力学延迟模型 ... 7
1.3.5　天顶湿延迟的计算 ... 8
1.3.6　映射函数模型 ... 9
1.3.7　水汽的水平梯度模型 ... 11
1.3.8　可降水量PWV的计算 ... 12
1.4　研究现状 ... 13
1.4.1　对流层延迟气象参数模型 ... 13
1.4.2　对流层延迟经验模型 ... 14
1.4.3　GNSS对流层延迟 ... 15
1.4.4　基于机器学习算法的对流层延迟模型 ... 16
1.5　研究目的与主要内容 ... 17
1.5.1　研究目标 ... 17
1.5.2　研究内容与方法 ... 17

第2章　机器学习基本知识 ... 20
2.1　机器学习发展历程 ... 20
2.1.1　起步阶段：梦想的萌芽(1950—1960年) ... 20
2.1.2　第一次热潮与第一次寒冬(1961—1979年) ... 21
2.1.3　第二次热潮与第二次寒冬(1980—1999年) ... 21
2.1.4　第三次热潮：深度学习的崛起与繁荣(2000年至今) ... 22
2.1.5　深度学习的新前沿与应用深化 ... 24
2.1.6　面临的挑战与应对策略 ... 25
2.2　机器学习基础知识 ... 26
2.2.1　相关基本概念 ... 26

2.2.2 模型选择与结果评估 ………………………………………………………… 29
　2.3 常见的机器学习算法 ……………………………………………………………… 34
　　　2.3.1 线性回归 ……………………………………………………………………… 34
　　　2.3.2 决策树 ………………………………………………………………………… 36
　　　2.3.3 神经网络 ……………………………………………………………………… 39
　　　2.3.4 支持向量机 …………………………………………………………………… 42
　　　2.3.5 贝叶斯分类器 ………………………………………………………………… 44
　　　2.3.6 集成学习 ……………………………………………………………………… 49
　　　2.3.7 聚类算法 ……………………………………………………………………… 56
　　　2.3.8 降维算法 ……………………………………………………………………… 62

第3章 对流层延迟及机器学习算法研究 ……………………………………………… 66
　3.1 对流层延迟信号分解 ……………………………………………………………… 66
　　　3.1.1 对流层延迟信号去噪算法 …………………………………………………… 66
　　　3.1.2 对流层延迟均值滤波算法 …………………………………………………… 67
　　　3.1.3 Hampel 滤波器与 SVD 去噪算法 …………………………………………… 67
　3.2 VMD 信号分解算法 ……………………………………………………………… 70
　　　3.2.1 变分模态的构造 ……………………………………………………………… 70
　　　3.2.2 变分问题的求解 ……………………………………………………………… 71
　　　3.2.3 VMD 算法的优缺点 ………………………………………………………… 73
　　　3.2.4 VMD 算法在对流层延迟模态信号分解中的应用 ………………………… 73
　3.3 LSTM 长短期记忆神经网络 ……………………………………………………… 80

第4章 VMD-LSTM 对流层延迟模型构建 …………………………………………… 83
　4.1 引言 ………………………………………………………………………………… 83
　4.2 研究区域与数据 …………………………………………………………………… 85
　　　4.2.1 全球海陆分布 ………………………………………………………………… 85
　　　4.2.2 全球气候变化与对流层延迟 ………………………………………………… 87
　　　4.2.3 VMF 对流层延迟数据 ……………………………………………………… 88
　　　4.2.4 IGS 对流层延迟数据 ………………………………………………………… 89
　4.3 模型构建 …………………………………………………………………………… 91
　4.4 参数优化 …………………………………………………………………………… 94
　4.5 模型精度验证 ……………………………………………………………………… 97
　　　4.5.1 全球精度空间分布 …………………………………………………………… 98
　　　4.5.2 精度的季节变化分析 ………………………………………………………… 99
　　　4.5.3 精度随纬度的变化情况分析 ………………………………………………… 101
　　　4.5.4 极地和青藏高原地区精度分析 ……………………………………………… 102

第5章 基于 POA-CNN-LSTM 算法的 ZWD 预报模型 …… 104
5.1 引言 …… 104
5.2 研究区域与数据 …… 106
5.3 研究方法 …… 108
5.3.1 CNN 卷积神经网络 …… 109
5.3.2 POA 鹈鹕算法 …… 112
5.4 POA-CNN-LSTM 模型构建与实验设计 …… 114
5.4.1 模型构建 …… 115
5.4.2 实验设计与模型训练 …… 117
5.5 模型精度验证 …… 119

第6章 基于 LSSVM-Adaboost 算法的 PWV 优化计算模型 …… 125
6.1 引言 …… 125
6.2 研究区域与数据 …… 127
6.3 研究方法 …… 128
6.3.1 最小二乘算法 …… 128
6.3.2 支持向量机 …… 130
6.3.3 Adaboost 算法 …… 135
6.3.4 LSSVM-Adaboost 算法融合 …… 136
6.4 模型构建与实验设计 …… 138
6.5 精度分析 …… 141

第7章 总结与展望 …… 145
7.1 研究工作总结 …… 145
7.2 本书创新点 …… 146
7.3 研究展望 …… 147

缩略词中英文对照 …… 148

参考文献 …… 150

第1章 绪 论

1.1 大气层结构

地球的大气层，作为环绕地球表面的复杂气体系统，依据物理特性的垂直变化，被细分为对流层、平流层、中间层、热层和散逸层。以下是对这些层次特性及其与地球环境相互作用的简要概述。

对流层：作为最接近地球表面的大气层，对流层受地面的影响最大。在对流层内，地表吸收太阳辐射后加热近地面空气，受热膨胀的空气因密度减小而上升，高层温度较低的冷空气因密度较大而逐渐下沉，形成垂直方向的对流运动。这种由温差驱动的空气升降运动，构成了对流层最基本的动力机制。对流层的厚度随着维度增加而逐渐减小，低纬度地区（如赤道附近）通常为16~18km，中纬度地区为10~12km，而高纬度地区（如极地）则减少至8~9km；对流层的厚度不仅与纬度有关，还受季节、地表温度等因素影响。

对流层的气体成分以氮气和氧气为主，分别约占对流层气体质量78.1%和20.9%，对流层还包含水蒸气、二氧化碳和其他微量气体。对流层是对人类生产、生活影响最大的一个层次，这一层集中了大气中约99%的水蒸气，风雨雷电、雪雾冰雹等天气现象也都发生在在该层。人类活动，特别是工业污染物的直接排放，加剧了对流层的气体污染，导致极端天气事件频发，严重影响了对流层的能量交换及其对地球的保护作用。

对流层内的温度、气压、湿度等参数在垂直方向上表现出显著的梯度变化。地表吸收的太阳短波辐射，通过潜热输送方式加热对流层，而长波辐射则被对流层吸收。随着高度的增加，大气逐渐稀薄，对长波辐射的吸收能力减弱，对流层内温度逐渐降低。对流层内的气压随高度递减，呈现出垂直分布特征。一般情况下，对流层的湿度也随着高度增加而降低，在某些特殊情况下，对流层中也会出现逆湿现象，即湿度随高度增加而增大；对流层湿度在不同纬度地区也表现出差异，赤道及中低纬度地区湿度较高，而高纬度如极低则湿度较低。

平流层：自对流层顶至55km左右为平流层，平流层内气流以水平运动为主，水蒸气含量极少，为飞行提供了稳定的环境。

中间层：自平流层顶至85km左右为中间层，在该层内，气温随高度增加迅速下降，是大气层中最冷的部分。

热层：自中间层顶至800km左右为热层，在该层内，随着高度增加，温度迅速升高；这一层空气密度很小，空气处于高度电离状态，且具有反射无线电波的能力，对无线电通信和卫星导航具有重要意义。

第 1 章　绪　　论

散逸层：这是大气的最高层，也称外层，该层温度更高，空气极度稀薄，地心引力较小。

在对流层的量化研究中，大气水汽、温度、气压等关键参数被用于精确描述对流层状态。这些参数对于理解全球能量交换、大气辐射、气体交换等过程具有重要意义。同时，它们也是研究极端天气、气象预报和气候变化等问题的关键数据。

此外，对流层对卫星信号传播的影响也是当前研究的热点之一。大气辐射在穿过对流层时，会削弱紫外线辐射以及二氧化硫、氮氧化物等有害气体，但同时这些大气成分也会改变无线电信号的传播路径和速度，引起卫星信号传播的延迟和定位误差。因此，通过精确量化的方法研究对流层引起的信号传播延迟，对于提升 GNSS 定位精度具有重要意义。同时，利用 GNSS 技术反演对流层中的气体成分及变化规律，也是 GNSS 近地空间环境学的前沿研究。

1.2　研究背景及意义

对流层中蕴含大量的水汽，大气水汽在一定情况下可以在气态、固态和液态之间进行转换，该过程伴随着能量的吸收或释放，这种能量转换引起地表空气温度和湿度的显著变化，对其量化研究具有重要的科学意义和应用价值（Askne et al.，1987；Bevis et al.，1992；Ross et al.，1997；Chen et al.，2014；Li et al.，2019）。

基于 GNSS 的高精度定位和大气水汽反演是我国在卫星导航和气象监测领域的重要战略规划。高精度定位技术的发展可以助力智慧城市建设、提高资源利用效率、推动相关产业发展；大气水汽反演对气象灾害预警、农业保障等方面具有重要研究意义。

加强定位算法研发，优化信号接收处理技术，实现更精准、高效的 GNSS 导航定位服务，在大地测量学领域具有重要的研究意义。在水汽反演方面，研究 GNSS 信号实时估算、监测大气中水汽含量，可为天气预报、气候监测和环境研究提供技术支持（张克非等，2022）。通过发展 GNSS 定位与水汽反演的创新算法，实现高精度、高空间分辨率的大气水汽反演，可显著提升对气象的理解与预测能力，提升洪涝管理能力、干旱监测水平，对推动 GNSS 气象学、北斗卫星导航系统和环境科学的跨学科交叉融合具有重要意义；同时，也可为国际合作和全球环境治理提供新契机，促进全球科技共享与合作，推动构建人类命运共同体。

大气水汽与民生息息相关。水汽的气-液-固态三相变换是各种天气、气候现象形成的重要驱动力，是表征极端天气和气候变化的重要参数（Yao et al.，2016；Zhang et al.，2021）。近年来，强对流天气及气候异常事件（厄尔尼诺、拉尼娜等）频发，引起了诸如旱涝、冰冻等极端天气事件。2024 年春节前夕，我国豫皖鄂湘贵等地发生了极端冰冻，导致道路结冰、航班大面积取消，严重影响了国民经济和社会发展，此次自然灾害波及范围广、持续时间长，造成惨重经济损失。精细监测和计算对流层延迟、预报大气可降水量（precipitable water vapor，PWV）是实现极端天气有效监测和预报的重要手段（Zhang et al.，2021；Li et al.，2020b）。因此，构建长时序、高精度水汽反演模型，研究大气水汽变化特征，探究其中潜在的变化规律，揭示极端天气事件发生的内在逻辑，对于提升 GNSS 水汽反演精度具有重要意义。

对流层延迟和大气水汽时空变化规律复杂,当 GNSS 信号穿越对流层时,由于折射率在不同位置、不同高度面差异显著,信号发生偏折,从而产生对流层延迟(zenith tropospheric delay, ZTD),这种延迟是影响 GNSS 快速精密定位的重要误差源(Geng et al., 2019; Shi et al., 2023; Zhang et al., 2019)。对流层延迟可分为干延迟(zenith hydrostatic delay, ZHD)和湿延迟(zenith wet delay, ZWD),在 GNSS 数据处理中,通常利用经验模型提供干延迟数据,将湿延迟作为待估参数进行估计,干延迟先验值的精度会影响湿延迟的估计精度,进而影响最终的 GNSS 定位精度(Li et al., 2023; 施闯等, 2020; Zhao et al., 2024; 张克非等, 2022)。对流层湿延迟中包含了丰富的水汽,通过借助大气加权平均温度(weighted mean temperature, T_m)可以实现由湿延迟到水汽的转化。目前,这种 GNSS 水汽反演算法已经得到了广泛研究与应用(Guo et al., 2021; Huang et al., 2023)。对流层延迟反演的水汽信息反过来可为 GNSS 快速精密定位提供大气延迟改正数。因此,研究对流层延迟以及水汽信息对 GNSS 快速精密定位等具有重要的科学意义和应用价值(Gong et al., 2021; Lu et al., 2017; Li et al., 2018)。

目前,在对流层延迟精化模型与水汽反演方面,我国已经开展了大量研究,取得了丰硕的研究成果(Zhang et al., 2022; 李宏达等, 2020; 蔡猛等, 2022; Zhu et al., 2022; Zhao et al., 2020)。然而,由于数据获取、处理技术的限制,建模思路的差异,以及对流层扰动耦合关系考虑不全面,不同方法运行条件、时空分辨率不同,同类方法在不同时空环境下精度一致性和可移植性较差,对流层延迟产品不足以支撑 GNSS 高精度定位和高时空分辨率水汽反演。本书将系统研究北斗对流层延迟实时解算和质量控制方法,构建基于多层感知机算法及北斗对流层延迟的实时大气水汽反演模型,显著提升水汽反演空间分辨率(1km)和精度,推动机器学习和北斗技术的深度融合,为北斗在 GNSS 气象学领域的综合应用提供技术储备和数据支撑。

近年来,随着机器学习算法的快速发展和市场化应用,人们对大数据、海量信息的分析和应用能力显著提升。机器学习算法通过模拟大脑神经元,对感知到的信息进行处理加工,形成电信号进行传递。常用的算法主要包含分类、聚类、回归、卷积、循环等。机器学习技术的飞速发展推动了人工智能产品的萌芽。

综上所述,通过机器学习集成算法构建全球高精度对流层延迟预报模型,提供全球高精度高分辨率对流层延迟预报产品,可填补国内相关研究的空白,通过提供大气延迟改正数,显著提升了 GNSS 定位精度,同时推动了 GNSS 气象学的发展。

1.3 对流层延迟基础理论

1.3.1 对流层延迟成因

对流层是电磁波传播的重要媒介,其介电常数与电磁波频率无关,所以在对流层中,北斗信号会发生散射。卫星信号在对流层中存在能量衰减,使传播速度受到影响,这种传播能量衰减造成的延迟影响与卫星发射电磁波信号的频率无关。研究表明，频率在30GHz以下的电磁波信号不会在对流层中发生色散，所以，对流层对低频信号而言是一种非色散介质。距离地面由远及近，大气密度逐渐减弱，大气密度分布不均会影响卫星信号的传播，从卫星振荡器发射出的电磁波信号在大气中传播透过对流层时，因受到大量气体分子的冲撞，传播速度将会减弱，引起信号能量衰减，大气延迟使卫星信号传播时间与信号在理想真空中的传播时间存在误差，在北斗高精度定位算法中需要重点考虑这种大气延迟改正(Shamshiri et al.，2020)。

在对流层中，各种气体分子所包含的分子数以及所带的电荷数差异显著，正负电荷的移动以及分子的不断运动，使卫星信号在对流层中形成延迟误差。其中，干空气和湿空气引起的信号延迟可以通过天顶距延迟和对应的映射函数组合表达。

对流层对北斗信号的影响在天顶方向上约2.5m，一般而言，将对流层延迟分为静力学延迟和湿延迟(Davis，1985；丁金才，2009)。静力学延迟也称为干延迟，在天顶方向约为2.2m，可以根据测站坐标和地面气压进行估计，在静力平衡的条件下，若地面气压的测量精度为50Pa，天顶静力学延迟的估计精度仍然可以优于1mm(Elgered，1993)。天顶湿延迟(zenith wet delay，ZWD)主要由水汽引起，可以在几个毫米(很干情况下)到超过350mm(很湿情况下)间变化。大气中的液态水、冰和凝结物对北斗信号传播的影响微乎其微，即使是厚密云层，最多也只能引起7.5mm的延迟(Duan，1996；Businger，1996)，因此可以忽略。而水汽在大气中虽然含量很少，变化幅度很大，变化速度很快，其变化范围在0~4%(丁金才，2009)，但其对电磁波十分敏感，每摩尔水汽的折射率大约为干空气的17倍(Businger，1996)，因此其对北斗信号传播产生重要影响。

1.3.2 对流层延迟基础理论

对流层延迟与大气环境中的温度、气体压强、大气湿度以及卫星和接收机振荡器有关。对流层延迟对定位精度的影响程度与大气折射率密切相关。因此，对流层延迟可以表示为实际信号传播路径方向与几何射线路径方向间的差值在传播方向上的积分(Zheng et al.，2018)。

$$d_{\text{trop}} = \int (n-1)\,\mathrm{d}s \tag{1-1}$$

式中，n为折射因子参数；d_{trop}为卫星信号在大气中产生的对流层延迟；$n-1$是高阶无穷小量，可以近似通过折射率N_{trop}代替，所以对流层延迟可以进一步表示为

$$d_{\text{trop}} = 10^{-6} \int N_{\text{trop}}\,\mathrm{d}s \tag{1-2}$$

大气折射率N_{trop}可以进一步通过Essen和Froome公式(Thayer，1974)表示为

$$N_{\text{trop}} = k_1 \frac{P_d}{T} + k_2 \frac{e}{T} + k_3 \frac{e}{T^2} \tag{1-3}$$

式中，经验常数k_1、k_2和k_3可以通过气象参数确定；P_d表示大气压强(mbar)；T为大气温度(K)；e表示大气水汽压，其求解方式如下(Buck，1981；Murray，1967)：

$$e = [1.0007 + (3.46 \times 10^{-6} P_d)] \times 6.1121 \times \exp\left(\frac{17.502t}{240.97 + t}\right) \quad (1-4)$$

在大气水汽压中 t 表示温度，大气折射率可以进一步改写为

$$N_{\text{trop}} = N_{\text{dry}} + N_{\text{wet}} = 77.6 \frac{P}{T} + 77.6 \times 4180 \frac{e}{T^2} \quad (1-5)$$

对流层延迟 d_{trop} 可以分别表示为干延迟和湿延迟折射率沿传播路径上的积分：

$$d_{\text{trop}} = 10^{-6} \int N_{\text{dry}} ds + 10^{-6} \int N_{\text{wet}} ds = d_{\text{dry}} + d_{\text{wet}} \quad (1-6)$$

式中，d_{trop} 为对流层总延迟；d_{dry} 表示干延迟部分；d_{wet} 表示湿延迟部分。干延迟在数量级上约占对流层总延迟的 90%，在天顶方向，北斗信号的延迟误差约为 2.3m，该延迟随气温和气压也发生变化(Boehm et al., 2006; Spilker et al., 1996)。对流层湿延迟数量级较小，在热带地区约为 40cm，在北极或干燥的沙漠地区更小，约为几毫米(Tuka and Elmowafy, 2013)。

对流层延迟从传播路径投影到天顶方向上需要考虑卫星截止高度角，进一步通过投影函数来确定(Zhang et al., 2020)。

$$d_{\text{trop}} = d_{\text{dry}}^Z MF_{\text{dry}}(E) + d_{\text{wet}}^Z MF_{\text{wet}}(E) \quad (1-7)$$

式中，d_{dry}^Z 为信号传播路径上的干延迟；d_{wet}^Z 为信号传播路径上的湿延迟；$MF_{\text{dry}}(E)$ 表示干延迟对应的映射函数；$MF_{\text{wet}}(E)$ 为湿延迟对应的映射函数；E 表示卫星信号的截止高度角(Schueler, 2001)。对流层延迟在天顶方向约为 2m，当卫星截止高度角在 10°以下时，对流层延可达 20 m(Kos et al., 2008)。

综上所述，高精度的对流层延迟产品对 GNSS 高精度定位和 GNSS 气象学的研究和市场化应用非常重要(Bock et al., 2001; Yao et al., 2013)。目前，对流层延迟的研究方法主要有通过实测气象参数近似估计、GNSS 技术等建模方法。气象参数估计法是将气象传感器设备安装在气象监测站、探空气球等载体上，监测并记录气象空间环境中大气温度、湿度、气压、大气密度以及大气折射率等气象参数。实测气象参数精度高，可以作为参考值验证其他同类模型的精度，但该方法存在成本昂贵、空间分辨率低等问题，制约着实测数据模型的发展。此外，对流层延迟时间序列中也明显存在着年、半年、季节和日变化周期，也有相关研究通过历史时间序列数据构建经验周期模型进而研究对流层延迟，目前常用的研究手段是结合机器学习算法构建高精度、高时空分辨率的模型，进而实现广泛应用。

1.3.3 对流层延迟改正常见数学模型

目前，常用于计算对流层延迟的数学模型主要有三种：Hopfield 模型、Saastamoinen 模型和 Black 模型(李征航，2005；王勇，2006)。

1. Hopfield 对流层延迟模型

该模型的公式为

$$\begin{cases} \Delta S = \Delta S_d + \Delta S_w = \dfrac{K_d}{\sin(E^2+6.25)^{0.5}} + \dfrac{K_w}{\sin(E^2+2.25)^{0.5}} \\ K_d = 155.2\times 10^{-7}\cdot \dfrac{P_s}{T_s}(h_d - h_s) \\ K_w = 155.2\times 10^{-7}\cdot \dfrac{4810}{T^2}e_s(h_w - h_s) \\ h_d = 40136 + 148.72(T-273.16) \\ h_w = 11000 \end{cases} \quad (1\text{-}8)$$

式中，温度 T 均为绝对温度，单位为℃；气压 P_s 和水汽压 e 的单位均为毫帕；高度角 E 单位为度；ΔS、ΔS_d、ΔS_w 分别表示对流层总延迟、对流层干延迟和对流层湿延迟，单位均为 m；K_d、K_w 分别表示干延迟系数和湿延迟系数；h_d、h_w 分别表示对流层干延迟和湿延迟的高度，单位为 m；h_s 为测站高程，单位为 km。

2. Saastamoinen 对流层延迟模型

该模型的公式为

$$\Delta S = \dfrac{0.002277}{\sin E}\left[P_s + \left(\dfrac{1255}{T_s}+0.05\right)e_s - \dfrac{B}{\tan^2 E}\right]W(\varphi\cdot H) + \delta R \quad (1\text{-}9)$$

式中，$W(\varphi\cdot H) = 1 + 0.0026\cos 2\varphi + 0.00028h_s$；$\varphi$ 是测站纬度；E 为高度角；B 是 h_s 的列表函数，δR 是 E 和 h_s 的列表函数。

经数值拟合后，该公式可表示为

$$\begin{cases} \Delta S = \dfrac{0.002277}{\sin E'}\left[P_s + \left(\dfrac{1255}{T_s}+0.05\right)e_s - \dfrac{a}{\tan^2 E'}\right] \\ E' = E + \Delta E \\ \Delta E = \dfrac{16''}{T_s}\left(P_s + \dfrac{4810}{T_s}e_s\right)\cot E \\ a = 1.16 - 0.15\times 10^{-3}h + 0.716\times 10^{-3}h_s^2 \end{cases} \quad (1\text{-}10)$$

式中，各符号的定义与 Hopfield 模型相同。

3. Black 对流层延迟模型

该模型的公式为

$$\Delta S = K_d\left\{\sqrt{1-\left[\dfrac{\cos E}{1+(1-l_0)\dfrac{h_d}{r_s}}\right]^2} - b(E)\right\} + K_w\left\{\sqrt{1-\left[\dfrac{\cos E}{1+(1-l_0)\dfrac{h_w}{r_s}}\right]^2} - b(E)\right\} \quad (1\text{-}11)$$

参数 l_0 和路径弯曲改正 $b(E)$ 可用下式确定：

$$\begin{cases} l_0 = 0.833 + [0.076 + 0.00015(T_s - 273.16)]^{-0.3E} \\ b = 1.92(E^2 + 0.6) - 1 \end{cases} \quad (1\text{-}12)$$

h_d，h_w，K_d，K_w 计算公式如下：

$$\begin{cases} h_d = 148.98(T_s - 3.96) \\ h_w = 13000 \\ K_d = 0.002312(T_s - 3.96)\dfrac{P_s}{T_s} \\ K_w = 0.20 \end{cases} \quad (1\text{-}13)$$

式中，各符号的含义同 Hopfield 模型。

以上三种对流层延迟模型虽然形式上不同，但在测站高程 h_s 不大时，用同一组气象数据代入后求得的天顶方向对流层延迟相差仅几毫米。在高度角 E 较小时（$E<30°$），不同模型间的差异会变得较为明显，但即使当 $E=15°$ 时，用不同模型所求得的信号传播路径上的对流层延迟间的相差也只有几厘米。当测站高程 h_s 的数值很大时（超过 1000m），Hopfield 模型和 Saastamoinen 模型求得的天顶方向的对流层延迟可相差数十厘米，此时，建议采用 Saastamoinen 模型。

4. 高精度北斗数据处理时对流层延迟处理策略

在普通北斗测量中，一般根据实际情况和工程需求在以上三种模型中选择一种模型来改正对流层延迟即可。在高精度北斗测量中，一般来说，首先是根据实际情况选择一种对流层延迟模型，然后将该模型求得的值作为近似值，再通过较为严密的平差计算来估计对流层延迟的精确值。

采用这种方案时，需选择一种对流层延迟模型，然后将该模型所求得的对流层延迟改正视为初始近似值，在数据处理过程中，仍然将其当作未知数参与平差，经过严密平差来估计其精确值。在实际应用中，一般需要根据观测时段的长短、观测时段内气候条件等因素，对这些待定参数做不同的处理。

（1）每个测站在每个时段中只引入一个天顶方向对流层延迟参数。这种方法的优点是引入的参数少，适用于时段较短、气候条件稳定的情况。

（2）将整个观测时段分为若干个子区间，每个区间各自引入一个独立的天顶对流层延迟参数。这种方法适用于观测时段较长，气候变化波动较大的情况，但引入的参数较多。

（3）用线性函数 $a_0+a_1(t-t_0)$ 来拟合整个观测时段内的天顶方向对流层延迟。这种方法适用于观测时间较长、气候变化较为稳定的情况，引入的参数较少。

在实际应用中，应该根据不同的需求来选择合适的对流层延迟模型和对流层延迟估计策略。

1.3.4 天顶静力学延迟模型

在北斗数据处理中，运用对流层延迟的数学模型和处理策略，即可满足各种不同精度的工程或科研需求。前面已经讲到，对流层对电磁波信号的延迟可以分为干大气和水汽两部分，其中干大气部分比较稳定，符合理想气体状态方程，可采用测站坐标和测站的气象数据根据一定的模型计算得到，而水汽部分则由于其变化较快，难以用模型描述。但在任何测站上，干延迟均占总延迟量的 90% 以上，因此，接下来介绍几种常用来计算干延迟部分的天顶静力学延迟模型，常用的静力学延迟模型有 Saastamoinen 模型、Hopfield 模型、Black 模型。

1. Saastamoinen 天顶静力学延迟模型

该模型的计算公式如下：

$$\begin{cases} \text{ZHD} = (2.2768 \pm 0.0024)\dfrac{P_s}{f(\theta, H)} \\ f(\theta, H) = 1 - 0.00266\cos 2\theta + 0.00028H \end{cases} \quad (1\text{-}14)$$

式中，ZHD 为天顶静力学延迟，单位为 mm；P_s 为测站表面大气压，单位为 hPa；θ 是测站纬度，单位为度；H 为测站大地高，单位为 km。

2. Hopfield 天顶静力学延迟模型

该模型的计算公式如下：

$$\begin{cases} \text{ZHD} = \dfrac{77.6 \times 10^{-3} P_s}{5 T_s}(h_d - h_s) \\ h_d = 40136 + 148.72(T_s - 273.16) \end{cases} \quad (1\text{-}15)$$

式中，T_s 为测站绝对温度，单位为 K；h_d 为对流层顶部高于大地水准面的有效高度，单位为 m；h_s 为测站的海拔高程，单位为 m。

3. Black 天顶静力学延迟模型

该模型的计算公式如下：

$$\text{ZHD} = 2.312(T_s - 3.96)\dfrac{P_s}{T_s} \quad (1\text{-}16)$$

式中，T_s 为测站绝对温度，单位为 K；P_s 为测站表面大气压，单位为 hPa。

采用 Saastamoinen 模型和 Hopfield 模型计算静力学延迟时，需知道测站坐标和测站的气象数据，而用 Black 模型则只需测站气象数据即可。经过验证，在测站高程不大（<1000m）时，静力学延迟解算的三个模型的结果非常接近。在测站高程大于 1000m 时，静力学延迟解算推荐使用 Saastamoinen 模型和 Black 模型，若用 Hopfield 模型，则需要对该模型进行修正。

在实际应用中，根据实际需求来选择合适的模型，再根据相应的观测数据或者参数，即可求得测站处的天顶静力学延迟。

1.3.5　天顶湿延迟的计算

天顶方向对流层对北斗信号的影响可以分为两部分，一部分为干延迟，也称天顶静力学延迟，它占了对流层延迟的 90% 以上，另一部分为湿延迟，是由水汽引起的，虽然它在对流层延迟中所占的比值较小，且变化较快，变化范围也比较大，但却是 GNSS 气象学中的关键因素，也是本书所探讨的重点。

在高精度北斗数据处理时，选择合适的对流层延迟模型和数据处理方法，就可以精确地得到天顶方向的对流层延迟 ZTD，而天顶方向静力学延迟可以利用前文所介绍的模型，根据测站坐标和相应的气象观测数据得到。在此基础上，根据天顶方向对流层延迟和天顶方向静力学延迟就可以得到天顶湿延迟，其计算公式如下：

$$ZWD = ZTD - ZHD \tag{1-17}$$

式中，ZTD 为天顶方向对流层延迟；ZHD 为天顶方向静力学延迟；ZWD 为天顶方向的湿延迟。

1.3.6 映射函数模型

前面介绍的对流层延迟模型和静力学延迟模型都是天顶方向的延迟，这是由于在北斗数据处理时，若把每颗卫星对应的斜路径延迟量都设定为待估参数，则在观测过程中每增加一个观测值就会增加一个未知数，从而导致该方程无法求解。为解决该问题，在北斗数据处理时，只把每个测站天顶方向的对流层延迟作为未知数，再通过映射函数把天顶静力学延迟和湿延迟投影到斜方向上。

北斗信号传播路径对流层延迟 STD 与测站天顶方向对流层延迟 ZTD 之间有以下关系：

$$STD = m \times ZTD \tag{1-18}$$

式中，m 为映射函数，是卫星高度角和其他因素的函数。

从上式可以看出，映射函数的准确性不仅会影响斜路径延迟量或天顶延迟量的估计精度，还会影响定位结果的精度，因此对映射函数的研究是北斗气象学中的一个重要问题。根据相关资料，目前学者提出了不少对流层延迟改正中投影函数模型、如 Marini 模型、Chao 模型、Ifadis 模型、Davis 模型、Herring 模型、NMF 模型、UNBabc 模型、VMF1 模型、GMF 模型等(李征航，2005)。根据投影函数的建立方式，大体上可以将上述投影函数模型分为两类：一类是根据以前的观测资料建立起来的经验模型，以 NMF 模型和 GMF 模型为代表；另一类则是需要实际气象参数资料的模型，以 VMF1 模型为代表。

1. NMF 模型

NMF 模型是 Neill 应用全球分布的 26 个探空气球资料建立的一个全球模型(李征航，2005；徐杰，2008)，该模型的系数 a、b、c 表示与测站地面记录完全不相关的测站地理坐标纬度、地理高度和年积日的函数。投影函数包括干分量投影函数 m_d 和湿分量投影函数 m_w 两部分，其中干分量投影函数 m_d 计算公式为

$$m_d(E) = \frac{\dfrac{1}{1+\dfrac{a_d}{1+\dfrac{b_d}{1+c_d}}}}{\dfrac{1}{\sin E + \dfrac{a_d}{\sin E + \dfrac{b_d}{\sin E + c_d}}}} + \left(\dfrac{1}{\sin E} - \dfrac{\dfrac{1}{1+\dfrac{a_{ht}}{1+\dfrac{b_{ht}}{1+c_{ht}}}}}{\sin E + \dfrac{a_{ht}}{\sin E + \dfrac{b_{ht}}{\sin E + c_{ht}}}}\right) \times \dfrac{H}{1000}$$

$$\tag{1-19}$$

式中，E 为高度角；$a_{ht}=2.53\times10^{-5}$；$b_{ht}=5.49\times10^{-3}$；$c_{ht}=1.14\times10^{-3}$；H 为正高；系数 a_d、b_d 和 c_d 由年积日和纬度插值得到，限于篇幅，此处不作过多介绍。

湿分量的投影函数 m_w 的计算公式如下：

$$m_w(E)=\cfrac{1+\cfrac{a_w}{1+\cfrac{b_w}{1+c_w}}}{\sin E+\cfrac{a_w}{\sin E+\cfrac{b_w}{\sin E+c_w}}} \tag{1-20}$$

式中，各符号的定义与前面一致。同样，系数 a_w、b_w 和 c_w 由年积日和纬度插值得到。NWF 模型在中纬度地区效果很好，但在高纬度地区和赤道地区效果一般，在高程方向会引起偏差，该模型曾经得到过广泛应用。

2. VMF1 模型

VMF1 模型由维也纳理工大学 Boehm 于 2006 年提出（Boehm，2006；李征航，2010），形式与 NMF 相似。但其中系数 a_d 和 a_w 由该大学的大地测量研究所依据实测气象数据而生成，用户可以从网上下载，经内插后使用；而系数 b_d 和 c_d 则是根据欧洲中尺度天气预报中心（ECMWF）近 40 年观测资料求得的，其中 b_d 取常数 0.0029，c_d 则用下式计算得到：

$$c_d=c_0+\left\{\left[\cos\left(\frac{\text{DOY}-28}{365}2\pi+\Psi\right)+1\right]\frac{c_{11}}{2}+c_{10}\right\}(1-\cos\varphi) \tag{1-21}$$

式中，c_0、c_{10} 和 c_{11} 为常数，其值见表 1-1；b_w 和 c_w 取常数，$b_w=0.00146$，$c_w=0.04391$。

表 1-1　　　　　　　　　　　　　**VMF1 投影函数的常系数**

干分量的系数	c_0	c_{10}	c_{11}	Ψ
北半球	0.062	0.000	0.006	0
南半球	0.062	0.001	0.006	π

VMF1 是目前精度最高、可靠性最好的投影函数模型，但该模型的系数大约有 34h 的延迟，实时性较差。

3. GMF 模型

GMF 模型（徐杰，2008）是 Boehm 于 2006 年提出的。该模型采用数值天气模型（NWM）提供的高精度全球对流层折射率来解算延迟量，并考虑了测站坐标对解算结果的影响。该投影函数模型也分为干分量和湿分量两部分。

GMF 模型干分量的表达式如下：

1.3 对流层延迟基础理论

$$m_d(E) = \frac{1 + \dfrac{a_d}{1 + \dfrac{b_d}{1 + c_d}}}{\sin(E) + \dfrac{a_d}{\sin(E) + \dfrac{b_d}{\sin(E) + c_d}}} + \left[\frac{1}{\sin(E)} - \frac{1 + \dfrac{a_{ht}}{1 + \dfrac{b_{ht}}{1 + c_{ht}}}}{\sin(E) + \dfrac{a_{ht}}{\sin(E) + \dfrac{b_{ht}}{\sin(E) + c_{ht}}}}\right]$$

(1-22)

式中,$a_d = \sum\limits_{i=1}^{55}\{[a_{hm}(i)a_p(i) + b_{hm}(i)b_p(i)] \times 10^{-5} + [a_{ha}(i)a_p(i) + b_{ha}(i)b_p(i)] \times 10^{-5}\}$；$b_d = 0.0029$；$c_d = 0.062 + \left\{\left[\cos\left(\dfrac{\text{DOY}-28}{365.25} \times 2\pi + \text{phh}\right) + 1\right] \times \dfrac{c_{h1}}{2} + c_{h0}\right\}(1-\cos\varphi)$，当测站位于北半球时,即当 $\varphi \geq 0$ 时,则 $c_{h1} = 0.007$, $c_{h0} = 0.002$, phh $= 0$；当测站位于南半球时,即当 $\varphi \leq 0$ 时,则 $c_{h1} = 0.005$, $c_{h0} = 0.01$, phh $= \pi$；$a_{ht} = 2.53 \times 10^{-5}$；$b_{ht} = 5.49 \times 10^{-3}$；$c_{ht} = 1.14 \times 10^{-3}$；$a_p(i) = \sum\limits_{n=0}^{9}\sum\limits_{m=0}^{n} P_{n+1, m+1}\cos(m\lambda)$；$P_{n+1, m+1} = \sum\limits_{i=0}^{9}\sum\limits_{j=0}^{\min(jm)}\{(0.5)^i + \sqrt{(1-\sin^2\varphi)^j S}\}$，$S = \sum\limits_{k=0}^{\text{int}\left(\frac{i+j}{2}\right)} \dfrac{(-1)^k(2i-2k+1)!(i-j-2k+1)!}{(k+1)!(i-k+1)!}(\sin\varphi)^{i-j-2k}$。

GMF 模型的湿分量表达式如下：

$$m_w(E) = \frac{1 + \dfrac{a_w}{1 + \dfrac{b_w}{1 + c_w}}}{\sin(E) + \dfrac{a_w}{\sin(E) + \dfrac{b_w}{\sin(E) + c_w}}}$$

(1-23)

式中,$b_w = 0.00146$；$c_w = 0.04391$；系数 a_{hm}、b_{hm}、a_{wm}、b_{wm}、a_{ha}、b_{ha}、a_{wa}、b_{wa} 都可以从相关表格中查询到。其中,a_w 的表达式如下：

$$a_w = \sum_{i=1}^{55}\{[a_{wm}(i)a_p(i) + b_{wm}(i)b_p(i)] \times 10^{-5} + [a_{wa}(i)a_p(i) + b_{wa}(i)b_p(i)] \times 10^{-5}\} \times \cos\left(\frac{\text{DOY}-28}{365.25} \times 2\pi\right)$$

该模型解决了 VMF1 模型中的 a_d 和 a_w 需根据实测气象资料而引起的延时问题,模型精度与 VMF1 相近。

1.3.7 水汽的水平梯度模型

以上方法在计算天顶方向湿延迟时,假设大气是各向同性的,即大气在各个方向上都是相同的,然后采用映射函数把天顶总延迟量作为未知数投影到所观测到的各个卫星的斜路径上,再通过求解联合观测方程组来计算天顶总延迟(丁金才,2009)。但是,实际大气的气压、温度和水汽等要素的水平分布往往不对称,从而导致北斗信号在对流层中的延迟量也具有各向异性,即在仰角相同时,不同方位角的斜路径延迟量往往也不同。因此,很多学者提出加入大气水平梯度模型来更加精确地模拟对流层大气延迟,公式如下:

$$\text{STD} = m_h(e)D_{hz} + m_w(e)D_{wz} + D(e,\varphi) + R_e \tag{1-24}$$

式中,$D(e,\varphi)$ 为对流层大气的水平梯度引起的延迟,即梯度项,e 为仰角,φ 为方位角;R_e 为解的残差项,即观测值与模拟值的差。不同的高精度北斗数据处理软件有不同的梯度模型,这里主要介绍 GAMIT 软件中的梯度模型。

GAMIT 软件中的梯度模型(Herring,2010)为

$$D(e,\varphi) = m_\Delta(e)[G_N\cos(\phi) + G_E\sin(\phi)] \tag{1-25}$$

式中,e 为高度角;φ 为方位角;G_N 是南北方向的水汽梯度分量;G_E 是东西方向的水汽梯度分量;$m_\Delta(e)$ 是梯度的映射函数,其定义如下:

$$m_\Delta(e) = \frac{1}{\sin(e)\tan(e) + c}, \quad c = 0.003 \tag{1-26}$$

实验证明,利用这个模型进行梯度估计,可提高定位精度,特别是当高度角较低时,对改善水汽梯度估计有明显的提升作用。

1.3.8 可降水量 PWV 的计算

根据前面的论述可知计算天顶湿延迟 ZWD 的方法与步骤,接下来讨论可降水量 PWV 的计算。在计算得到大气湿延迟 ZWD 之后,可通过下列关系式得到可降水量 PWV:

$$\text{PWV} = \Pi \cdot \text{ZWD} \tag{1-27}$$

式中,Π 为转换系数,可按下式计算(Bevis,1992):

$$\Pi = \frac{10^6}{(k_3 T_m^{-1} + k_2')R_v} \tag{1-28}$$

式中,k_2' 和 k_3 是大气折射常数,$k_2' = (22.1 \pm 2.2)$K/hPa,$k_3 = (3.739 \times 10^5 \pm 0.012 \times 10^5)$K^2/hPa,$R_v$ 是水汽的气体常数,$R_v = 4.613 \times 10^6$ 尔格/(克·度),T_m 是大气加权平均温度,是水汽分压和相应的绝对温度沿天顶方向的积分值,其定义如下:

$$T_m = \frac{\int \frac{P_v}{T}\text{d}z}{\int \frac{P_v}{T^2}\text{d}z} \tag{1-29}$$

式中,P_v 是某点上的水汽分压,单位为 hPa;T 为该点处的绝对温度,单位为 K。

由此可见,若要计算大气可降水量 PWV,需先计算转换系数 Π,若要计算转换系数 Π,则需要先计算大气加权平均温度 T_m。但由于沿天顶方向水汽分压和温度获取较为困难,其垂直分布也有一定的不均匀性和随时间变化的复杂性,因此,T_m 的精确值很难求得。在实际应用中,一般采用当地无线电探空仪的观测数据,将式(1-27)进行离散化后求得,但此方法仍然比较复杂。为此,不少学者提出基于统计方法推导出大气加权平均温度 T_m 相对于表面温度 T_s 的线性回归模型,这极大地方便了大气加权平均温度的计算,也便于可降水量 PWV 的求解。接下来介绍几种目前常用的适用于我国各地区的大气加权平均

温度回归公式。

Bevis(1992)利用全球无线电探空仪数据推出了适合中纬度地区的线性回归公式：

$$T_m = 70.2 + 0.72T_s \tag{1-30}$$

李建国(1999)确定了适合我国东部地区的回归公式：

$$T_m = 44.05 + 0.81T_s \tag{1-31}$$

刘焱雄(2000)给出了适用于香港地区的大气加权平均温度回归公式：

$$T_m = 120.5 + 0.556T_s \tag{1-32}$$

王勇(2006)给出了适用于武汉地区的大气加权平均温度回归公式：

$$T_m = 170.76 + 0.382T_s \tag{1-33}$$

吕弋培(2008)给出了适用于成都地区的大气加权平均温度回归公式：

$$T_m = 53.087 + 0.796T_s \tag{1-34}$$

以上各模型中，T_s均为地表温度，T_m为大气加权平均温度，单位为℃。

1.4 研究现状

高精度高时空分辨率的对流层延迟数据有助于进一步研究对流层的自然特性，进而服务于GNSS定位增强、全球水循环研究、大气中水汽含量的监测以及极端天气预警等。目前，已有对流层延迟模型非常多，精度不一，时空尺度也不统一，各有侧重，但总体来讲主要有以下几类：借助实测气象参数根据经典物理模型构建的对流层延迟气象参数模型精度为3~5cm；根据对流层历史时间序列通过长期、短期等规律构建的经验模型精度为2~4cm；利用GNSS观测数据通过固定测站坐标估计对流层延迟从而解算的对流层延迟模型精度为2~3cm；通过机器学习算法训练得到的对流层延迟模型等精度为1~2cm。

1.4.1 对流层延迟气象参数模型

借助气象参数信息(如大气温度、大气压强、水汽压等信息)构建的数值气象参数对流层延迟模型研究已取得了丰硕的研究成果。在不同地区取得的精度略有差别。20世纪六七十年代Hopfield分析了大气相关参量信息、测站海拔、大气折射系数以及彼此之间的相关性，通过实测大气参数确定了Hopfield模型的系数估值。模型输入包含卫星截止高度角、气温、气压以及水汽压等参数(Hopfield，1969)。20世纪70年代，Saastamoinen提出了一种更便捷的对流层延迟模型，其输入参数包含测站纬度、高程、大气压强、气体温度、水汽压等有关参量信息。再后来发展出来的Black模型，也需要输入测站时空信息和相应的实测气象参数。这三类模型在当时的精度可以达到3~5cm。Hopfield模型精度与高程有关，高度越高模型精度越低；Saastamoinen模型反而在高程方向表现较好，精度与高程无关(Saastamoinen，1972；Black，1978)。

UNB模型通过正余弦三角函数组合以及对流层时间序列的年平均值和振幅表示气象参数的变化规律。假定在理想情况下，对流层延迟在南北半球对称分布，此时将三角函数模型估计的气象参数按照纬度每15°进行分带，并按划分的纬度带保存气象参数，在每个纬度带内分别解算对流层延迟，在UNB模型的基础上，进一步改进发展出来UNB3、

UNB3m 等模型，UNB3 模型的平均 bias 约为 -0.5cm，精度约为 4.9cm（以 RMSE 计）。UNB3m 的标准差（STD）与 UNB3 模型相差不大，但平均绝对误差（MAE）更小，说明 UNB3m 更具有可靠性（Collins et al.，1997；Leandro et al.，2006）。在 UNB 系列模型的基础上，EGNOS 模型进行了进一步优化，明确了对流层延迟计算中所需的关键气象参数信息，模型精度相比 Hopfield、Saastamoinen 和 UNB 系列模型精度明显提升（Penna et al.，2001）。

20 世纪初，Krueger 等构建了获取气象参数时间序列特征的格网模型 TropGrid（Krueger et al.，2005），进一步改进的 TropGrid2 模型可以不依赖气温、气压和大气湿度参数面向用户提供 ZTD 时间序列产品，精度约为 3.8cm（Schüler，2014）。通过三维格网模式构建的 IGGtrop 模型比上述通过纬度带构建的模型（如 UNB 系列模型和 EGNOS 模型）更好地描述了对流层延迟在经度方向和纬度方向的变化，其全球平均精度为 4cm。IGGtrop 模型精度比 EGNOS 和 UNB3m 模型更高（Li et al.，2012）。在此基础上，通过改进又衍生出了 IGGtrop_SH 和 IGGtrop_Rh 模型，这两类模型都是通过垂直递减函数构建的，该类模型与气象参数无关，IGGtrop_SH 模型研究了对流层延迟的年变化和半年周期变化特征，IGGtrop_Rh 模型研究了对流层延迟的年变化特征，更适用于数据存储和分析，IGGtrop_SH 模型的全球平均精度为 3.9cm，IGGtrop_Rh 模型的平均精度为 4cm。IGGtrop_SH 模型与经典的 IGGtrop 模型相比，考虑了对流层延迟的半年变化特征，由于北半球多陆地，所以在中纬度带对流层延迟改善效果明显，而南半球多为海洋，改善效果不明显（Li et al.，2018）。

GZTD 全球对流层延迟模型是根据球谐函数构建的，时间分辨率为 24h，所需模型参数较少，精度与 IGGtrop 模型相当，主要研究了对流层延迟的时空变化特征（Yao et al.，2013）。GZTD2 模型还考虑了对流层延迟的日变化特征，并对模型函数按照傅里叶展开作了相应的改进，平均精度为 3.8cm，优于 EGNOS 模型和 UNB 模型（Yao et al.，2016）。基于网格的全球对流层延迟模型（ITG）研究了对流层延迟的年、半年、季节和日变化特征，研究的主要参量信息包含大气温度、大气压、大气加权平均温度（T_m）和对流层湿延迟（ZWD），平均精度为 3.7cm（Yao et al.，2015）。经验模型使用更加方便，仅需要考虑历史时间序列数据，但是模型精度低，气象参数模型通常基于实测气象参数、对流层延迟和加权平均温度和多年的周期信号，并假设这些变化在一个固定周期内都一致，模型构建以后可长期使用，然而，精度较低限制了该类模型的发展。

1.4.2 对流层延迟经验模型

对流层延迟在时间尺度上通常具有一定的周期特征，但由于地球大气活跃的自然特性，对流层延迟在不同地区每时每刻都会发生变化，该周期信号并不规律，或者目前无法准确表达该变化特征，现有研究更多是集中通过大致的变化趋势提取相关特征来构建近似的经验模型。全球气压气温模型（global pressure and temperature，GPT）通过地球表面的气压和大气温度，输入测站坐标和年积日等时空信息，计算干延迟，该模型分析了气压、加权平均温度等气象参数的年变化特征，并分时段建模，从而提升模型的精度（Böhm，2007）。将 GPT 模型和全球映射函数模型（global mapping function，GMF）结合起来构建了经验斜延迟模型，GPT/GMF 斜延迟模型基于数值天气模型（numerical weather model，NWM）提供的地面长波辐射，又衍生出了 GPT2 模型，GPT2 解决了 GPT/GMF 中时空变异性的问题（Lagler et al., 2013）。IGPT2w 模型研究了对流层延迟年、半年周期和季节周期残余误差，该模型中对流层延迟通过残差和 GPT2w 模型组合求解，IGPT2w 模型精度比 GPT2w 提高了约 13.7%。尤其在中国区域，IGPT2w 精度明显优于 GPT2w 模型（Du et al., 2020）。GPT3 模型在 GPT2 模型的基础上分别对干延迟和湿延迟映射函数系数做了改进，削弱了低卫星截止高度角引起的误差。GPT3 模型中的投影函数与 GPT、GPT2 和 GPT2w 模型相似，均采用 GMF 投影函数，且其中的湿延迟和干延迟分开计算，利用测站时空信息以及气温和气压通过 Saastamoinen 模型计算干延迟，而湿延迟需要利用水汽压、加权平均温度和水汽压递减率等参数，通过 Askne 和 Nordius 提出的计算表达式来计算。Callahan 等（1973）研究的对流层湿延迟模型仅需要考虑大气水汽压和大气温度，该模型研究了大气水汽压沿海拔方向上的变化规律。Ifadis 等（1986）构建的模型利用大气温度、大气压强及水汽压等信息计算湿延迟，该模型通过回归算法分析了地表气象参数。在此基础上，Askne 等（1987）构建了对流层湿延迟模型，输入参数主要有以下几类：大气加权平均温度、大气可感知水汽压和水汽压递减率因子等，该模型研究了各输入参数的时空变化特征，构建的湿延迟精度较高，可达 3mm。然而，上述基于气象参数的对流层延迟模型以及对流层湿延迟模型的发展均严重依赖或者受制于气象参数，而且不同分析中心的气象参数存在系统差，气象参数的监测获取麻烦、成本昂贵、数据量大、不便于维护、效率低下，导致这类气象参数模型发展缓慢。

1.4.3　GNSS 对流层延迟

通过 GNSS 观测数据可以获取高精度的对流层延迟产品。在静态无电离层组合 PPP 中，利用多频多系统组合观测值、IGS 分析中心发布的卫星轨道和钟差产品，以及预先求解的基准站精确坐标参数，解算接收机钟差和对流层延迟（Altiner et al., 2010; Lagler, 2013; Du, 2020）。在 CORS 中，基准站和流动站的坐标都预先精确求得，即通过基准站上的多频多系统观测数据、对应的卫星轨道和钟差产品、两站的精确坐标即已知的基线向量，通过差分 GNSS 估算两基准站的钟差、整周模糊度、硬件延迟和高精度对流层延迟产品（Krueger et al., 2005; Qu et al., 2008）。外部修正法是通过外部监测设备实测数据或外部数据源作为干延迟约束信息，只关注湿延迟的求解，从而获得高精度的 GNSS 对流层延迟改正产品（Böhm et al., 2007; Schüler et al., 2014）。

GNSS 对流层延迟也可通过连续运行参考站（continuously operating reference station, CORS）观测数据通过网络 RTK 解算得到，与其他对流层延迟产品相比，利用 CORS 网观测数据构建的 GNSS 对流层延迟改正产品具有更高的精度。在绝对定位中，附加对流层延迟约束来修正 PPP 与传统无电离层组合 PPP 相比，可以缩短 U 方向的收敛时间（Yao et al., 2016）。多频多系统组合 PPP（单 GPS、GPS/伽利略、GPS/北斗和三系统 GPS/北斗/伽利略）解算的对流层延迟精度约为 3.1cm（Mohamed et al., 2021）。无电离层组合 PPP 中引入多系统组合，并在系统间加权，添加高程约束和梯度参数，改正各类误差的精化 PPP 估计的 GNSS 对流层延迟，与 IGS 发布的对流层延迟产品相比，精度提升了 17%（Tomasz et al.，2015)。目前，各类对流层延迟精化模型研究都取得了显著的成果，在不同地区、不同时间各有特点，但该类模型空间分辨率低，在 GNSS 气象学和近地空间环境学的研究中面临许多局限和挑战。

GNSS 对流层延迟主要利用接收机观测数据，通过载波相位和测距码组合求解各类误差改正信息，在解算对流层时，分别需要通过干延迟和湿延迟的映射函数将卫星信号传播路径方向的对流层延迟量投影至天顶方向，映射函数的研究主要有以下几类：利用探空数据(radio sonde)构建的 NMF(niell mapping function)映射函数，与测站的时空信息(纬度、海拔、年积日)有关(Herring et al.，1992；Niell et al.，1996)；在 NMF 的基础上，利用气象参数构建了数值天气模型 NWM 投影函数，经典模型主要有 IMF 和 VMF1，VMF1 精度更高，在 GAMIT 和 Bernese 等 GNSS 数据处理软件中被广泛使用(Boehm et al.，2006；Kouba，2008)；也可以通过站间双差实时解算获得 GNSS 对流层延迟信息，接入附近的 GNSS 参考站，可以消除站间对流层参数相关性带来的误差，从而获得高精度的 GNSS 对流层延迟改正数(Rocken et al.，1997，1998；Altiner et al.，2010；Wang et al.，2013)。精密单点定位技术通过单个测站即可获得高精度的对流层延迟信息，PPP 比站间双差组合模型解算过程更加便捷(Gao et al.，2004)。利用地基 GNSS 观测数据、实测气象资料通过 GPT2w 模型进行多项式拟合建立的实时区域对流层延迟融合模型，在中低纬度地区精度约为 1.48cm，在高海拔和极地地区精度约为 1.45cm，优于 GPT2w 等同类模型(Yao et al.，2015)。综合上述讨论，GNSS 对流层延迟精度虽然优于气象参数模型，但存在建模成本高、解算复杂、数据获取及运维成本较高的问题。

1.4.4　基于机器学习算法的对流层延迟模型

近十年以来，机器学习技术发展如火如荼，广泛应用于各行各业，在对流层延迟时间序列回归任务中的应用越来越广泛。对流层延迟数据同化和回归预报方面精度表现良好，而且预报产品可进一步服务于降雨研究(Poli et al.，2007)。人工神经网络算法构建的对流层延迟模型精度可以达到厘米级(Pikridas et al.，2010)。人工神经网络算法中将大气温度、气压以及可感知水汽压作为模型训练输入参数，湿延迟作为模型训练输出参数学习了气象参数与湿延迟之间的转换关系，结果表明人工神经网络模型精度约为 3cm(Mohammed et al.，2021)。利用人工神经网络在我国香港地区通过 GNSS 观测数据构建区域对流层延迟模型，与 GPT3 模型相比精度大幅提升(Yang et al.，2021)。利用 GNSS 观测数据通过改进的 BP 神经网络构建的模型精度约为 3.5cm(Wang et al.，2012)。利用南极地区的观测数据，通过模糊推理(ANFIS)方法构建的对流层湿延迟模型，精度约为 3mm(Suparta et al.，2015)。利用 IGS 发布的对流层延迟数据与 Saastamoinen 模型的残差，估计地面实测气象参数，通过 BP 神经网络算法构建的对流层延迟预报模型精度约为 2mm(Ding et al.，2015)。利用 GNSS 观测数据和气象参数信息，通过 BP 神经网络融合 Hopfield 模型残差构建的对流层延迟模型精度约为 4mm(Zheng et al.，2015)。利用 GNSS 观测数据通过 Bernese 解算的对流层延迟，再结合大气温度、气压和相对湿度构建的遗传算法融合 BP 算法(GA-BP)精度约为 1.1cm(Yang et al.，2017)。BP 神经网络结合日本地区的 GNSS 观测数据构建的对流层延迟模型，拟合精度约为 7.8mm，在时间层面上向后预报的精度约为 8.52mm(Xiao et al., 2018)。利用南极洲西北的 GNSS 观测数据解算的对流层延迟结合 BP 神经网络算法构建的 GNSS 对流层延迟模型向后预报 24h 精度可达 7.2mm，然而伴随着预报时间长度的增加，模型预报精度逐渐衰减(Zhang et al., 2020)。通过多项式拟合后的对流层延迟分别用 BP 神经网络和最小二乘支持向量机进行预测，精度显著提升(Xu et al., 2020)。基于广义神经网络 GRNN 算法构建的区域对流层延迟模型精度约为 12.7mm(Li et al., 2020)。然而，上述模型都是基于单一经典算法构建的对流层延迟模型，目前还没有考虑多种算法的集成，本书考虑将多种算法集成构建高可靠性、高精度的对流层延迟预报产品。多算法集成对流层延迟模型在科学研究和实际应用中都具有非常重要的意义和价值。

1.5 研究目的与主要内容

通过对已有研究成果的归纳梳理，本书系统分析了对流层在全球范围内的时空变化规律，以实现高精度的全球对流层延迟预报产品；提出湿延迟虽然在对流层的贡献上数值小，但在变化中起主导作用，本书构建了基于鹈鹕算法卷积神经网络算法-长短期记忆神经网络算法，以实现高精度的全球湿延迟预报模型，将气象参数以及湿延迟的时空信息作为输入参数，构建了一种高精度的水汽反演模型。

1.5.1 研究目标

为了提高对流层大气延迟的预报精度，本书研究本征模态分解算法结合长短期记忆神经网络构建对流层延迟预报模型，以提高对流层延迟中各项本征模态分量并与实际气象条件相结合，解释相关天气现象，提升对流层延迟在 GNSS 气象学中的综合应用。针对大气中水汽含量的变化，提出融合鹈鹕算法-卷积神经网络算法和长短期记忆神经网络算法，构建高精度的湿延迟预报模型，以便在无线通信、雷达探测等领域实现对湿延迟的有效改正，从而提高数据传输的可靠性和准确性。对水汽反演模型的研究旨在通过分析湿延迟和气象参数信息，融合最小二乘算法和支持向量机集成 Adaboost 算法构建水汽反演模型，研究大气水汽分布和变化，为气象预报和气候研究提供可靠的水汽信息，并为雷达、卫星等遥感技术提供数据支持。通过先进的科学技术手段，提高大气延迟预报的准确性和可靠性，促进相关领域的技术发展和应用创新。

1.5.2 研究内容与方法

为了实现上述全球对流层延迟模型的构建和水汽反演，本书首先分析了已有的研究进展，对比了各类对流层延迟模型的精度，分析了所面临的问题，构建了模态分解算法分解对流层延迟时间序列信号，对各项对流层延迟本征模态信号构建长短期记忆神经网络算法分别预报，再将本征模态分量预报结果加求和恢复对流层延迟；然后本书提出在对流层延迟时空变化中起主导作用的信号为湿延迟，探讨了湿延迟在全球范围内的时空变化特性，为了解决局部连接和共享权值矩阵，本书构建了卷积神经网络算法，引入鹈鹕算法优化卷积神经网络中的超参数，再结合长短期记忆神经网络算法，构建全球高精度对流层湿延迟预报模型，将该模型与同类模型进行对比，评估模型的可靠性和先进性。最后将对流层湿延迟和时空信息作为训练参数，融合最小二乘支持向量机构建 Adaboost 集成算法，实现全球范围内水汽的高精度转换，解决了传统模型对气象参数的依赖，显著提升了模型的精度。本书各部分研究内容以及彼此之间的结构关系如图 1-1 所示。

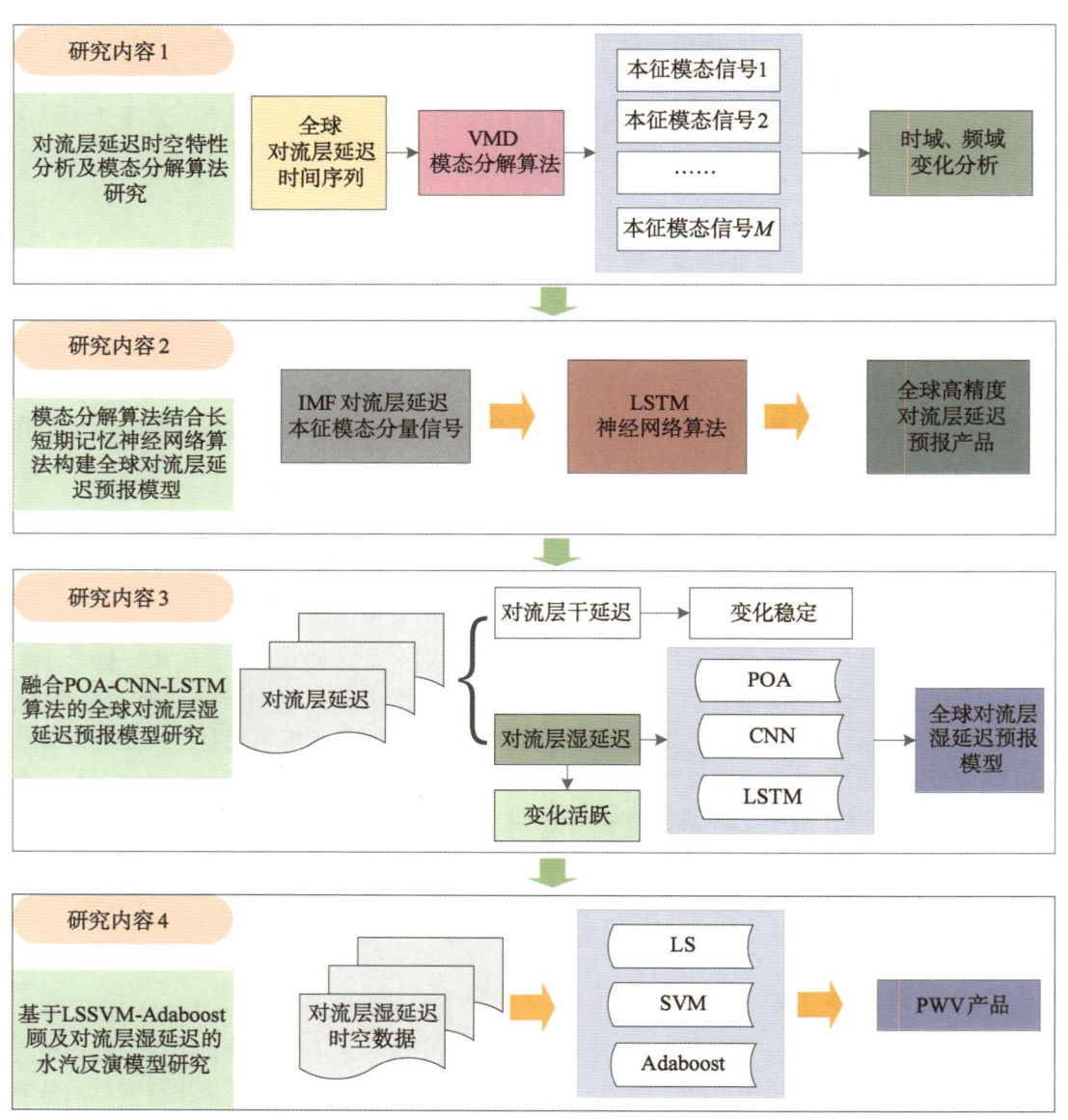

图 1-1　本书研究内容

本书各章节安排如下：

第 1 章梳理了相关研究现状，介绍了本书的研究背景、研究意义，结合机器学习算法的优势，探讨了全球对流层延迟模型研究方面目前存在的不足，简要归纳了本书的主要研究内容、技术方案和有关研究方法。

第 2 章介绍了机器学习的发展历程、基本概念以及目前最为流行的几种机器学习算法，包括线性回归、决策树、神经网络、支持向量机、贝叶斯分类器、集成学习、聚类算法、降维算法等，为后续应用奠定了理论基础。

第 3 章介绍了对流层延迟信号去噪、信号分解相关算法理论与实验(研究内容1)。介绍了本书中涉及的相关时间序列分解算法，研究了模态分解算法的各模态分量在时域、频域和振幅上的变化特征，评估了 ZTD 时间序列信号模态分量的 Hilbert 谱以及分解算法的有效性和可靠性，为后续模型训练以及构建高精度对流层延迟预报模型奠定了理论基础。

第 4 章介绍了全球对流层延迟的时空变化特征，结合对流层延迟信号分解算法与长短期记忆神经网络算法，实现了全球对流层延迟的高精度预报(研究内容2)，实验中处理了全球 5°×5° VMF 对流层延迟格网数据，以 IGS 发布的对流层延迟数据作为参考评估了实验数据的可靠性，构建各本征模态分量与 LSTM 算法的深度融合，实现了高精度对流层延迟预报，分析了其精度在全球范围内的分布特征。

第 5 章融合了鹈鹕算法、卷积神经网络算法和长短期记忆神经网络算法，构建了全球湿延迟的高精度预报(研究内容3)。首先分别介绍了经典鹈鹕算法和卷积神经网络算法的基本流程，并通过鹈鹕算法优化卷积神经网络算法中的超参数，融合 LSTM 算法实现湿延迟的高精度预报，对比分析了模型精度在南北半球不同纬度带的变化情况，评估了模型的可靠性。

第 6 章融合最小二乘支持向量机集成 Adaboost 算法顾及对流层湿延迟构建了全球水汽反演模型(研究内容4)。分析了对流层湿延迟、全球气压、气温等气象参数在全球范围内的空间分布特征和时间序列趋势，研究了水汽反演算法，融合最小二乘支持向量机集成 Adaboost 算法，以对流层湿延迟的时空数据作为训练输出，以 ERA5 PWV 作为输出参数，构建了高精度的水汽反演模型，并验证了模型的有效性。

第 7 章总结归纳研究内容以及取得的研究成果，并展望下一步的工作计划。

◎ **本章小结**

本章详细介绍并总结了对流层的自然变化规律与时空演变特性，探讨了对流层延迟研究方法，以及各类模型的发展历程。重点阐述了新兴机器学习算法在对流层延迟精化模型研究中取得的相关成果与达到的精度，总结了最新的研究进展，梳理了机器学习集成算法在构建全球高精度对流层延迟模型中存在的不足、面临的挑战和亟需解决的关键问题，归纳整理已有研究成果，明确了本文的研究思路、主要研究内容和关键技术方案。

第 2 章 机器学习基本知识

2.1 机器学习发展历程

机器学习，作为人工智能领域的一个重要分支，其发展历程是充满探索、挑战与突破的。从最初的简单模型到如今的复杂神经网络，从理论探讨到广泛应用，机器学习算法不仅推动了科学技术的进步，也深刻地改变了人们的生活方式。

2.1.1 起步阶段：梦想的萌芽(1950—1960 年)

1. 理论基础与初步探索

在 20 世纪 50 年代，随着电子计算机的出现，人们开始尝试利用计算机来模拟人类的智能行为。艾伦·图灵提出的图灵测试成为衡量机器智能的重要标准，激发了科学家对人工智能(AI)的无限遐想。与此同时，一系列关于机器学习的理论基础开始逐步形成，如香农的信息论、维纳的控制论以及冯·诺依曼的计算机体系结构等，为机器学习算法的发展奠定了坚实的基础。

这一阶段的代表性工作主要有 A. Newell 和 H. Simon 的逻辑理论家(logic theorist)程序及此后的通用问题求解(general problem solving)程序等，这些工作在当时取得了令人振奋的成果。A. Newell 和 H. Simon 因为在这方面工作中的杰出贡献而获得了 1975 年图灵奖。

2. 感知机的诞生与局限

1957 年，弗兰克·罗森布拉特提出了感知机(perceptron)模型，这是机器学习领域较早的神经网络模型之一。感知机通过简单的线性加权和与阈值判断来实现对输入数据的分类，能够处理一些简单的模式识别任务。然而，其只能解决线性可分问题，对于复杂的非线性模式识别任务则显得力不从心。尽管如此，感知机的出现仍然为后续的神经网络研究提供了重要的启示。

3. 矛盾与反思

随着研究的深入，人们逐渐意识到感知机的局限性以及机器学习算法面临的诸多挑战。一方面，当时的计算能力和算法水平有限，难以支撑复杂的模型训练和推理过程；另一方面，机器学习算法在解决实际问题时往往需要大量的先验知识并依赖手工编码规则，限制了其应用范围和扩展性。因此，机器学习领域进入了一段相对沉寂的时期，科学家们开始反思并寻找新的突破方向。

2.1.2 第一次热潮与第一次寒冬(1961—1979年)

1. 专家系统的兴起

随着研究不断向前推进,人们逐渐认识到,仅有逻辑推理能力是远远不能实现人工智能的。E. A. Feigenbaum 等认为,要使机器具有智能,就必须设法让机器拥有知识。在这一时期,大量专家系统问世,在很多应用领域取得了大量成果。E. A. Feigenbaum 作为"知识工程"之父,在 1994 年获得图灵奖。

在 20 世纪 60 年代末至 70 年代初,专家系统作为一种基于规则的人工智能系统开始兴起。专家系统通过模拟领域专家的知识和推理过程来解决特定领域的问题,如医疗诊断、金融预测等。专家系统的出现,标志着机器学习算法在解决实际问题方面取得了初步的成果,并激发了人们对人工智能的广泛兴趣。

2. 寒冬的降临

随着研究的深入和应用的扩展,专家系统的局限性逐渐暴露出来。一方面,专家系统需要大量的手工编码规则来构建知识库,这不仅费时费力,而且容易出错;另一方面,专家系统的推理过程往往不够灵活和稳健,难以应对复杂多变的实际场景。此外,受当时计算资源和数据资源的限制,专家系统的性能提升也遇到了瓶颈。因此,人工智能领域进入了第一次寒冬时期,研究兴趣降低、资金支持大幅减少。

3. 反思与转折

在寒冬时期,科学家们开始反思并寻找新的研究方向和突破点。一方面,他们开始关注机器学习算法本身的优化和改进;另一方面,他们也开始探索如何利用新的计算技术和数据资源来提升人工智能系统的性能。这些努力为后续的机器学习算法发展奠定了重要的基础。

2.1.3 第二次热潮与第二次寒冬(1980—1999年)

1. 深度学习的复兴

1980 年夏天,在美国卡耐基梅隆大学举行了第一届机器学习研讨会(IWML),同年,《策略分析与信息系统》连出三期机器学习专辑;1983 年,Tioga 出版社出版了 R. S. Michalski、J. G. Carbonell 和 T. Mitchell 主编的《机器学习:一种人工智能途径》一书,对当时的机器学习研究工作进行了总结;1986 年,第一个机器学习专业期刊 *Machine Learning* 创刊;1989 年,人工智能领域的权威期刊 *Artificial Intelligence* 出版机器学习专辑,刊发了当时一些比较活跃的研究工作,其内容后来出现在 MIT 出版社 1990 年出版的《机器学习:范式与方法》一书中。

在 20 世纪 80 年代,"从样例中学习"的一大主流是符号主义学习,其代表包括决策树(decision tree)和基于逻辑的学习。典型的决策树学习以信息论为基础,以信息熵的最小化为目标，直接模拟了人类对概念进行判定的树形流程。基于逻辑的学习的著名代表是归纳逻辑程序设计(inductive logic programming，ILP)，它可看作机器学习与逻辑程序设计的交叉，它使用一阶逻辑词(即谓语逻辑)来进行知识表达，通过修改和扩充逻辑表达式(例如 Prolog 表达式)来完成对数据的归纳。符号主义学习占据主流地位与整个人工智能领域的发展历程是分不开的。

"从样例中学习"的另一种主流技术是基于神经网络的连接主义学习。1983 年，J. J. Hopfield 利用神经网络求解"流动推销员问题"这个著名的 NP 难题，取得了重大进展，使得连接主义重新受到人们关注。1986 年，D. E. Rumelhart 等重新发明了著名的误差反向传播(back propagation，BP)算法，产生了深远影响。与符号主义学习能产生明确的概念不同，连接主义学习产生的是"黑箱"模型。因此，从知识获取的角度来看，连接主义学习技术有明显弱点，但是有 BP 这样有效的算法，使得它可以在很多现实问题上发挥作用。

20 世纪 90 年代中期，统计学习(statistical learning)闪亮登场，并迅速占据主流舞台，代表性技术是支持向量机(support vector machine，SVM)以及更一般的"核方法"(kernel method)。

随着反向传播算法的提出和多层神经网络的训练成为可能，深度学习开始复兴。反向传播算法通过梯度下降等优化方法不断调整网络权重以最小化损失函数值，从而实现了多层神经网络的有效训练。这一突破为机器学习算法的发展带来了新的希望和挑战。

2. 专家系统的广泛应用

尽管专家系统面临诸多挑战和局限性，但在这一时期内仍然得到了广泛的应用和发展。随着计算机技术的不断进步和数据资源的日益丰富，专家系统开始应用于更多的领域和场景中。同时，一些新的专家系统构建方法和技术也逐渐涌现，如基于案例的推理、模糊推理等。

3. 第二次寒冬的来临

随着人们对人工智能系统性能要求的不断提高以及计算资源和数据资源的限制日益凸显，机器学习算法再次陷入了困境。尽管深度学习等新技术取得了一定的进展，但仍然难以满足实际应用的需求。同时，一些基于统计学习方法的机器学习算法也开始受到质疑，因为它们往往依赖于大量的训练数据和先验知识，而缺乏可解释性和鲁棒性。人工智能领域进入了第二次寒冬时期。

2.1.4 第三次热潮：深度学习的崛起与繁荣(2000 年至今)

1. 深度学习的突破

进入 21 世纪以来，随着互联网技术的飞速发展和大数据时代的到来，深度学习等新技术再次迎来了发展的春天。2006 年，Hinton 等提出了深度信念网络(deep belief networks，DBN)并成功地将其应用于无监督学习领域，这标志着深度学习技术的重大突破。随后几年里，深度学习算法在多个领域取得了显著成果，尤其是在图像识别、语音识别和自然语言处理等方面。

2006 年，卡耐基梅隆大学宣告成立世界上第一个"机器学习系"，机器学习领域奠基人之一 T. Mitchell 教授出任首任系主任。2012 年 3 月，美国奥巴马政府启动"大数据研究与发展计划"，美国国家科学基金会旋即在加州大学伯克利分校启动加强计划，强调要深入研究和整合大数据时代的三大关键技术：机器学习、云计算和众包(crowdsourcing)。数据挖掘是从海量数据中发掘知识，涉及对海量数据的管理和分析，其中数据库领域的研究为数据挖掘提供数据管理技术，而机器学习和统计学的研究则为数据挖掘提供数据分析技术。

2. ImageNet 竞赛的里程碑

2012 年，AlexNet 在 ImageNet 大规模视觉识别挑战赛(ILSVRC)中取得了惊人的成绩，大幅超越了传统方法，将错误率降低了近一半。这一成就不仅证明了深度学习在图像识别领域的巨大潜力，也引发了全球范围内对深度学习的研究和应用热潮。此后，每年 ImageNet 竞赛的冠军几乎都被深度学习模型所占据，不断推动着计算机视觉领域的发展。

3. 生成对抗网络的兴起

2014 年，Ian Goodfellow 等人提出了生成对抗网络(generative adversarial networks, GAN)，这是一种全新的生成模型框架。GAN 通过两个网络——生成器和判别器的相互对抗训练，能够生成高质量、多样化的图像数据。GAN 的出现，为图像生成、风格迁移、超分辨率重建等领域带来了革命性的变化，极大地推动了计算机视觉和图形学的发展。

4. 强化学习的突破与 AlphaGo

2015 年，DeepMind 团队开发的 AlphaGo 算法在围棋比赛中击败了世界冠军李世石，这一成就震惊了全世界。AlphaGo 的成功，展示了强化学习算法在处理复杂决策问题中的巨大潜力。强化学习通过让智能体在环境中不断试错、学习并优化策略，最终实现目标。AlphaGo 的成功不仅推动了强化学习领域的研究和发展，也激发了人们对人工智能未来可能性的无限遐想。

5. 自动化机器学习的兴起

随着机器学习模型的不断复杂化和应用场景的多样化，模型的设计、训练和调优过程变得越来越烦琐和耗时。为了解决这个问题，自动化机器学习(AutoML)技术应运而生。AutoML 技术通过自动化地选择算法、调整超参数、优化模型结构等过程，能够显著提高机器学习模型的开发效率和性能。AutoML 的出现为机器学习算法的普及和应用提供了强有力的支持。

6. 联邦学习的出现

随着数据隐私和安全问题的日益凸显,如何在保护用户隐私的同时进行模型训练,成为一个亟待解决的问题。联邦学习(federated learning,FL)作为一种新的分布式机器学习框架应运而生。联邦学习允许多个客户端在本地训练模型并将模型参数上传到服务器进行聚合更新,而无需将原始数据集中到服务器。这种方式既保护了用户隐私,又提高了模型训练的效率和性能。联邦学习的出现为机器学习在医疗、金融等敏感领域的应用提供了重要的技术保障。

2.1.5　深度学习的新前沿与应用深化

1. 深度学习架构的创新

在深度学习领域,新的网络架构不断涌现,持续扩大着算法性能的边界。例如,Transformer 模型最初在自然语言处理(natural language processing,NLP)领域取得了巨大成功,其自注意力机制使得模型能够处理长距离依赖问题,并逐渐成为多个领域(如计算机视觉、语音识别)中的主流架构。此外,图神经网络(graph neural network,GNN)的兴起为处理图结构数据(如社交网络、分子结构)提供了强有力的工具,进一步拓展了深度学习的应用范围。

2. 自监督学习与少样本学习

传统监督学习依赖于大量标注数据,这在许多实际场景中是不现实的。为了解决这个问题,自监督学习(self-supervised learning,SSL)和少样本学习(few-shot learning,FSL)成为了研究热点。自监督学习通过设计无需人工标注的预训练任务,使模型能够从大量未标注数据中学习有用的表示。而少样本学习则旨在让模型在仅有几百甚至几十个样本的情况下也能快速适应新任务,这对于快速适应新环境和解决长尾问题具有重要意义。

3. 深度学习在卫星导航领域的深化应用

随着卫星导航定位数据的不断增加和计算能力的提升,深度学习在卫星导航领域的应用日益广泛。通过优化算法提升定位精度与稳定性,融合多源数据增强导航能力,在地图服务上,实现车道级导航与 3D 建模,提升用户体验;同时,助力智能交通管理,优化交通流量与停车管理。未来,深度学习将持续创新,与自动驾驶、物联网等融合,推动卫星导航技术广泛应用,为用户提供更智能、高效的导航服务,促进智慧城市发展。

4. 深度学习与可持续发展的结合

面对全球性的环境挑战和可持续发展问题,深度学习技术也开始发挥重要作用。例如,在气候变化领域,深度学习可以用于预测极端天气事件、分析气候变化趋势和制定应对策略;在环境保护方面,深度学习可以辅助监测空气质量、水质污染和生物多样性等环境指标,为环境保护提供科学依据;此外,深度学习还在能源管理、废物处理和资源回收等领域展现出巨大潜力,有助于推动社会的可持续发展。

2.1.6 面临的挑战与应对策略

1. 数据质量与标注问题

虽然大数据时代的到来为机器学习提供了丰富的数据源,但数据质量和标注问题仍然是制约算法性能的重要因素。低质量的数据和错误的标注会导致模型学习到错误的信息和模式,从而降低模型的泛化能力和可靠性。因此,提高数据质量和标注准确性,是机器学习领域亟待解决的问题之一。应对策略包括加强数据清洗和预处理,引入半监督学习和弱监督学习等技术,以及利用众包等方式进行高效标注。

2. 模型可解释性与透明度

深度学习模型的复杂性和非线性特性使得其决策过程难以被人们理解和解释,这在一定程度上限制了深度学习在需要高度透明度和可解释性领域的应用(如医疗、金融等)。因此,提高模型的可解释性和透明度是机器学习领域的重要研究方向之一。应对策略包括开发可解释性强的模型架构,采用可视化技术展示模型决策过程,以及研究模型解释性评估方法等。

3. 隐私保护与数据安全

随着数据量的增加和应用场景的拓展,隐私保护和数据安全问题日益凸显。如何在保护用户隐私的同时进行有效的模型训练和数据利用,成为机器学习领域的重要挑战之一。应对策略包括采用差分隐私、联邦学习等隐私保护技术,加强数据加密和访问控制,以及建立数据安全和隐私保护的法律法规体系等。

4. 伦理与道德问题

机器学习算法的广泛应用也带来了一系列伦理和道德问题,如算法偏见、责任归属和公平性等问题。这些问题不仅影响算法的公正性和可信度,还可能对社会造成负面影响。因此,加强机器学习算法的伦理和道德研究是非常必要的。应对策略包括建立算法伦理和道德标准,加强算法审查和监管,以及提高公众对算法伦理和道德问题的认知和意识等。

机器学习算法的发展充满挑战与机遇。从最初的简单模型到如今复杂的神经网络架构和多样化的应用场景,机器学习技术不断推动着科学技术的进步和社会的发展。展望未来,随着技术的不断发展和应用场景的不断拓展,机器学习算法将继续在各个领域发挥重要作用,为人类社会的进步和发展贡献更多的智慧和力量。

未来,我们需要继续加强基础理论研究和技术创新,不断探索新的算法架构和应用场景;同时,也需要关注并解决技术发展过程中出现的各种问题和挑战,推动机器学习技术更加健康、可持续地发展。

2.2 机器学习基础知识

2.2.1 相关基本概念

机器学习是数据科学的一个重要分支，旨在通过数据训练模型，使其能够从经验中学习并进行预测。理解机器学习的基本概念和术语，对于有效地应用和研究这一领域的相关技术至关重要。

1. 数据集

数据集(data set)是机器学习的基础组成部分，包含一组样本数据。每个数据集通常由多条记录组成，每条记录称为一个示例(或样本)，它们包含若干属性(或特征)。数据集可以分为以下几种类型：

(1)结构化数据，是指以表格形式存储的数据，通常在关系数据库中找到。每一行代表一个样本，每一列代表一个属性，包括电子表格和 SQL 数据库。

(2)非结构化数据，是指没有明确结构的数据，如文本、图像、音频和视频。这类数据需要经过处理，提取特征后才能用于机器学习模型。

(3)半结构化数据，是介于结构化和非结构化之间的数据，包含一些标签或标记，但其结构不如表格数据明确，常见的有 XML、JSON 文件。

2. 示例/样本

在数据集中的每一条记录称为一个示例(instance)或样本(sample)。样本可以代表某种现实世界的事件、对象或观测值。样本的质量和数量直接影响模型的性能，良好的样本能够提供有效的信息，从而提高学习的准确性。

3. 属性/特征

属性(attribute)用于描述样本的特征(feature)。它们反映了样本在某一方面的表现或性质。属性可以是数值型(如年龄、收入)或类别型(如性别、颜色)。在机器学习中，特征选择(feature selection)是一个重要过程，旨在从大量特征中筛选出对模型预测最有用的特征。

4. 属性值

属性值(attribute value)是属性的具体取值。举例来说，如果属性是"颜色"，那么可能的属性值包括"红色""蓝色"等。属性值的选择对模型的构建和预测能力至关重要。

5. 属性空间

属性空间(attribute space)是由所有属性构成的空间，表示样本所有可能的特征组合。在高维空间中，属性空间可能非常复杂，导致计算和可视化困难。

2.2 机器学习基础知识

6. 学习/训练

学习(learning)是通过执行学习算法从数据中得出规律从而构建模型的过程。训练(training)是学习的一个阶段，通常涉及以下几个步骤：

(1)数据预处理：对数据进行清洗、归一化和标准化，以便于模型处理。
(2)选择学习算法：根据问题类型(分类、回归等)选择合适的学习算法。
(3)训练模型：使用训练数据来训练模型，调整参数，使误差最小化。

7. 训练样本

训练样本(training sample)是指参与模型训练的单个样本。当训练集中的样本数量较多时，模型能够学习到更丰富的规律。

8. 假设

假设(hypothesis)是通过学习算法得出的关于数据的潜在规律或模型。它描述了样本之间的关系，通常可以表示为一个函数。假设的质量直接影响模型的预测性能。

9. 真相

真相(ground-truth)是指样本的真实规律或性质。机器学习的目标是找到或逼近真相，以便于进行准确的预测。真相通常是未知的，因此，在学习过程中希望通过样本数据来进行推测。

10. 测试

测试(testing)是使用已学得的模型对新样本进行预测的过程。测试样本用于评估模型的效果，确保模型能够在未见样本上表现良好。测试过程通常包括：

(1)模型评估：通过计算测试误差来评估模型的性能。
(2)预测：使用训练好的模型对新样本进行预测。

11. 监督学习

监督学习(supervised learning)是指使用带标签的训练数据进行学习。标记数据集包含输入和对应的输出，学习算法通过学习输入与输出之间的关系来进行预测。典型任务包括：

(1)分类(classification)：将样本分配到预定义的类别中，如数据过滤。
(2)回归(regression)：预测连续值，如水汽预测。

12. 无监督学习

无监督学习(unsupervised learning)是指使用无标签的训练数据进行学习。模型不依赖于输出值，而是通过输入数据中固有的结构进行学习。主要任务包括：

(1)聚类(clustering)：将相似样本分组，如数据分组。

(2)降维(dimensionality reduction)：减少数据的特征维度，如主成分分析(PCA)。

13. 泛化

泛化(generalization)是指模型对新样本的适应能力。强泛化能力的模型不仅能在训练样本上表现良好，还能有效处理未知的样本。泛化能力是评估模型的重要指标。

14. 过拟合

过拟合(overfitting)是指模型在训练数据上表现优异，但对新样本的表现不佳。这通常发生于模型复杂度过高，导致其学习到了训练数据中的噪声和不必要的特征。过拟合的迹象包括：

(1)训练误差低，测试误差高。
(2)模型对训练数据变化敏感。

过拟合的缓解措施如下：

(1)正则化(regularization)：在损失函数中加入惩罚项，限制模型的复杂度。
(2)交叉验证(Cross-Validation)：将数据集分成多个子集，轮流使用部分数据进行训练和验证。
(3)简化模型：选择较为简单的模型，减少参数数量。

15. 欠拟合

欠拟合(underfitting)是指模型未能有效捕捉训练样本的基本特征，导致其在训练数据和测试数据上均表现不佳。这通常发生在模型复杂度过低或者训练不充分时。

欠拟合的缓解措施如下：

(1)增加模型复杂度：选择更复杂的模型。
(2)增加特征：通过特征工程添加更多相关特征。
(3)增加训练时间：进行更多的训练轮次，确保模型有足够的学习机会。

16. 模型选择

模型选择(model selection)是指选择合适的学习算法和参数配置的过程。理想的解决方案是评估候选模型的泛化误差，然后选择泛化误差最小的模型。然而，由于无法直接获得泛化误差，通常采用以下方法：

(1)交叉验证：在训练过程中，将数据集分成多个子集，轮流使用每个子集进行验证，以评估模型的性能。
(2)测试集评估：使用独立的测试集来评估模型的泛化能力。

17. 泛化误差

泛化误差(generalization error)是模型在未见样本上的预测误差，是评估模型性能的重要指标。理想情况下，泛化误差应该尽可能小。

18. 测试集

测试集(testing set)是用于评估学习器泛化能力的数据集。测试集应与训练集互斥，确保测试样本未在训练过程中使用过。理想情况下，测试集应包含来自真实分布的样本，以模拟实际应用场景。

19. 实验测试

通过实验测试对学习器的泛化误差进行评估。通常，通过以下步骤进行实验测试：
（1）划分数据集：将数据集分为训练集和测试集。
（2）模型训练：使用训练集训练模型。
（3）模型测试：在测试集上评估模型的性能，计算测试误差。

20. 训练误差

训练误差(training error)是模型在训练数据上的预测误差。训练误差低并不一定意味着模型具备良好的泛化能力，尤其是在过拟合的情况下。

2.2.2 模型选择与结果评估

在机器学习的实际应用中，面对多种学习算法和参数配置，如何选择最优的模型，是一个关键问题。这一过程被称为"模型选择"(model selection)。理想的解决方案是评估候选模型的泛化误差，并选择泛化误差最小的模型。然而，由于无法直接获得泛化误差，训练误差往往受到过拟合的影响，因此需要采用有效的方法来评估和选择模型。以下介绍几种常用的模型评估与选择方法。

1. 留出法(hold-out)

留出法是一种基础且常用的模型评估方法，直接将数据集划分为两个互斥的集合：训练集和测试集。

1) 方法步骤

（1）数据集划分：将数据集 D 分为训练集 S 和测试集 T。一般建议将 $\frac{2}{3} \sim \frac{4}{5}$ 的样本用于训练，剩余的样本用于测试。这种划分比例可以根据数据集的规模和特性进行调整。
（2）模型训练：在训练集 S 上训练模型，使用选择的学习算法和参数配置。
（3）模型评估：使用测试集 T 来评估模型的测试误差，进而估计模型的泛化误差。

2) 注意事项

（1）数据分布一致性：在划分训练集和测试集时，需保持数据的分布一致性，避免因划分带来额外偏差。例如，在分类任务中，应确保各类别的样本比例保持相似。这种方法被称为分层采样(stratified sampling)。
（2）多次随机划分：为了提高评估结果的可信性，通常会进行多次随机划分，并取平均值作为最终结果。这一过程可以帮助识别模型在不同数据分割下的一致性和稳定性。

3）遇到的挑战

留出法遇到的主要挑战在于如何平衡训练集和测试集的大小。若训练集包含绝大多数样本，模型可能更接近于训练集的真实模型，但测试集较小，可能导致评估结果不稳定；反之，若测试集样本较多，训练集与整个数据集的差异可能增大，从而影响评估结果的准确性。

4）实际应用示例

在某个分类任务中，假设有一个包含 1000 个样本的数据集，可以将 700 个样本用作训练集，300 个样本用作测试集。训练并评估模型后，可能发现测试误差为 10%，这意味着模型在未见样本上表现良好。但如果只进行一次划分，则结果可能会有较大的波动。因此，建议多次划分并计算平均测试误差，以获得更稳健的性能评估。

2. 交叉验证法

交叉验证（cross validation）是一种更为稳健的模型评估方法，通过将数据集划分为多个子集来进行训练和测试。它能够更全面地利用数据，从而提高模型的评估准确性。

1）方法步骤

（1）数据划分：将数据集 D 划分为 k 个大小相似的子集，每个子集通过分层采样来保持数据分布的一致性。

（2）训练与测试：每次选择 $k-1$ 个子集作为训练集，用剩下的子集作为测试集，得到评分 $Score_i$。这样可获得 k 组训练/测试集，从而进行 k 次训练和测试。

（3）结果汇总：最终得到 k 个测试结果，计算 k 次评分的平均值，即 $Score = \frac{1}{k}\sum_{i=1}^{k} Score_i$，取其均值作为模型的评估结果。

2）k 折交叉验证

最常用的交叉验证方法是 k 折交叉验证（k-fold cross validation）。通常 k 的取值为 10（即 10 折交叉验证），其他常见值包括 5、20 等。通过随机使用不同的划分进行多次实验（如：10 次 10 折交叉验证），可以进一步提高评估结果的稳定性与保真性。

k 折交叉验证的优势如下：

（1）减少方差：通过多次训练和测试，交叉验证能够有效减少评估结果的方差，使得模型性能的评估更加可靠。

（2）更好的数据利用率：交叉验证能够更充分地利用数据集，使得每一个样本都有机会被用于训练和测试，从而提高模型的泛化能力。

3）注意事项

在使用交叉验证时，选择合适的 k 值也是一个关键因素。较小的 k 值（如：2）可能导致较高的方差，而较大的 k 值（如：20）则计算开销较大。通常 $k=5$ 或 $k=10$ 是较合理的选择。

3. 自助法

自助法（bootstrapping）是一种基于重采样的方法，特别适用于样本量较小的情况。它的核心思想是通过自我抽样来产生多个数据集，从而进行模型评估。

1）方法步骤

（1）采样过程：从原始数据集 D 中随机采样 m 次，每次采样后将样本放回，形成新的数据集。这种方式可能导致某些样本在新数据集中多次出现，而其他样本则可能未被采样。

（2）包外样本：约 63.2% 的原始样本在每次采样中会出现在新的数据集中，其余大约 36.8% 的样本可以用作测试集，这部分样本称为"包外样本"（out-of-bag），可用于模型评估。

2）优缺点

优点：自助法能够产生多个不同的训练集，适用于数据集较小且难以划分训练/测试集的情况，它能有效减少训练集规模不同带来的影响。

缺点：自助法改变了初始数据集的分布，可能引入估计偏差，从而影响模型的评估结果。因此，在使用自助法时，需要谨慎解读模型评估结果。

4. 超参数调节

在模型选择中，除了选择学习算法外，还需要对学习算法的参数进行调节。超参数调节（hyperparameter tuning）对模型性能有显著影响。

1）调参过程

（1）参数范围设定：为每个超参数设定一个合理的取值范围和步长。例如，对于某个参数选择范围为［0，0.2］，步长为 0.05，最终将评估 5 个候选参数。

（2）模型训练与评估：对每种参数配置都训练出模型，通过交叉验证或其他评估方法来选择表现最佳的参数配置。

2）调参与模型选择的关系

超参数调节与模型选择密切相关，在进行模型评估时，通常需要同时考虑两者。例如，在选择支持向量机（SVM）时，需要选择合适的核函数和正则化参数，通常在不同参数组合下进行交叉验证，从而选择最佳模型。

3）常用方法

由于超参数往往是在实数范围内取值，穷举所有参数组合的做法在计算上不可行。因此，常用的方法包括：

（1）网格搜索（grid search）：在参数空间中定义多个网格点，系统地评估每个组合。这种方法简单明了，但计算开销较大。

（2）随机搜索（random search）：在参数空间中随机选择若干组合进行评估，通常可以更快找到满意的超参数。研究表明，随机搜索在很多情况下能获得与网格搜索相当的结果，但计算开销更小。

（3）贝叶斯优化（bayesian optimization）：利用概率模型对函数进行建模，逐步选择最有可能提高性能的参数组合。这种方法在面对高维参数空间时特别有效。

5. 模型评估指标

在进行模型选择时，评估指标的选择至关重要。下面介绍常用的评估指标。

1)分类问题的指标

(1)混淆矩阵(confusion matrix):通过记录实际类别和预测类别的匹配情况来帮助分析模型的分类效果。矩阵的每个元素表示实际类别与预测类别的组合次数。混淆矩阵是一种可视化工具,展示了模型预测结果的表现。它的行表示实际类别,列表示预测类别。主要组成部分包括:

真阳性(true positive,TP):实际为正且预测为正的样本数。

假阳性(false positive,FP):实际为负但预测为正的样本数。

真阴性(true negative,TN):实际为负且预测为负的样本数。

假阴性(false negative,FN):实际为正但预测为负的样本数。

混淆矩阵一般为 2×2 矩阵,表示二分类问题结果(表 2-1)。

表 2-1　　　　　　　　　　　　混 淆 矩 阵

	预测为正	预测为负
实际为正	TP	FN
实际为负	FP	TN

混淆矩阵通过比较实际标签和预测标签计算出表中四个值。

(2)准确率(accuracy):正确预测的样本数占总样本数的比例,适用于类别分布均衡的情况。

原理:通过比较模型的预测结果和实际结果,计算出正确预测的比例。

核心计算公式:

$$\text{Accuracy} = \frac{TP + TN}{TP + TN + FP + FN} \tag{2-1}$$

将所有正确预测(TP 和 TN)的样本数除以总样本数(TP+TN+FP+FN),即为准确率。

作用:准确率衡量模型预测正确的样本比例,常用于评价分类模型。

(3)精确率(precision):在所有被预测为正类的样本中,实际为正类的比例,适用于关注假阳性(false positive)较多的场景。

精确率衡量模型预测为正样本中实际为正样本的比例,反映了模型在预测正类时的准确性。

原理:通过计算在所有预测为正样本的样本中,实际为正样本的比例(精确率),能够衡量模型对正样本的准确性。

核心计算公式:

$$\text{Precision} = \frac{TP}{TP + FP} \tag{2-2}$$

(4)召回率(recall):在所有实际为正类的样本中,被正确预测为正类的比例,适用于关注假阴性(false negative)较多的场景。

原理:通过计算在所有实际为正样本的样本中,被正确预测为正样本的比例(召回率),能够衡量模型对正样本的识别能力。

核心计算公式:

$$\text{Recall} = \frac{\text{TP}}{\text{TP} + \text{FN}} \tag{2-3}$$

(5)F1-score:F1 分数是精确率和召回率的调和平均数,综合考虑了精确率和召回率的平滑,是分类模型性能的一个综合评估指标。

原理:F1 分数在精确率和召回率之间取得平衡,当需要同时考虑两者时,F1 分数是一种合适的度量。

核心计算公式:

$$\text{F1} = 2 \cdot \frac{\text{Precision} \cdot \text{Recall}}{\text{Precision} + \text{Recall}} \tag{2-4}$$

将精确率和召回率的公式代入,并化简,得到

$$\text{F1} = \frac{2\text{TP}}{2\text{TP} + \text{FP} + \text{FN}} \tag{2-5}$$

(6)ROC 曲线(receiver operating characteristic curve):展示了不同阈值下的真阳性率与假阳性率的关系。曲线越靠近左上角,表示模型性能越好。

作用:ROC 曲线是一个图形,描述了分类模型在所有可能的阈值下的表现,它显示了假正例率(FPR)和真正例率(TPR)的变化。

原理:通过改变决策阈值,绘制不同阈值下的 FPR 和 TPR,得到 ROC 曲线。该曲线能够直观地展示模型在不同阈值下的性能。

核心计算公式:

$$\text{TPR} = \frac{\text{TP}}{\text{TP} + \text{FN}} \tag{2-6}$$

$$\text{FPR} = \frac{\text{FP}}{\text{FP} + \text{TN}} \tag{2-7}$$

在 ROC 曲线中,横轴为假正例率(FPR),纵轴为真正例率(TPR)。通过计算不同阈值下的 FPR 和 TPR,绘制 ROC 曲线。

(7)AUC(area under curve):AUC 值表示 ROC 曲线下的面积,表示模型区分正负样本的能力,数值越大表示模型性能越好。AUC 的取值范围为 0~1,0.5 表示随机猜测,1 表示完美分类。

原理:AUC 是对 ROC 曲线进行积分计算得到的面积,表示模型在不同阈值下的总体表现。

计算:AUC 是 ROC 曲线下的面积,通常通过数值积分或梯形法则计算。

2)回归问题的指标

(1)均方误差(mean squared error,MSE):衡量预测值与真实值之间的平均平方误差,常用于回归问题。

原理:通过计算预测值与真实值之间的平方差,并取平均值,衡量模型的回归性能。

核心计算公式:

$$\text{MSE} = \frac{1}{n}\sum_{i=1}^{n}(y_i - \hat{y}_i)^2 \tag{2-8}$$

式中，n 为样本数；y_i 为真实值；$\hat{y}_i$ 为预测值。

(2) 均方根误差(RMSE)：均方误差的平方根，具有与目标值相同的单位，便于解释。

原理：通过取 MSE 的平方根，得到与目标变量单位一致的误差度量。

核心计算公式：

$$\text{RMSE} = \sqrt{\text{MSE}} = \sqrt{\frac{1}{n}\sum_{i=1}^{n}(y_i - \hat{y}_i)^2} \tag{2-9}$$

(3) 决定系数(R^2)：自变量对因变量的解释程度，取值范围为 0~1，越接近 1，说明模型效果越好。

3) 选择评估指标的考虑因素

选择合适的评估指标时，应考虑具体任务的需求。例如，在医疗诊断中，可能更关注召回率，以确保尽可能多地识别出病人；而在垃圾邮件分类中，则可能更关注精确率，避免误将正常邮件标记为垃圾邮件。

6. 结论

选择合适的学习算法和参数配置，是机器学习中至关重要的一步。通过留出法、交叉验证法、自助法等不同的评估策略，结合超参数调节和合适的评估指标，研究人员和工程师可以有效地优化模型，提升其在新样本上的泛化能力。

随着技术的发展，模型选择与评估的方法也在不断演进。未来可能会出现更加智能化和自动化的模型选择工具，进一步推动机器学习的应用。例如，AutoML(自动机器学习)技术的出现，能够自动选择最佳模型及参数配置，极大地降低机器学习应用的门槛。

2.3 常见的机器学习算法[①]

2.3.1 线性回归

线性回归(linear regression)是一种广泛应用的监督学习算法，旨在通过拟合一条直线(或曲线)来建立自变量(特征)和因变量(目标输出)之间的线性关系。其核心目标是找到一个最优的线性模型，使得对新样本的预测尽可能准确。

线性回归通过最小化预测值与实际值之间的误差来估计模型的参数。根据自变量的数量，线性回归可以分为简单线性回归和多元线性回归两种类型。

简单线性回归仅涉及一个自变量和一个因变量，模型形式简单，易于理解和实现。

多元线性回归涉及多个自变量和一个因变量，通过多个自变量的线性组合来预测因变量的值。

---

① 相关内容参考：周志华. 机器学习[M]. 北京：清华大学出版社，2023.

1. 基本形式

给定由 d 个属性描述的示例 $\boldsymbol{x} = (x_1, x_2, \cdots, x_d)$，其中，$x_i$ 是 $\boldsymbol{x}$ 在第 i 个属性上的取值，线性模型(linear model)试图学得一个通过属性的线性组合来进行预测的函数，即

$$f(\boldsymbol{x}) = w_1 x_1 + w_2 x_2 + \cdots + w_d x_d + b \tag{2-10}$$

采用一般向量表示形式，可以写成

$$f(x) = \boldsymbol{w}^{\mathrm{T}} \boldsymbol{x} + b \tag{2-11}$$

其中，$\boldsymbol{w}$ 是权重向量，$\boldsymbol{w} = (w_1, w_2, \cdots, w_d)$，表示各属性在预测中的重要性；$b$ 是偏置项(或称截距)$\boldsymbol{w}$ 和 b 是通过训练数据学习得到的模型参数，$\boldsymbol{w}$ 和 b 学得之后，模型得以确定。

线性模型形式简单、易于建模，但却蕴含着机器学习中一些重要的基本思想。许多功能更为强大的非线性模型(nonlinear model)可在线性模型的基础上通过引入层级结构或高维映射而得。此外，由于 $\boldsymbol{w}$ 直观表达了各属性在预测中的重要性，因此线性模型有很好的可解释性(comprehensibility)。

2. 线性回归

给定数据集 $D = \{(\boldsymbol{x}_1, y_1), (\boldsymbol{x}_2, y_2), \cdots, (\boldsymbol{x}_m, y_m)\}$，其中 $\boldsymbol{x}_i = (x_{i1}, x_{i2}, \cdots, x_{id})$，$y_i \in \mathbf{R}$。线性回归试图获得一个线性模型，以尽可能准确地预测实值输出标记，即

$$f(\boldsymbol{x}_i) = \boldsymbol{w}^{\mathrm{T}} \boldsymbol{x}_i + b，使得 f(\boldsymbol{x}_i) \approx y_i \tag{2-12}$$

在线性回归中，模型参数的求解通常基于均方根误差(或简称均方误差)最小化原则，即

$$\begin{aligned}(\boldsymbol{w}^*, b^*) &= \arg\min_{(\boldsymbol{w}, b)} \sum_{i=1}^{m} [f(\boldsymbol{x}_i) - y_i]^2 \\ &= \arg\min_{(\boldsymbol{w}, b)} \sum_{i=1}^{m} (y_i - \boldsymbol{w} \boldsymbol{x}_i - b)^2 \end{aligned} \tag{2-13}$$

均方根误差是回归任务中最常用的性能度量，它对应欧几里得距离(欧氏距离，Euclidean distance)。基于均方根误差最小化来进行模型求解的方法称为最小二乘法(least square method)，均方根误差有很好的几何意义，对应常用的欧几里得距离(或简称欧氏距离)。在线性回归中，就是试图找到一条直线，使得所有样本到直线上的欧氏距离之和最小。

求解 $\boldsymbol{w}$ 和 b，使得 $E_{(\boldsymbol{w}, b)} = \sum_{i=1}^{m} (y_i - \boldsymbol{w} \boldsymbol{x}_i - b)^2$ 最小化的过程，称为线性回归模型的最小二乘参数估计(parameter estimation)。将 $E_{(\boldsymbol{w}, b)}$ 分别对 $\boldsymbol{w}$ 和 b 求导，得到

$$\frac{\partial E_{(\boldsymbol{w}, b)}}{\partial w} = 2 \left[\boldsymbol{w} \sum_{i=1}^{m} \boldsymbol{x}_i^2 - \sum_{i=1}^{m} (y_i - b) \boldsymbol{x}_i \right] \tag{2-14}$$

$$\frac{\partial E_{(\boldsymbol{w}, b)}}{\partial b} = 2 \left[mb - \sum_{i=1}^{m} (y_i - \boldsymbol{w} \boldsymbol{x}_i) \right] \tag{2-15}$$

然后令以上两式为零，可得到 w 和 b 最优解的闭式（closed-form）解，即

$$w = \frac{\sum_{i=1}^{m} y_i(x_i - \bar{x})}{\sum_{i=1}^{m} x_i^2 - \frac{1}{m}\left(\sum_{i=1}^{m} x_i\right)^2} \tag{2-16}$$

$$b = \frac{1}{m}\sum_{i=1}^{m}(y_i - wx_i) \tag{2-17}$$

其中，$\bar{x} = \frac{1}{m}\sum_{i=1}^{m} x_i$ 为 x 的均值。

更为一般的情形是，给定数据集 D，样本由 d 个属性描述。

$$f(x_i) = w^T x_i + b，使得 f(x_i) \approx y_i \tag{2-18}$$

将标记写成向量形式 $y = (y_1, y_2, \cdots, y_m)$，则有

$$\hat{w}^* = \arg\min_{(\hat{w}, b)} (y - X\hat{w})^T(y - X\hat{w}) \tag{2-19}$$

令 $E_{\hat{w}} = (y - X\hat{w})^T(y - X\hat{w})$，对 $\hat{w}$ 求导，得到

$$\frac{\partial E_{\hat{w}}}{\partial \hat{w}} = 2X^T(X\hat{w} - y) \tag{2-20}$$

令上式为零，可得 $\hat{w}$ 最优解的闭式解，但由于涉及矩阵逆的计算，比单变量情况更复杂一些。

当 $X^T X$ 为满秩矩阵或正定矩阵时，令上式为零，则可得

$$\hat{w}^* = (X^T X)^{-1} X^T y \tag{2-21}$$

其中，$(X^T X)^{-1}$ 是矩阵 $X^T X$ 的逆矩阵。

然而，现实任务中，$X^T X$ 往往不是满秩矩阵，这会导致存在多组解。为了选择最优的解，学习算法需要引入归纳偏好，常用的方法是正则化（regularization）。正则化通过在目标函数中加入正则项来限制模型复杂度，从而避免过拟合，提高模型的泛化能力。

2.3.2 决策树

决策树（decision tree）作为一种经典且直观的机器学习算法，通过树形结构模拟人类的决策过程，广泛应用于分类和回归任务中。其通过递归地选择最优特征进行划分，形成从根节点到叶节点的决策路径，每个叶节点代表最终的决策结果或预测值。

定义：决策树是一种通过树形结构进行决策的分类或回归算法。每个节点代表一个特征或决策点，每个分支代表该特征的一个可能值，叶节点则代表最终的类别或预测值。

结构：决策树的基本结构包括一个根节点、多个内部节点和多个叶节点。根节点包含样本全集，内部节点对应属性测试，叶节点则对应决策结果。从根节点到每个叶节点的路径对应一个判断测试序列。

1. 基本流程

决策树学习的目的是为了产生一棵泛化能力强，即处理未见示例能力强的决策树，其

基本流程遵循简单且直观的"分而治之"(divide-and-conquer)策略。其学习基本算法如下：

输入：训练集 $D = \{(x_1, y_1), (x_2, y_2), \cdots, (x_m, y_m)\}$
属性集：$A = \{a_1, a_2, \cdots, a_m\}$
过程：函数 TreeGenerate(D, A)
1：生成节点 node；
2：if D 中样本全属于同一类别 C then
3：　　将 node 标记为 C 类叶节点；return
4：end if
5：if $A = \Phi$ OR D 中样本在 A 上取值相同 then
6：　　将 node 标记为叶节点，其类别标记为 D 中样本数最多的类；return
7：end if
8：从 A 中选择最优划分属性 a_*；
9：for a_* 的每一个值 a_*^v do
10：　　为 node 生成一个分支；令 D_v 表示 D 中在 a_* 上取值为 a_*^v 的样本子集；
11：　　if D_v 为空，then
12：　　　　将分支节点标记为叶节点，其类别标记为 D 中样本最多的类；return
13：　　else
14：　　　　以 TreeGenerate(D_v, $A \setminus \{a_*\}$) 为分支节点
15：　　end if
16：end for
输出：以 node 为根节点的一棵决策树。

显然，决策树的生成是一个递归过程。从根节点开始，初始包含所有训练样本。在决策树基本算法中，有三种情形会导致递归返回：①当前节点包含的样本全属于同一类别，无需划分；②当前属性集为空，或是所有样本在所有属性上取值相同时，无法划分；③当前节点包含的样本集合为空时，不能划分。在第②种情形下，把当前节点标记为叶节点，并将其类别设定为该节点所含样本最多的类别；在第③种情形下，同样把当前节点标记为叶节点，但将其类别设定为其父节点所含样本最多的类别。注意这两种情形的处理实质不同：情形②是在利用当前节点的后验分布，而情形③则是把父节点的样本分布作为当前节点的先验分布。

2. 算法关键

从决策树学习的算法流程可看出，决策树学习的关键是第 8 行，即如何选择最优划分属性。一般而言，随着划分过程不断进行，希望决策树的分支节点所包含的样本极可能属于同一类别，即节点的"纯度"(purity)越来越高。

1) 信息增益

信息熵(information entropy)是度量样本集合纯度最常用的一种指标。假定当前样本集合 D 中第 k 类样本所占的比例为 $p_k(k = 1, 2, \cdots, |y|)$，则 D 的信息熵定义为

$$\mathrm{Ent}(D) = -\sum_{k=1}^{|y|} p_k \log_2 p_k \tag{2-22}$$

$\mathrm{Ent}(D)$ 的值越小，则 D 的纯度越高。

假定离散属性 a 有 V 个可能的取值 $\{a^1, a^2, \cdots, a^V\}$，若使用 a 对样本集 D 进行划分，则会产生 V 个分支节点，其中第 v 个分支节点包含了 D 中所有在属性 a 上取值为 a^v 的样本，即为 D^v，则可计算出 D^v 的信息熵，再考虑到不同的分支节点所包含的样本数不同，给分支节点赋予权重 $|D^v|/|D|$，即样本数越多的分支节点的影响越大，预算可计算出用属性 a 对样本集 D 进行划分所获得的信息增益（information gain）为

$$\mathrm{Gain}(D, a) = \mathrm{Ent}(D) - \sum_{v=1}^{V} \frac{|D^v|}{|D|} \mathrm{Ent}(D^v) \tag{2-23}$$

一般而言，信息增益越大，则意味着使用属性 a 来进行划分所获得的"纯度提升"越大。因此，可以信息增益来进行决策树的划分属性选择，即在算法第 8 行选择属性 $a_* = \arg\max_{a \in A} \mathrm{Gain}(D, a)$。通过计算使用某个属性划分后信息熵的减少量来评估，信息增益越大，表示纯度提升越多。著名的 ID3 决策树学习算法（Quinlan, 1986）就是以信息增益为准则来选择划分属性的。

2）增益率

实际上，信息增益准则对可取值数目较多的属性有所偏好，为减少这种偏好可能带来的不利影响，著名的 C4.5 决策树算法（Quinlan, 1993）不直接使用信息增益，而是使用"增益率"（gain ratio）来选择最优划分属性。增益率是信息增益与属性固有值的比值。定义为

$$\mathrm{Gain\_ratio}(D, a) = \frac{\mathrm{Gain}(D, a)}{\mathrm{IV}(a)} \tag{2-24}$$

其中，

$$\mathrm{IV}(a) = -\sum_{v=1}^{V} \frac{|D^v|}{|D|} \log_2 \frac{|D^v|}{|D|} \tag{2-25}$$

$\mathrm{IV}(a)$ 称为属性 a 的固有值（intrinsic value）（Quinlan, 1993）。属性 a 的可能取值数目越多（即 V 越大），则 $\mathrm{IV}(a)$ 的值通常会越大。

需要注意的是，增益率准则对可取值数目较少的属性有所偏好，因此，C4.5 决策树算法并不是直接选择增益率最大的候选划分属性，而是使用了一个启发式（Quinlan, 1993）：先从候选划分属性中找出信息增益高于平均水平的属性，再从中选择增益率最高的。

3）基尼指数

CART 决策树（Breiman et al., 1984）使用"基尼指数"（Gini index）来选择划分属性。基尼指数越小，表示数据集纯度越高。基尼指数考虑了数据集的分布不均问题。数据集 D 的纯度可用基尼值来度量为

$$\begin{aligned} \mathrm{Gini}(D) &= \sum_{k=1}^{|y|} \sum_{k' \neq k} p_k p_{k'} \\ &= 1 - \sum_{k=1}^{|y|} p_k^2 \end{aligned} \tag{2-26}$$

直观来说，Gini(D)反映了从数据集 D 中随机抽取两个样本，其类别标记不一致的概率。因此，Gini(D)越小，则数据集 D 的纯度越高。

属性 a 的基尼指数定义为

$$\text{Gine\_index}(D, a) = \sum_{v=1}^{V} \frac{|D^v|}{|D|} \text{Gini}(D^v) \tag{2-27}$$

决策树学习算法最著名的代表是 ID3，C4.5 和 CART。Murthy(1998)提供了一个关于决策树文献的阅读指南。C4.5Rule 是一个将 C4.5 决策树转化为符号规则的算法，决策树的每一个分支可以重写为一条规则，但 C4.5Rule 算法在转化过程中会进行规则前件合并、删减等操作，因此最终规则集的泛化性能甚至可能优于原决策树。

除了信息增益、增益率、基尼指数以外，人们还设计了许多其他的准则用于决策树划分选择，实验表明(Mingers，1986b)，这些准则虽然对决策树的尺寸有较大影响，但对泛化性能的影响有限。

2.3.3 神经网络

神经网络(neural network)是由大量具有适用性的简单单元(神经元)组成的广泛并行互连网络，旨在模拟生物神经系统对真实世界物体的复杂反应过程(Kohonen，1988)，神经网络能够学习并处理复杂的非线性关系。

神经元(neuron)：神经网络中最基本的成分，即上述定义中的"简单单元"，它模拟了生物神经系统中神经元的行为。在生物神经网络中，每个神经元与其他神经元相连，当它"兴奋"时，就会向相连的神经元发送化学物质，从而改变这些神经元内的电位；如果某神经元的电位超过了一个阈值(threshold)，那么它就会被激活，即"兴奋"起来，向其他神经元发送化学物质。

激活函数：神经网络中的关键组件，决定了神经元如何响应输入信号。典型的激活函数包括 Sigmoid 函数，它能够将输入值挤压到(0，1)范围内，从而实现对非线性关系的建模。

多层神经网络：包括输入层、隐藏层和输出层。输入层接收原始数据，隐藏层对输入数据进行处理，输出层则产生最终的预测或分类结果。多层网络的学习能力远强于单层网络，因为它们能够学习更复杂的函数映射关系。

误差逆传播(BP)算法：神经网络中最常用的学习算法之一，它通过梯度下降策略调整网络中的连接权和阈值，以最小化网络输出与真实标签之间的误差。在训练过程中，BP 算法将误差从输出层逆向传播到隐藏层，并根据误差梯度更新网络参数。

1. 算法流程

给定训练集 $D = \{(x_1, y_1), (x_2, y_2), \cdots, (x_m, y_m)\}$，$x_i \in \mathbf{R}^d$，$y_i \in \mathbf{R}^l$，即输入示例是由 d 个属性描述、l 个输出神经元、q 个隐层神经元组成的多层前馈网络结构，其中输出层第 j 个神经元的阈值用 θ_j 表示，隐层第 h 个神经元的阈值用 γ_h 表示。输入层第 i 个神经元与隐层第 h 个神经元之间的连接权为 v_{ih}，隐层第 h 个神经元与输出层第 j 个神经

元之间的连接权为 w_{hj}。记隐层第 h 个神经元接收到的输入为 $\alpha_h = \sum_{i=1}^{d} v_{ih} x_i$，输出层第 j 个神经元接收到的输入为 $\beta_j = \sum_{h=1}^{q} w_{hj} b_h$，其中 b_h 为隐层第 h 个神经元的输出。

对训练集 (x_k, y_y)，假定神经网络的输出 $\hat{y}_k = (\hat{y}_1^k, \hat{y}_2^k, \cdots, \hat{y}_l^k)$，即

$$\hat{y}_k = f(\beta_j - \theta_j) \tag{2-28}$$

则网络在 (x_k, y_y) 上的均方误差为

$$E_k = \frac{1}{2} \sum_{j=1}^{l} (\hat{y}_j^k - y_j^k)^2 \tag{2-29}$$

网络中有 $(d+l+1)q+l$ 个参数需要确定：输入层到隐层的 $d \times q$ 个权值，隐层到输出层的 $q \times l$ 个权值、q 个隐层神经元的阈值、l 个输出层神经元的阈值。BP 是一个迭代学习算法，在迭代的每一轮中采用广义的感知机学习规则对参数进行更新估计，即与式(2-28)类似，任意参数 v 的更新估计式为

$$v \leftarrow v + \Delta v \tag{2-30}$$

BP 算法基于梯度下降(gradient descent)策略，以目标的负梯度方向对参数进行调整，对式(2-29)的误差 E_k，给定学习率 η，有

$$\Delta w_{hj} = -\eta \frac{\partial E_k}{\partial w_{hj}} \tag{2-31}$$

注意到 w_{hj} 先影响到第 j 个输出层神经元的输入值 β_j，再影响到其输出值 $\hat{y}_j^k$，然后影响到 E_k，有

$$\frac{\partial E_k}{\partial w_{hj}} = \frac{\partial E_k}{\partial \hat{y}_j^k} \cdot \frac{\partial \hat{y}_j^k}{\partial \beta_j} \cdot \frac{\partial \beta_j}{\partial w_{hj}} \tag{2-32}$$

根据 β_j 的定义，显然有

$$\frac{\partial \beta_j}{\partial w_{hj}} = b_h \tag{2-33}$$

Sigmoid 函数有一个很好的性质，即

$$f'(x) = f(x)[1 - f(x)] \tag{2-34}$$

于是，根据式(2-31)和式(2-32)，有

$$\begin{aligned} g_j &= -\frac{\partial E_k}{\partial \hat{y}_j^k} \cdot \frac{\partial \hat{y}_j^k}{\partial \beta_j} \\ &= -(\hat{y}_j^k - y_j^k) f'(\beta_j - \theta_j) \\ &= \hat{y}_j^k (1 - \hat{y}_j^k)(\hat{y}_j^k - y_j^k) \end{aligned} \tag{2-35}$$

将式(2-35)和式(2-33)代入式(2-32)，再代入式(2-29)，就得到 BP 算法中关于 w_{hj} 的更新公式

$$\Delta w_{hj} = \eta g_j b_n \tag{2-36}$$

类似可得

$$\Delta \theta_j = -\eta g_j \tag{2-37}$$

$$\Delta v_{ih} = \eta e_h x_i \tag{2-38}$$

$$\Delta \gamma_h = -\eta e_h \tag{2-39}$$

式中，

$$\begin{aligned}
e_h &= -\frac{\partial E_k}{\partial b_h} \cdot \frac{\partial b_h}{\partial a_h} \\
&= -\sum_{j=1}^{l} \frac{\partial E_k}{\partial \beta_j} \cdot \frac{\partial \beta_j}{\partial b_h} f'(a_h - \gamma_h) \\
&= \sum_{j=1}^{l} w_{hj} g_j f'(a_h - \gamma_h) \\
&= b_h(1 - b_h) \sum_{j=1}^{l} w_{hj} g_j
\end{aligned} \tag{2-40}$$

学习率控制着算法每一步迭代的更新步长，太大容易振荡，太小则收敛速度会过慢。

对每个训练样例，BP算法执行以下操作：先将输入示例提供给输入层神经元，然后逐层将信号前传，直到产生输出层的结果，然后计算输出层的误差（第4~5行），再将误差逆向传播至隐层神经元（第6行），最后根据隐层神经元的误差来对连接权和阈值进行调整（第7行）。该迭代过程循环进行，直到达到某些停止条件为止。

误差逆传播算法流程如下：

输入：训练集 $D = \{(x_1, y_1), (x_2, y_2), \cdots, (x_m, y_m)\}$

学习率 η

过程：

1：在(0，1)范围内随机初始化网络中所有连接权和阈值

2：repeat

3：   for all $(x_k, y_y) \in D$ do

4：   根据当前参数和式(2-28)计算当前样本的输出 $\hat{y}_k$；

5：   根据式(2-35)计算输出层神经元的梯度项 g_j；

6：   根据式(2-40)计算隐层神经元的梯度性 e_h；

7：   根据式(2-36)~式(2-39)更新连接权 v_{ih}、w_{hj} 与阈值 θ_j、γ_h。

8：   end for

9：until 达到停止条件

输出：连接权与阈值确定的多层前馈神经网络

2. 算法说明

Hornik 等(1989)证明，只需1个包含足够多神经元的隐层，多层前馈网络就能以任意精度逼近任意复杂度的连续函数。然而，如何设置隐层神经元的个数仍是个未决问题，实际应用中通常靠"试错法"(trial-by-error)调整。正是由于其强大的表示能力，BP神经网络经常遭遇过拟合，其训练误差持续降低，但测试误差确可能上涨。有两种策略常用来缓解BP网络的过拟合，第一种策略是"早停"(early stopping)，即将数据分成训练集和验证

集，训练集用来计算梯度、更新连接权和阈值，验证集用来估计误差，若训练集误差降低但验证集误差升高，则停止训练，同时返回具有最小验证集误差的连接权和阈值。第二种策略是"正则化"（regularization）（Barron，1991；Girosi et al.，1995），其基本思想是在误差目标函数中增加一个用于描述网络复杂度的部分，例如连接权与阈值的平方和。仍令 E_k 表示第 k 个训练样例的误差，w_i 表示连接权和阈值，则误差目标函数改变为

$$E = \lambda \frac{1}{m} \sum_{k=1}^{m} E_k + (1 - \lambda) \sum_i w_i^2 \tag{2-41}$$

其中，$\lambda \in (0, 1)$，用于对经验误差与网络复杂度这两项进行折中，常通过交叉验证法来估计。

随着云计算、大数据时代的到来，计算能力的大幅度提升可缓解训练低效性，训练数据的大幅增加可降低过拟合风险，因此，以深度学习（deep learning）为代表的复杂模型开始受到人们的关注。典型的深度学习模型就是很深层的神经网络。显然，对神经网络模型，提高容量的一个简单办法就是增加隐层的数目，隐层多了，相应的神经元连接权、阈值等参数就会更多。

2.3.4 支持向量机

支持向量机（support vector machine，SVM）是一种用于分类和回归的监督学习算法，它通过找到一个超平面来最大化不同类别之间的间隔，从而实现分类。SVM 在高维空间中表现良好，对噪声和异常值具有较好的鲁棒性。

1. 间隔与支持向量

给定训练样本集 $D = \{(\boldsymbol{x}_1, y_1), (\boldsymbol{x}_2, y_2), \cdots, (\boldsymbol{x}_m, y_m)\}$，$y_i \in \{-1, 1\}$，分类学习最基本的思想就是基于训练集 D 在样本空间找到一个划分超平面，将不同类别的样本分开。

在样本空间中，划分超平面可通过如下线性方程来描述：

$$\boldsymbol{w}^{\mathrm{T}}\boldsymbol{x} + b = 0 \tag{2-42}$$

其中，$\boldsymbol{w} = (w_1, w_2, \cdots, w_d)$ 为法向量，决定了超平面的方向；b 为位移项，决定了超平面与原点之间的距离。显然，划分超平面可被法向量 $\boldsymbol{w}$ 和位移 b 确定，将其记为 $(\boldsymbol{w}, b)$。样本空间中任一点 x 到超平面 $(\boldsymbol{w}, b)$ 的距离可写为

$$r = \frac{|\boldsymbol{w}^{\mathrm{T}}\boldsymbol{x} + b|}{\|\boldsymbol{w}\|} \tag{2-43}$$

假设超平面 $(\boldsymbol{w}, b)$ 能将训练样本正确分类，即对于 $(\boldsymbol{x}_i, y_i) \in D$，若 $y_i = +1$，则有 $\boldsymbol{w}^{\mathrm{T}}\boldsymbol{x}_i + b > 0$；若 $y_i = -1$，则有 $\boldsymbol{w}^{\mathrm{T}}\boldsymbol{x}_i + b < 0$。令

$$\begin{cases} \boldsymbol{w}^{\mathrm{T}}\boldsymbol{x}_i + b \geqslant +1, & y_i = +1 \\ \boldsymbol{w}^{\mathrm{T}}\boldsymbol{x}_i + b \leqslant -1, & y_i = -1 \end{cases} \tag{2-44}$$

如图 2-1 所示，距离超平面最近的这几个训练样本点使上式成立，被称为支持向量（support vector），两个异类支持向量到超平面的距离之和为

2.3 常见的机器学习算法

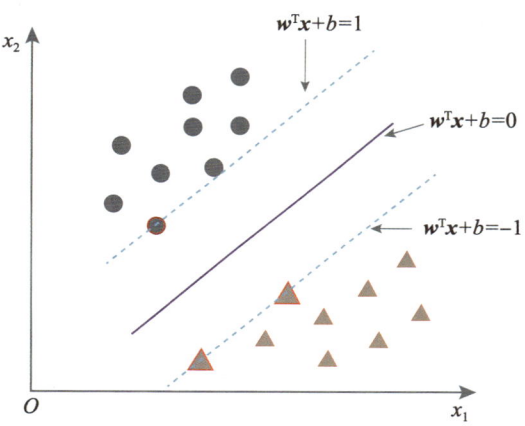

图 2-1 超平面

$$\gamma = \frac{2}{\|w\|} \quad (2\text{-}45)$$

γ 被称为"间隔"(margin)。

欲找到具有"最大间隔"(maximum margin)的划分超平面,也就是要找到能满足式(2-44)中约束的参数 w 和 b,使得 γ 最大,即

$$\max_{w,b} \frac{2}{\|w\|} \quad (2\text{-}46)$$
$$\text{s.t. } y_i(w^T x_i + b) \geq 1, \ i = 1, 2, \cdots, m$$

显然,为了最大化间隔,仅需最大化 $\|w\|^{-1}$,这等价于最小化 $\|w\|^2$。于是上式可重写为

$$\min_{w,b} \frac{1}{2} \|w\|^2 \quad (2\text{-}47)$$
$$\text{s.t. } y_i(w^T x_i + b) \geq 1, \ i = 1, 2, \cdots, m$$

以上即为支持向量机的基本型。

2. 对偶问题

求解式(2-46),得到最大间隔划分超平面对应的模型

$$f(x) = w^T x + b \quad (2\text{-}48)$$

式中,w 和 b 是模型参数。注意到式(2-46)本身是一个凸二次规划(convex quadratic programming)问题,能直接用现成的优化计算包求解。

对式(2-47)使用拉格朗日乘子法可得到其"对偶问题"(dual problem)。具体来说,对式(2-47)的每条约束添加拉格朗日乘子 $\alpha_i \geq 0$,则该问题的拉格朗日函数可写为

$$L(w, b, \alpha) = \frac{1}{2} \|w\|^2 + \sum_{i=1}^{m} \alpha_i [1 - y_i(w^T x_i + b)] \quad (2\text{-}49)$$

式中，$\alpha = (\alpha_1, \alpha_2, \cdots, \alpha_m)$，令 $L(w, b, \alpha)$ 对 w 和 b 的偏导为零可得

$$w = \sum_{i=1}^{m} a_i y_i x_i \tag{2-50}$$

$$0 = \sum_{i=1}^{m} a_i y_i \tag{2-51}$$

将式(2-50)代入式(2-49)，即可将 $L(w, b, \alpha)$ 中的 w 和 b 消去，再考虑式(2-49)的约束，就得到式(2-48)的对偶问题：

$$\begin{aligned} \max_{\alpha} & \sum_{i=1}^{m} \alpha_i - \frac{1}{2} \sum_{i=1}^{m} \sum_{j=1}^{m} \alpha_i \alpha_j y_i y_j x_i^{\mathrm{T}} x_j \\ \text{s.t.} & \sum_{i=1}^{m} \alpha_i y_i = 0, \ \alpha_i \geqslant 0, \ i = 1, 2, \cdots, m \end{aligned} \tag{2-52}$$

解出 α 后，求出 w 和 b 即可得到模型：

$$f(x) = w^{\mathrm{T}} x + b = \sum_{i=1}^{m} \alpha_i y_i x_i^{\mathrm{T}} x + b \tag{2-53}$$

从对偶问题(2-52)解出 α_i 是式(2-49)中的拉格朗日乘子，它恰对应着训练样本 (x_i, y_i)。注意到式(2-47)中有不等式约束，因此上式过程需满足 KKT(Karush-Kuhn-Tucker)条件，即要求

$$\begin{cases} \alpha_i \geqslant 0 \\ y_i f(x_i) - 1 \geqslant 0 \\ \alpha_i [y_i f(x_i) - 1] = 0 \end{cases} \tag{2-54}$$

于是，对任一训练样本 (x_i, y_i)，总有 $\alpha_i = 0$ 或者 $y_i f(x_i) = 1$。若 $\alpha_i = 0$，则该样本将不会在式(2-53)的求和中出现，也就不会对 $f(x)$ 有任何影响；若 $\alpha_i > 0$ 则必有 $y_i f(x_i) = 1$，所对应的样本点位于最大间隔边界上，是一个支持向量。这显示出支持向量机的一个重要性质：训练完成后，大部分的训练样本都不需保留，最终模型仅与支持向量有关。

那么，如何求解式(2-52)呢？不难发现，这是一个二次规划问题，可使用通用的二次规划算法来求解，序列最小优化算法(sequential minimal optimization，SMO)是其中一个著名的代表(Platt, 1998)。

SMO 的基本思路是：先固定 α_i 之外的所有参数，然后求 α_i 上的极值。由于存在约束 $\sum_{i=q}^{m} \alpha_i y_i = 1$，若固定 α_i 之外的其他变量，则 α_i 可由其他变量导出。于是，SMO 每次选择两个变量 α_i 和 α_j，并固定其他参数。这样，在参数初始化后，SMO 不断执行如下两个步骤，直至收敛：

(1) 选择一对需要更新的变量 α_i 和 α_j；
(2) 固定 α_i 和 α_j 以外的参数，求解式(2-52)获得更新后的 α_i 和 α_j。

2.3.5 贝叶斯分类器

贝叶斯分类器是一类基于贝叶斯定理实现的分类算法，在处理分类问题时利用了概率

统计知识，根据数据的先验概率、类条件概率和损失函数等信息来预测新样本的类别。

1. 贝叶斯决策论

贝叶斯决策论(Bayesian decision theory)是概率框架下实施决策的基本方法。对分类任务来说，在所有相关概率都已知的理想情形下，贝叶斯决策论考虑如何基于这些概率和误判损失来选择最优的类别标记。

假设有 N 种可能的类别标记，即 $y=\{c_1,c_2,\cdots,c_N\}$，将一个真实标记为 c_i 的样本误分类为 c_j 所产生的损失，记为 λ_{ij}。基于后验概率 $P(c_i|x)$ 可获得将样本 x 分类为 c_i 所产生的期望损失(expected loss)，或称样本 x 上的"条件风险"(conditional risk)，定义为

$$R(c_i|x)=\sum_{j=1}^{N}\lambda_{ij}P(c_j|x) \tag{2-55}$$

贝叶斯判定准则(Bayes decision rule)的目标是找到一个判定准则 $h:x\mapsto y$，以最小化总体风险

$$R(h)=\int_{x\in X}R(h(x)|x)p(x)\mathrm{d}x \tag{2-56}$$

式中，$h(x)$ 为分类决策函数；$p(x)$ 为样本的先验概率。在样本 x 上，$h^*(x)$ 是使条件风险 $R(h(x)|x)$ 最小的类别标记，即

$$h^*(x)=\arg\min_{c\in y}R(c|x) \tag{2-57}$$

此时，h^* 称为贝叶斯最优分类器(Bayes optimal classifier)，与之对应的总体风险 $R(h^*)$ 称为贝叶斯风险(Bayes risk)。$1-R(h^*)$ 反映了分类器所能达到的最好性能，即通过机器学习所能产生的模型精度的理论上限。

具体来说，若目标是最小化分类错误率，则误判损失 λ_{ij} 可写为

$$\lambda_{ij}=\begin{cases}0, & i=j \\ 1, & 其他\end{cases} \tag{2-58}$$

此时条件风险为

$$R(c|x)=1-P(c|x) \tag{2-59}$$

于是，最小化分类错误率的贝叶斯最优分类器为

$$h^*(x)=\arg\max_{c\in y}P(c|x) \tag{2-60}$$

即对每个样本 x，选择能使后验概率 $P(c|x)$ 最大的类别标记。

由此，欲使用贝叶斯判定准则来最小化决策风险，首先要获得后验概率 $P(c|x)$。但是，在现实任务中难以获得。因此，机器学习所要实现的是基于有限的训练样本集尽可能准确地估计出后验概率 $P(c|x)$。一般来说，有两种思路：给定 x，通过直接建模 $P(c|x)$ 来预测 c，属于"判别式模型"(discriminative models)；先对联合概率分布 $P(c|x)$ 建模，然后再由此获得 $P(c|x)$，属于"生成式模型"(generative models)。前面介绍的决策树、BP 神经网络、支持向量机等，都可归入判别式模型范畴。对生成式模型来说，必然考虑

$$P(c|x)=\frac{P(x,c)}{P(x)} \tag{2-61}$$

基于贝叶斯定理，$P(c\mid x)$ 可写为

$$P(c\mid x) = \frac{P(c)P(x\mid c)}{P(x)} \tag{2-62}$$

式中，$P(c)$ 是类先验(prior)概率；$P(x\mid c)$ 是样本 x 相对于类标记 c 的类条件概率(class-conditional probability)，或称为似然(likelihood)；$P(x)$ 是用于归一化的证据(evidence)因子。对给定样本 x，证据因子 $P(x)$ 与类标记无关，因此估计 $P(c\mid x)$ 的问题就转化为如何基于训练数据 D 来估计先验 $P(c)$ 和似然 $P(x\mid c)$。

类先验概率 $P(c)$ 表达了样本空间中各类样本所占的比例。根据大数定律，当训练集包含充足的独立同分布样本时，$P(c)$ 可通过各类样本出现的频率来进行估计。

对类条件概率 $P(x\mid c)$ 来说，由于它涉及关于 x 所有属性的联合概率，直接根据样本出现的频率来估计，将会遇到严重的困难。

2. 极大似然估计

在实际应用中，由于直接估计后验概率 $P(x\mid c)$ 比较困难，贝叶斯分类器常常通过估计类条件概率 $P(x\mid c)$ 和先验概率 $P(c)$ 来间接得到后验概率。估计类条件概率的一种常用方法是极大似然估计(maximum likelihood estimation，MLE)

估计类条件概率的一种常用测量是先假定其具有某种确定的概率分布形式，再基于训练样本对概率分布的参数进行估计。具体地，记关于类别 c 的类条件概率为 $P(x\mid c)$，假设 $P(x\mid c)$ 具有确定的形式并被参数向量 θ_c 唯一确定，则可利用训练集 D 估计参数 θ_c。为明确起见，将 $P(x\mid c)$ 记为 $P(x\mid\theta_c)$。

事实上，概率模型的训练过程就是参数估计(parameter estimation)过程。令 D_c 表示训练集 D 中第 c 类样本组成的集合，假设这些样本是独立同分布的，则参数 θ_c 对于数据集 D_c 的似然是

$$P(D_c\mid\theta_c) = \prod_{x\in D_c} P(x\mid\theta_c) \tag{2-63}$$

对 θ_c 进行极大似然估计，就是去寻找能最大化似然 $P(D_c\mid\theta_c)$ 的参数值 $\hat{\theta}_c$。直观上看，极大似然估计是试图在 θ_c 所有可能的取值中，找到一个能使数据出现的可能性最大的值。

对(2-63)取对数似然(log-likelihood)得

$$LL(\theta_c) = \log P(D_c\mid\theta_c) = \sum_{x\in D_c} \log P(x\mid\theta_c) \tag{2-64}$$

此时，参数 θ_c 的极大似然估计 $\hat{\theta}_c$ 为

$$\hat{\theta}_c = \arg\max_{\theta_c} LL(\theta_c) \tag{2-65}$$

例如，在连续属性情形下，假设概率密度函数 $P(x\mid c) \sim N(u_c,\sigma_c^2)$，则参数 u_c 和 σ_c^2 的极大似然估计为

$$\hat{u}_c = \frac{1}{|D_c|} \sum_{x\in D_c} x \tag{2-66}$$

$$\hat{\sigma}_c^2 = \frac{1}{|D_c|} \sum_{x \in D_c} (x - \hat{u}_c)(x - \hat{u}_c)^{\mathrm{T}} \tag{2-67}$$

也就是说，通过极大似然法得到的正态分布均值就是样本均值，方差就是样本方差。在离散属性情况下，也可以通过类似的方法估计类条件概率。

3. 朴素贝叶斯分类器

朴素贝叶斯分类器（naive bayes classifier）采用了"属性条件独立性假设"（attribute conditional independence assumption），即假设给定类别下，所有属性是相互独立的，即对已知类别，假设所有属性相互独立。换言之，假设每个属性独立地对分类结果发生影响。这一假设虽然简化了问题的处理，但在很多实际应用中依然取得了很好的性能。

基于属性条件独立性假设，式（2-62）可重写为

$$P(c \mid x) = \frac{P(c)P(x \mid c)}{P(x)} = \frac{P(c)}{P(x)} \prod_{i=1}^{d} P(x_i \mid c) \tag{2-68}$$

式中，d 为属性数目，x_i 为 x 在第 i 个属性上的取值。

由于对所有类别来说 $P(x)$ 相同，因此基于式（2-60）的贝叶斯判定准则有

$$h_{nx}(x) = \arg\max_{c \in y} P(c) \prod_{i=1}^{d} P(x_i \mid c) \tag{2-69}$$

这就是朴素贝叶斯分类器的表达式。

显然，朴素贝叶斯分类器的训练过程就是基于训练集 D 来估计类先验概率 $P(c)$，并令每个属性估计条件概率 $P(x_i \mid c)$。

令 D_c 表示训练集 D 中第 c 类样本组成的集合，若有充足的独立同分布样本，则可容易地估计出类先验概率 $P(c)$ 为

$$P(c) = \frac{|D_c|}{|D|} \tag{2-70}$$

对离散属性而言，令 D_{c,x_i} 表示 D_c 中在第 i 个属性上取值为 x_i 的样本组成的集合，则条件概率 $P(x_i \mid c)$ 可估计为

$$P(x_i \mid c) = \frac{|D_{c,x_i}|}{|D|} \tag{2-71}$$

对连续属性可考虑概率密度函数，假定 $P(x_i \mid c) \sim N(u_{c,i}, \sigma_{c,i}^2)$，其中 $u_{c,i}$ 和 $\sigma_{c,i}^2$ 分别是第 c 类样本在第 i 个属性上取值的均值和方差，则有

$$P(x_i \mid c) = \frac{1}{\sqrt{2\pi}\,\sigma_{c,i}} \exp\left(-\frac{(x_i - u_{c,i})^2}{2\sigma_{c,i}^2}\right) \tag{2-72}$$

在现实任务中，朴素贝叶斯分类器有多种使用方式，若任务对预测速度要求较高，则对给定训练集，可将朴素贝叶斯分类器涉及的所有概率估计实现计算好并存储起来，这样在进行预测时只需要查表即可进行判别；若任务数据更替频繁，则可采用懒惰学习方式，先不进行任何训练，待收到预测请求时，再根据当前数据集进行概率估计；若数据不断增加，则可在现有估值基础上，仅对新增样本的属性值所涉及的概率估值进行计数修正，即可实现增量学习。

4. 半朴素贝叶斯分类器

为了在一定程度上克服朴素贝叶斯分类器过强的属性独立性假设，半朴素贝叶斯分类器(semi-naive bayes classifier)通过适当考虑一部分属性间的相互依赖信息，既避免了全属性联合概率的复杂计算，又能够部分克服朴素贝叶斯分类器中属性独立性假设带来的局限性。其中，独依赖估计(one-dependent estimator, ODE)是一种常用的策略，它假设每个属性在类别之外最多仅依赖于一个其他属性。顾名思义，所有独依赖就是假设每个属性在类别之外最多仅依赖于一个其他属性，即

$$P(c|x) \propto P(c) \prod_{i=1}^{d} P(x_i|c, pa_i) \tag{2-73}$$

式中，pa_i 为属性 x_i 所依赖的属性，称为 x_i 的父属性。此时，对每个属性 x_i，若其父属性 pa_i 已知，则可采用类似式(2-72)的办法来估计概率值 $P(x_i|c, pa_i)$。于是，问题的关键就转化为如何确定每个属性的父属性，不同的做法产生不同的独依赖分类器。

最直接的做法是假设所有属性都依赖于同一个属性，称为"超父"(super parent)，然后通过交叉验证等模型选择方法来确定超父属性，由此形成的 SPODE(super-parent ODE) 方法。

TAN(tree augmented naive bayes)(Frieman et al., 1997)则是在最大带权生成树(maximum weighted spanning tree)算法(Chow et al., 1968)的基础上，通过以下步骤将属性间依赖关系约简为树形结构：

(1) 计算任意两个属性之间的条件互信息(conditional mutual information)

$$I(x_i, x_i|y) = \sum_{x_i, x_y; c \in y} P(x_i, x_i|c) \log \frac{P(x_i, x_j|c)}{P(x_i|c)P(x_j|c)} \tag{2-74}$$

(2) 以属性为节点构建完全图，任意两个节点之间边的权重设为 $I(x_i, x_i|y)$；

(3) 构建此完全图的最大带权生成树，挑选根变量，将边置为有向；

(4) 加入类别节点 y，增加从 y 到每个属性的有向边。

AODE(averaged one-dependent estimator)(Webb et al., 2005)是一种基于集成学习机制、更为强大的独依赖分类器。与 SPODE 通过模型选择确定超父属性不同，AODE 尝试将每个属性作为超父来构建 SPODE，然后将那些具有足够训练数据支持的 SPODE 集成企业来作为最终结果，即

$$P(c|x) \propto \sum_{i=1}^{d} P(c, x_i) \prod_{i=1}^{d} P(x_i|c, x_i) \tag{2-75}$$

显然，AODE 需估计 $P(c|x_i)$ 和 $P(x_j|c, x_i)$。类似于式(2-75)，有

$$\hat{P}(c|x_i) = \frac{|D_{c, x_i}| + 1}{|D| + N \times N_i} \tag{2-76}$$

$$\hat{P}(x_j|c, x_i) = \frac{|D_{c, x_i, x_y}| + 1}{|D_{c, x_i}| + N_j} \tag{2-77}$$

式中，N 是 D 中可能的类别，N_i 是第 i 个属性可能的取值数；D_{c, x_i} 是类别为 c 且在第 i 个属性上取值为 x_i 的样本集合；D_{c, x_i, x_j} 是类别为 c 且在第 i 和第 j 个属性上取值分别为 x_i 和

x_j 的样本集合。

贝叶斯决策论在机器学习、模式识别等诸多关注数据分析的领域都有极为重要的地位,对贝叶斯定理进行近似求解,为机器学习算法的设计提供了一种有效途径。为避免贝叶斯定理求解时面临组合爆炸、样本稀疏问题,朴素贝叶斯分类器引入了属性条件独立性假设。这个假设在现实应用中往往很难成立,但有趣的是,朴素贝叶斯分类器在很多情形下都能获得相当好的性能(Domingos et al., 1997; Ng et al., 2002)。

2.3.6 集成学习

在机器学习的广阔领域中,集成学习(ensemble learning)占据着举足轻重的地位。它并非依赖于单一模型的预测能力,而是通过构建并结合多个学习器(也称为"基学习器"或"弱学习器")的预测结果,显著提升整体模型的泛化能力和鲁棒性。集成学习的方法多种多样,但核心思想都在于"集众家之所长",将多个学习器的智慧融合,以达到"1+1>2"的效果。本节将深入探讨集成学习的基本原理、主要策略、经典算法以及应用前景。

1. 基本原理

统计视角:根据大数定律和中心极限定理,当样本量足够大时,样本均值趋近于总体均值。在集成学习中,通过构建多个基学习器并取其平均(或多数投票等),可以使得整体预测结果更加接近真实值,减少随机误差。

偏差-方差分解:模型的泛化误差可以分解为偏差、方差和噪声三部分。集成学习通过降低方差(即提高模型的稳定性)来提升整体性能,特别是当基学习器之间具有较大差异时,这种效果尤为明显。

多样性:集成学习中基学习器之间的多样性是提升性能的关键。多样性可以来源于数据样本的扰动(如 Bagging)、特征空间的扰动(如 random forests)、模型参数的扰动(如 Boosting)以及学习算法的差异等。

2. 主要策略

集成学习按照基学习器生成方式的不同,主要分为两大类:串行化方法和并行化方法。此外,还有一种结合了串行和并行思想的混合方法,即 Stacking。

1)串行化方法:Boosting

工作机制:先从初始训练集训练出一个基学习器,再根据基学习器的表现对训练样本分布进行调整,使得先前基学习器做错的训练样本在后续受到更多关注。然后基于调整后的样本分布来训练下一个基学习器。如此重复进行,直至基学习器数目达到事先指定的值 T,最终将这 T 个基学习器进行加权结合。

核心思想:Boosting 通过顺序地训练一系列基学习器,每个基学习器都试图纠正前一个基学习器的错误。在训练过程中,会根据前一个基学习器的预测结果调整样本的权重,使得后续基学习器更加关注那些被错误预测的样本。这种方法的代表算法有 AdaBoost 和 GBM(gradient boosting machine)。

(1)AdaBoost 算法:AdaBoost 算法是 Boosting 框架的一个早期实现,它通过为每个样本分配不同的权重来训练多个弱学习器(通常是决策树或简单的分类器),并将这些弱学习器线性组合成一个强学习器。在 AdaBoost 中,被错误分类的样本会在下一轮训练中获得更高的权重,从而使得后续的学习器更加关注这些难以分类的样本。

同时,AdaBoost 还通过加权多数投票的方式整合所有基学习器的预测结果。AdaBoost 的优点在于简单高效,且对异常值和噪声数据具有一定的鲁棒性。然而,AdaBoost 对弱学习器的选择较为敏感,且容易陷入过拟合。

AdaBoost 算法有多重推导方式,比较容易理解的是基于"加性模型"(additive model),即基学习器的线性组合

$$H(x) = \sum_{t=1}^{T} \alpha_t h_t(x) \tag{2-78}$$

来最小化指数损失函数(exponential loss function)(Friedman et al.,2000):

$$l_{\exp}(H \mid D) = E_{x \sim D}[e^{-f(x)H(x)}] \tag{2-79}$$

算法流程如下:

输入:训练集 $D = \{(x_1, y_1), (x_2, y_2), \cdots, (x_m, y_m)\}$

基学习算法 Ξ

训练轮次 T。

过程:

1:$D_1(x) = 1/m$。

2:for t = 1, 2, $\cdots$, T Do

3:   $h_t = \Xi(D, D_t)$;

4:   $\varepsilon_t = P_{x \sim D_t}(h_t(x) \neq f(x))$;

5:   if $\varepsilon_t > 0.5$ then break

6:   $\alpha_t = \frac{1}{2}\ln\left(\frac{1-\varepsilon_t}{\varepsilon_t}\right)$

7:   $D_{t+1}(x) = \frac{D_t(x)}{Z_t} \times \begin{cases} \exp(-\alpha_t), & \text{if } h_t(x) = f(x) \\ \exp(\alpha_t), & \text{if } h_t(x) \neq f(x) \end{cases}$

$= \frac{D_t(x)\exp(-\alpha_t f(x) h_t(x))}{Z_t}$

8 end for

输出:$F(x) = \text{sign}(\sum_{t=1}^{T} \alpha_t h_t(x))$

AdaBoost 算法流程简述如下:

初始化训练样本的权重,通常设为等权。

对于每一步迭代:

使用当前权重分布的训练集训练一个基学习器。

计算该基学习器在训练集上的错误率。

根据错误率更新每个样本的权重,增加被错分样本的权重,减少被正确分类样本的权重。

计算当前基学习器的权重，该权重与其在训练集上的错误率成反比。

将所有基学习器加权组合成最终模型，权重为各基学习器在训练集上的性能评估结果。

AdaBoost 的关键在于通过调整样本权重来关注难以分类的样本，使得后续基学习器能够更加专注于这些样本。同时，通过加权多数投票的方式整合所有基学习器的预测结果，提高了整体模型的性能。

若 $H(x)$ 能令指数损失函数最小化，则考虑上式对 $H(x)$ 的偏导

$$\frac{\partial l_{\exp}(H \mid D)}{\partial H(x)} = -e^{-H(x)} P(f(x) = 1 \mid x) + e^{H(x)} P(f(x) = -1 \mid x) \tag{2-80}$$

令式(2-80)为零，可解得

$$H(x) = \frac{1}{2} \ln \frac{P(f(x) = 1 \mid x)}{P(f(x) = -1 \mid x)} \tag{2-81}$$

$$\begin{aligned} \operatorname{sign}(H(x)) &= \operatorname{sign}\left(\frac{1}{2} \ln \frac{P(f(x) = 1 \mid x)}{P(f(x) = -1 \mid x)}\right) \\ &= \begin{cases} 1, & P(f(x) = 1 \mid x > P(f(x) = -1 \mid x) \\ -1, & P(f(x) = 1 \mid x < P(f(x) = -1 \mid x) \end{cases} \\ &= \underset{y \in \{-1, 1\}}{\arg \max} P(f(x) = y \mid x) \end{aligned} \tag{2-82}$$

这意味着 $\operatorname{sign}(H(x))$ 达到了贝叶斯最优错误率。换言之，若指数损失函数最小化，则分类错误率也将最小化，这说明指数损失函数是分类任务原来 0/1 损失函数的一致的 (consistent) 替代损失函数。由于这个替代函数有更好的数学性质，例如它是连续可微函数，因此我们用它替代 0/1 损失函数作为优化目标。

在 AdaBoost 算法中，第一个基分类器 h_1 是通过直接将基学习算法用于初始数据分布而得；此后迭代地生成 h_t 和 α_t，当基分类器 h_t 基于分布 D_t 产生后，该基分类器的权重 α_t，应使得 $\alpha_t h_t$ 最小化指数损失函数。

$$\begin{aligned} l_{\exp}(\alpha_t h_t \mid D_t) &= E_{x \sim D_t}[e^{-f(x) \alpha_t h_t(x)}] \\ &= E_{x \sim D_t}[e^{-\alpha_t} \| (f(x) = h_t(x) + e^{\alpha_t} \| (f(x) \neq h_t(x))] \\ &= e^{-\alpha_t}(1 - \varepsilon_t) + e^{\alpha_t} \varepsilon_t \end{aligned} \tag{2-83}$$

其中，$\varepsilon_t = P_{x \sim D_t}(h_t(x) \neq f(x))$。考虑指数损失函数的导数

$$\frac{\partial l_{\exp}(\alpha_t h_t \mid D_t)}{\partial \alpha_t} = -e^{-\alpha t}(1 - \varepsilon_t) + e^{\alpha t} \varepsilon_t \tag{2-84}$$

令式(2-84)为零，可解得

$$\alpha_t = \frac{1}{2} \ln\left(\frac{1 - \varepsilon_t}{\varepsilon_t}\right) \tag{2-85}$$

这是算法第 6 行的分类器权重更新公式。

AdaBoost 算法在获得 H_{t-1} 之后，样本分布将进行调整，使下一轮的基学习器 h_t 能纠正 H_{t-1} 的一些错误。理想的 h_t 能纠正 H_{t-1} 的全部错误，即最小化 $l_{\exp}(H_{t-1} + \alpha_t h_t \mid D)$，可简化为最小化

$$l_{\exp}(H_{t-1} + \alpha_t h_t \mid D) = E_{x \sim D}[e^{-f(x)H_{t-1}(x) + h_t(x)}]$$
$$= E_{x \sim D}[e^{-f(x)H_{t-1}(x)} e^{-f(x)h_t(x)}] \quad (2-86)$$

注意到 $f^2(x) = h_t^2(x) = 1$，式(2-86)可使用 $e^{-f(x)h_t(x)}$ 的泰勒展开式近似为

$$l_{\exp}(H_{t-1} + h_t \mid D) \approx E_{x \sim D}\left\{e^{-f(x)H_{t-1}(x)}\left[1 - f(x)h_t(x) + \frac{f^2(x)h_t^2(x)}{2}\right]\right\}$$
$$= E_{x \sim D}\left[e^{-f(x)H_{t-1}(x)}\left(1 - f(x)h_t(x) + \frac{1}{2}\right)\right] \quad (2-87)$$

于是，理想的基学习器

$$h_t(x) = \arg\min_h l_{\exp}(H_{t-1} + h \mid D)$$
$$= \arg\min_h E_{x \sim D}\left[e^{-f(x)H_{t-1}(x)}\left(1 - f(x)h(x) + \frac{1}{2}\right)\right]$$
$$= \arg\min_h E_{x \sim D}\left[e^{-f(x)H_{t-1}(x)} f(x)h(x)\right] \quad (2-88)$$
$$= \arg\min_h E_{x \sim D}\left[\frac{e^{-f(x)H_{t-1}(x)}}{E_{x \sim D}[e^{-f(x)H_{t-1}(x)}]} f(x)h(x)\right]$$

注意到 $\dfrac{e^{-f(x)H_{t-1}(x)}}{E_{x \sim D}[e^{-f(x)H_{t-1}(x)}]}$ 是一个常数，令 D_t 表示一个分布，即

$$D_t(x) = \frac{D(x)e^{-f(x)H_{t-1}(x)}}{E_{x \sim D}[e^{-f(x)H_{t-1}(x)}]} \quad (2-89)$$

则根据数学期望的定义，这等价于令

$$h_t(x) = \arg\min_h E_{x \sim D}\left[\frac{e^{-f(x)H_{t-1}(x)}}{E_{x \sim D}[e^{-f(x)H_{t-1}(x)}]} f(x)h(x)\right]$$
$$= \arg\min_h E_{x \sim D_t}[f(x)h(x)] \quad (2-90)$$

由 $f(x), h(x) \in (-1, +1)$，有

$$f(x)h(x) = 1 - 2\Pi(f(x) \neq h(x)) \quad (2-91)$$

则理想的基学习器

$$h_t(x) = \arg\min_h E_{x \sim D_t}[\Pi(f(x) \neq h(x))] \quad (2-92)$$

由此可见，理想的 $h_t(x)$ 将在分布 D_t 下最小化分类误差。因此，弱分类器将基于分布 D_t 来训练，且针对 D_t 的分类误差应小于 0.5。这在一定程度上类似"残差逼近"的思想。考虑到 D_t 和 D_{t+1} 的关系，有

$$D_{t+1}(x) = \frac{D(x)e^{-f(x)H_t(x)}}{E_{x \sim D}[e^{-f(x)H_t(x)}]}$$
$$= \frac{D(x)e^{-f(x)H_{t-1}(x)} e^{-f(x)\alpha_t h_t(x)}}{E_{x \sim D}[e^{-f(x)H_t(x)}]} \quad (2-93)$$
$$= D_t(x) \cdot e^{-f(x)\alpha_t h_t(x)} \frac{E_{x \sim D}[e^{-f(x)H_{t-1}(x)}]}{E_{x \sim D}[e^{-f(x)H_t(x)}]}$$

即为算法流程图中第 7 行的样本分布更新公式。

(2) Gradient Boosting 算法：这是另一种流行的 Boosting 算法，它通过迭代地构建基学习器来逼近目标函数的负梯度(即损失函数的下降方向)。在每次迭代中，都会根据当前模型的预测误差来训练一个新的基学习器，并将其加入到模型中。GBM 和 XGBoost (eXtreme Gradient Boosting)是梯度提升框架的两个著名实现。

Gradient Boosting 算法(以 XGBoost 为例)流程简述如下：

初始化一个弱学习器(通常是常数或均值预测)。

对于每一步迭代：

计算当前模型在训练集上的损失函数的负梯度，作为残差。

使用该残差作为目标变量，训练一个新的基学习器来拟合这些残差。

计算新基学习器的权重，通常是通过最小化损失函数来确定。

更新模型，将新基学习器加权添加到已有模型中。

重复上述步骤，直到达到预设的迭代次数或满足其他停止条件。

Gradient Boosting 通过迭代地构建基学习器来逼近目标函数的负梯度，从而不断优化模型。XGBoost 等算法通过引入正则化项、列抽样、树剪枝等技术，进一步提升了模型的性能和效率。

Gradient Boosting 是一种更为通用的框架，它通过梯度下降的方式在函数空间中优化损失函数，每次迭代都构建一个能够拟合当前损失函数负梯度的基学习器，并累加至已有模型中。GBM 算法如 XGBoost、LightGBM 等在工业界和竞赛中广泛应用，展现了极高的性能。Gradient Boosting 的优点在于能够处理复杂的非线性关系，且对缺失值不敏感，然而其计算复杂度较高，且对超参数的选择较为敏感。

2) 并行化方法：Bagging 算法与随机森林算法

(1) Bagging 算法

核心思想：Bagging 通过并行地训练多个基学习器，并在最终预测时采用平均或投票的方式来综合所有基学习器的预测结果。这种方法的关键在于基学习器之间的独立性，通常通过自助采样(bootstrap sampling)来实现。

算法描述：Bagging(Breiman，1996a)是并行式集成学习最著名的代表。该方法直接基于前面的自助采样，给定包含 m 个样本的数据集，先随机取出一个样本放入采样集中，再把该样本放回初始数据集，使得下次采样时该样本仍有可能被选中，这样，经过 m 次随机采样操作，得到含 m 个样本的采样集，初始训练集中有的样本在采样集中多次出现，有的则从未出现。根据分析可得，初始训练集中约有 63.2% 的样本出现在采样集中。于是，可采样出 T 个含 m 个训练样本的采样集，然后基于每个采样集训练出一个基学习器，再将这些基学习器进行结合。这就是 Bagging 的基本流程。

在对预测输出进行结合时，Bagging 通常对分类任务使用简单投票法，对回归任务使用简单平均法。若分类预测时出现两个类收到同样票数的情形，则最简单的做法是随机选择一个，也可进一步考察学习器投票的置信度来确定最终胜者。

算法流程：

输入：训练集 $D = \{(x_1, y_1), (x_2, y_2), \cdots, (x_m, y_m)\}$

基学习算法 Ξ

训练轮次 T。

过程：

1：   for t = 1, 2, ⋯, T Do

3： $h_t = \Xi(D, D_{bs})$

4：   end for

输出：$H(x) = \arg\max_{y \in Y} \sum_{t=1}^{T} \Pi(h_t(x) = y)$

（2）随机森林算法

随机森林（random forests，RF）是 Bagging 框架的一个经典实现（Breiman，2001a），它在以决策树为基学习器构建 Bagging 集成的基础上，进一步在决策树的训练过程中引入随机属性选择。在随机森林中，每个决策树都在自助采样的样本集上进行训练，并且在每个节点的分裂过程中，再从所有特征中随机选择一部分特征进行考虑。这种双重随机性使得随机森林的基学习器之间具有较高的独立性，从而有效降低了模型的方差。

具体来说，传统决策树在选择划分属性时，是在当前节点的属性集合（假定有 d 个属性）中选择一个最优属性；而在 RF 中，对基决策树的每个节点，先从该节点的属性集合中随机选择一个包含 k 个属性的子集，然后再从这个子集中选择一个最优属性用于划分。这里的参数 k 控制了随机性的引入程度：若令 $k = d$，则基决策树的构建与传统决策树相同；若令 $k = 1$，则是随机选择一个属性用于划分；一般情况下，推荐值 $k = \log_2 d$（Breiman，2001a）。

Random Forests 算法流程简述如下：

通过自助采样从原始数据集中生成多个训练子集。

对于每个训练子集：

从所有特征中随机选择一部分特征作为候选特征集。

在候选特征集上构建一棵决策树，直到满足停止条件（如树的最大深度、节点最小样本数等）。

将所有决策树组合成随机森林模型。

在预测时，随机森林通过平均（对于回归问题）或多数投票（对于分类问题）的方式整合所有决策树的预测结果。随机森林的性能通常优于单个决策树，因为它通过集成多个决策树来降低模型的方差，并提高了模型的泛化能力。

随机森林简单、容易实现、计算开销小，令人惊奇的是，它在很多显示任务中展现出强大的性能，被誉为"代表集成学习技术水平的方法"。可以看出，随机森林对 Bagging 只做了小改动，但是与 Bagging 中基学习器的多样性仅通过样本扰动（通过对初始训练集采样）而来不同，随机森林中基学习器的多样性不仅来自样本扰动，还来自属性扰动，这就使得最终集成的泛化性能可通过个体学习器之间差异度的增加而进一步提升。

（3）Stacking 算法

Stacking（堆叠）（Wolpert，1992；Breiman，1996b）通过训练多个基学习器，并使用一个元学习器（meta-learner）来组合这些基学习器的预测结果。首先，每个基学习器都在原始训练集上进行训练,并对训练集或独立的验证集进行预测。然后,这些预测结果作为新的特征被用于训练元学习器。最终,元学习器的预测结果即为模型的最终预测。

Stacking 先从初始数据集训练出初级学习器,然后"生成"一个新数据集用于训练次级学习器。在这个新数据集中,初级学习器的输出被当作样例输入特征,而初始样本的标记仍被当作样例标记。Stacking 的算法描述如下:

输入:训练集 $D = \{(x_1, y_1), (x_2, y_2), \cdots, (x_m, y_m)\}$

初级学习算法 $\zeta_1, \zeta_2, \cdots, \zeta_T$;

次级学习算法 ζ。

过程:

1: for t = 1, 2, ⋯, T Do

2:    $h_t = \zeta_t(D)$;

3:   end for;

4: $D' = \phi$;

5: for i = 1, 2, ⋯, m do

6:    for t = 1, 2, ⋯, T do

7:       $z_{it} = h_t(x_i)$;

8:    end for

9:    $D' = D' \cup ((z_{i1}, z_{i2}, \cdots, z_{iT}), y_i)$;

10: end for

11:   $h' = \zeta(D')$

输出:$H(x) = h'(h_1(x), h_2(x), \cdots, h_T(x))$

在训练阶段,次级训练集是利用初级学习器产生的。若直接用初级学习器的训练集来产生次级训练集,则过拟合风险会比较大;因此,一般是通过交叉验证法或留一法,用训练初级学习器未使用的样本来产生次级学习器的训练样本。

特点:

Stacking 可以灵活地使用不同类型的基学习器和元学习器,从而充分利用不同学习器的优势。

Stacking 通常采用交叉验证的方式来训练基学习器,避免过拟合。

Stacking 的性能很大程度上取决于基学习器和元学习器的选择以及它们之间的组合方式。

Stacking 是一种结合了串行和并行思想的混合方法。它首先训练多个基学习器,并使用这些基学习器的预测结果作为新的特征来训练一个元学习器。Stacking 的优点在于能够充分利用不同学习器的优势,并通过元学习器来实现更复杂的组合策略。然而,Stacking 的计算复杂度较高,且对元学习器的选择较为敏感。

3)集成学习的优势与挑战

优势:

提升性能:通过结合多个基学习器的预测结果,集成学习能够显著提高模型的泛化能力和鲁棒性。

减少过拟合：Bagging 类方法通过数据集的随机采样和基学习器的并行训练，有效降低了模型的方差，减少了过拟合的风险。

处理大数据：集成学习能够利用并行计算的优势，加速大规模数据集的处理过程。

灵活性强：集成学习不依赖于特定的基学习器，可以选择不同类型的算法作为基学习器，提高了模型的灵活性。

挑战：

计算成本：构建多个基学习器需要较大的计算资源，特别是在数据集较大或基学习器较复杂时。

参数调优：集成学习涉及多个基学习器及其组合方式，参数调优过程复杂且耗时。

解释性：集成学习模型，尤其是包含大量基学习器的模型，其决策过程难以直观解释，可能限制了其在某些领域的应用。

多样性控制：如何有效控制基学习器之间的多样性，以达到最佳集成效果，是一个尚未完全解决的问题。

集成学习作为机器学习领域的一个重要分支，其强大的性能和广泛的应用前景，正不断吸引着研究者和工程师们的关注。随着技术的不断进步和应用场景的不断拓展，集成学习必将在未来发挥更加重要的作用。

2.3.7 聚类算法

在无监督学习(unsupervised learning)中，训练样本的编辑信息是未知的，目标是通过对无标记样本的学习来揭示数据的内在性质及规律，为进一步的数据分类提供基础。此类学习任务中研究最多、应用最广的就是聚类算法(clustering)。

聚类试图将数据集中的样本划分为若干个不相交的子集，每个子集称为一个"簇"(cluster)。但该概念对聚类算法而言事先是未知的，聚类过程仅能自动形成簇结构，簇所对应的概念语义需由使用者来把握和命名。聚类既能作为一个单独过程，用于寻找数据内在的分布结构，也可作为分类等其他学习任务的前驱过程。

1. 性能度量

聚类性能度量亦称聚类有效性指标(validity index)。与监督学习中性能度量作用类似，对聚类结果，需要通过某种性能度量来评估其好坏；此外，若明确了最终将要使用的性能度量，则可直接将其作为聚类过程的优化目标，从而更好地得到符合要求的聚类结果。

聚类是将样本集 D 划分为若干互不相交的子集，即样本簇。希望同一簇样本尽可能彼此相似，不同簇样本尽可能不同，即簇内相似度(intra-cluster similarity)高且簇间相似度(inter-cluster similarity)低。

聚类性能度量大致有两类。一类是将聚类结果与某个参考模型(reference model)进行比较，称为外部指标(external index)；另一类是直接考察聚类结果而不利用任何参考模型，称为内部指标(internal index)。

对于数据集 $D = \{x_1, x_2, \cdots, x_m\}$，假定通过聚类给出的簇划分为 $C = \{C_1,$

$C_2, \cdots, C_k\}$,参考模型给出的簇划分为 $C^* = \{C_1^*, C_2^*, \cdots, C_s^*\}$。相应地,令 $\boldsymbol{\lambda}$ 与 $\boldsymbol{\lambda}^*$ 分别表示与 C 和 C^* 对应簇标记向量。将样本两两配对考虑,定义

$$a = |SS|, \quad SS = \{(x_i, x_j) \mid \boldsymbol{\lambda}_i = \boldsymbol{\lambda}_j, \boldsymbol{\lambda}_i^* = \boldsymbol{\lambda}_j^*, i < j\} \tag{2-94}$$

$$b = |SD|, \quad SD = \{(x_i, x_j) \mid \boldsymbol{\lambda}_i = \boldsymbol{\lambda}_j, \boldsymbol{\lambda}_i^* \neq \boldsymbol{\lambda}_j^*, i < j\} \tag{2-95}$$

$$c = |DS|, \quad DS = \{(x_i, x_j) \mid \boldsymbol{\lambda}_i \neq \boldsymbol{\lambda}_j, \boldsymbol{\lambda}_i^* = \boldsymbol{\lambda}_j^*, i < j\} \tag{2-96}$$

$$d = |DD|, \quad DD = \{(x_i, x_j) \mid \boldsymbol{\lambda}_i \neq \boldsymbol{\lambda}_j, \boldsymbol{\lambda}_i^* \neq \boldsymbol{\lambda}_j^*, i < j\} \tag{2-97}$$

式中,集合 SS 包含了在 C 中隶属于相同簇且在 C^* 中也隶属相同簇的样本对,集合 SD 包含在 C 中隶属于相同簇但在 C^* 中隶属不同簇的样本对,由于每个样本对 (x_i, x_j) 仅能出现在一个集合中,因此有 $a + b + c + d = m(m-1)/2$ 成立。

基于式(2-94)~式(2-97)可导出下面这些常用的聚类性能度量外部指标:

Jaccard 系统

$$\mathrm{JC} = \frac{a}{a + b + c} \tag{2-98}$$

FM 指数

$$\mathrm{FMI} = \sqrt{\frac{a}{a+b} \cdot \frac{a}{a+c}} \tag{2-99}$$

Rand 指数

$$\mathrm{RI} = \frac{2(a + d)}{m(m-1)} \tag{2-100}$$

显然,上述性能指标量度的结果值均在[0, 1]区间,且值越大越好。

考虑聚类结果的簇划分 $C = \{C_1, C_2, \cdots, C_k\}$,定义

$$\mathrm{avg}(C) = \frac{2}{|C|(|C|-1)} \sum_{1 \leq i < j \leq |C|} \mathrm{dist}(x_i, x_j) \tag{2-101}$$

$$\mathrm{diam}(C) = \max_{1 \leq i < j \leq |C|} \mathrm{dist}(x_i, x_j) \tag{2-102}$$

$$d_{\min}(C_i, C_j) = \min_{x_i \in C_i, x_j \in C_j} \mathrm{dist}(x_i, x_j) \tag{2-103}$$

$$d_{\mathrm{cen}}(C_i, C_j) = \mathrm{dist}(\mu_i, \mu_j) \tag{2-104}$$

其中,dist(.,.)用于计算两个样本之间的距离,u 代表簇 C 的中心点 $\mu = \frac{1}{|C|} \sum_{1 \leq i \leq |C|} x_i$。

显然 avg(C) 对应于簇 C 内样本间的平均距离,diam(C) 对应于簇 C 内样本间的最远距离,$d_{\min}(C_i, C_j)$ 对应于簇 C_i 和簇 C_j 最近样本间的距离,$d_{\mathrm{cen}}(C_i, C_j)$ 对应于簇 C_i 和簇 C_j 中心点间的距离。

基于式(2-101)~式(2-104)可导出下面这些常用的聚类性能度量内部指标:

DB 指数

$$\mathrm{DBI} = \frac{1}{k} \sum_{i=1}^{k} \max_{j \neq i} \left(\frac{\mathrm{avg}(C_i) + \mathrm{avg}(C_j)}{d_{\mathrm{cen}}(C_i, C_j)} \right) \tag{2-105}$$

Dunn 指数

$$\mathrm{DI} = \min_{1 \leq i \leq k} \left\{ \min_{j \neq i} \left(\frac{d_{\min}(C_i, C_j)}{\max_{1 \leq l \leq k} \mathrm{diam}(C_l)} \right) \right\} \tag{2-106}$$

显然，DBI 的值越小越好，而 DI 则相反，值越大越好。

2. 距离计算

对函数 dist(.,.)，若它是一个距离度量(distance measure)，则需满足一些基本性质：

(1) 非负性：$\mathrm{dist}(x_i, x_j) \geq 0$；

(2) 同一性：$\mathrm{dist}(x_i, x_j) = 0$，当且仅当 $x_i = x_j$；

(3) 对称性：$\mathrm{dist}(x_i, x_j) = \mathrm{dist}(x_j, x_i)$；

(4) 直递性：$\mathrm{dist}(x_i, x_j) \leq \mathrm{dist}(x_i, x_k) + \mathrm{dist}(x_k, x_j)$。

给定样本 $x_i = (x_{i1}, x_{i2}, \cdots, x_{in})$ 与 $x_j = (x_{j1}, x_{j2}, \cdots, x_{jn})$，最常用的闵可夫斯基距离(Minkowski distance)

$$\mathrm{dist}_{\mathrm{mk}}(x_i, x_j) = \left(\sum_{u=1}^{n} |x_{iu} - x_{ju}|^p \right)^{1/p} \tag{2-107}$$

对于 $p \geq 1$，式(2-107)显然满足距离度量基本性质。

当 $p = 2$ 时，闵可夫斯基距离即欧氏距离(Euclidean distance)

$$\mathrm{dist}_{\mathrm{mk}}(x_i, x_j) = \|x_i - x_j\|_2 = \sqrt{\sum_{u=1}^{n} |x_{iu} - x_{ju}|^2} \tag{2-108}$$

当 $p = 1$ 时，闵可夫斯基距离即曼哈顿距离(Manhattan distance)

$$\mathrm{dist}_{\mathrm{mk}}(x_i, x_j) = \|x_i - x_j\|_1 = \sum_{u=1}^{n} |x_{iu} - x_{ju}| \tag{2-109}$$

对无序属性可采用 VMD(value difference metric，1996)。令 $m_{u,a}$ 表示在属性 u 上取值为 a 的样本数，$m_{u,a,i}$ 表示在第 i 个样本簇中在属性 u 上取值为 a 的样本数，k 为样本簇数，则属性 u 上两个离散值 a 与 b 之间的 VMD 距离为

$$\mathrm{VDM}_p(a, b) = \sum_{k=1}^{k} \left| \frac{m_{u,a,i}}{m_{u,a}} - \frac{m_{u,b,i}}{m_{u,b}} \right|^p \tag{2-110}$$

于是，将闵可夫斯基距离和 VMD 结合即可处理混合属性，假定有 n_c 个有序属性、$n - n_c$ 个无序属性。不失一般性，令有序属性排列在无序属性之前，则

$$\mathrm{MinkovDM}_p(x_i, x_j) = \left(\sum_{u=1}^{n_c} |x_{iu} - x_{ju}|^p + \sum_{u=n_c+1}^{n} \mathrm{VDM}_p(x_{iu}, x_{ju}) \right)^{1/p} \tag{2-111}$$

当样本空间中不同属性的重要性不同时，可使用"加权距离"(weighted distance)。以加权闵可夫斯基距离为例

$$\mathrm{dist}_{\mathrm{wmk}}(x_i, x_j) = (w_1 \cdot |x_{i1} - x_{j1}|^p + \cdots + w_n |x_{in} - x_{jn}|^p)^{1/p} \tag{2-112}$$

其中，权重 $w_i \geq 0 (i = 1, 2, \cdots, n)$ 表征不同属性的重要性，通常取 $\sum_{i=1}^{n} w_i = 1$。

k 均值算法过程如下：

给定样本集 $D = \{x_1, x_2, \cdots, x_m\}$，$k$ 均值(k-means)算法对聚类所得簇划分 $C =$

$\{C_1, C_2, \cdots, C_k\}$ 最小化平方误差

$$E = \sum_{i=1}^{k} \sum_{\boldsymbol{x} \in C_i} \|\boldsymbol{x} - \boldsymbol{u}_i\|_2^2 \tag{2-113}$$

其中，$\boldsymbol{\mu}_i = \frac{1}{|C_i|} \sum_{x \in C_i} \boldsymbol{x}$ 是簇 C_i 的均值向量。

直观来说，上式在一定程度上刻画了簇内样本围绕均值向量的紧密程度，E 值越小则簇内样本相似度越高。算法流程如下所示：

输入：训练集 $D = \{(\boldsymbol{x}_1, y_1), (\boldsymbol{x}_2, y_2), \cdots, (\boldsymbol{x}_m, y_m)\}$

聚类簇数 k。

过程如下：

1：从 D 中随机选择 k 个样本作为初始均值向量 $\{\boldsymbol{\mu}_1, \boldsymbol{\mu}_2, \cdots, \boldsymbol{\mu}_k\}$

2：repeat

3：　　令 $C_i = \phi (1 \leq i \leq k)$

4：　　for j = 1, 2, $\cdots$, m do

5：　　　　计算样本 x_j 与各均值向量 $\boldsymbol{\mu}_i (1 \leq i \leq k)$ 的距离：$d_{ji} = \|\boldsymbol{x}_j - \boldsymbol{u}_i\|^2$；

6：　　　　根据距离最近的均值向量确定 $\boldsymbol{x}_j$ 的簇标记：$\lambda_j = \arg\min_{i \in \{1, 2, \cdots, k\}} d_{ji}$

7：　　　　将样本 $\boldsymbol{x}_j$ 划入相应的簇：$C_{\lambda_j} = C_{\lambda_j} \cup \{\boldsymbol{x}_j\}$；

8：　　end for

9：　　for i = 1, 2, $\cdots$, k do

10：　　　　计算新均值向量：$\boldsymbol{\mu}_i' = \frac{1}{|C_i|} \sum_{x \in C_i} \boldsymbol{x}$；

11：　　　　if $\boldsymbol{\mu}_i' \neq \boldsymbol{\mu}_i$ then

12：　　　　　　将当前均值向量 $\boldsymbol{\mu}_i$ 更新为 $\boldsymbol{\mu}_{ii}'$

13：　　　　else

14：　　　　　　保持当前均值向量不变

15：　　　　end if

16：　　end for

17：until 当前均值向量均未更新

输出：簇划分 $C = \{C_1, C_2, \cdots, C_k\}$

3. 学习向量量化

与 k 均值算法类似，学习向量量化（learning vector quantization，LVQ）也是试图找到一组原型向量来刻画聚类矩阵，但与一般聚类算法不同的是，LVQ 假设数据样本带有类别标记，学习过程利用样本的这些监督信息来辅助聚类。

给定样本集 $D = \{(\boldsymbol{x}_1, y_1), (\boldsymbol{x}_2, y_2), \cdots, (\boldsymbol{x}_m, y_m)\}$，每个样本 $\boldsymbol{x}_j$ 是由 n 个属性描述的特征向量 $(x_{j1}, x_{j2}, \cdots, x_{jn})$，$y_j \in y$ 是样本 x_j 的类别标记。LVQ 的目标是学的一组 n 维原型向量 $\{\boldsymbol{p}_1, \boldsymbol{p}_2, \cdots, \boldsymbol{p}_q\}$，每个原型向量代表一个聚类簇，簇标记 $t_i \in y$。

LVQ 算法流程如下：

输入：样本集 $D = \{(x_1, y_1), (x_2, y_2), \cdots, (x_m, y_m)\}$
原型向量个数 q，各原型向量预设的类别标记 $\{t_1, t_2, \cdots, t_q\}$；
学习率 $\eta \in (0, 1)$
过程：
1：初始化一组原型向量 $\{\boldsymbol{p}_1, \boldsymbol{p}_2, \cdots, \boldsymbol{p}_q\}$
2：repeat
3：　从样本集 D 随机选取样本 $(\boldsymbol{x}_j, y_j)$；
4：　计算样本 $\boldsymbol{x}_j$ 与 $\boldsymbol{p}_i(1 \leq i \leq q)$ 的距离：$d_{ji} = \|\boldsymbol{x}_j - \boldsymbol{p}_i\|_2$；
5：　找出与 $\boldsymbol{x}_j$ 距离最近的原型向量 $\boldsymbol{p}_{i^*}$，$i^* = \arg\min_{i \in \{1, 2, \cdots, q\}} d_{ji}$；
6：　if $y_j = t_{i^*}$ then
7：　　$\boldsymbol{p}' = \boldsymbol{p}_{i^*} + \eta \cdot (\boldsymbol{x}_j - \boldsymbol{p}_{i^*})$
8：　else
9：　　$\boldsymbol{p}' = \boldsymbol{p}_{i^*} - \eta \cdot (\boldsymbol{x}_j - \boldsymbol{p}_{i^*})$
10：　end if
11：　将原型向量 $\boldsymbol{p}_{i^*}$ 更新为 $\boldsymbol{p}'$
12：until 满足停止条件
输出：原型向量 $\{\boldsymbol{p}_1, \boldsymbol{p}_2, \cdots, \boldsymbol{p}_q\}$

4. 高斯混合聚类

与 k 均值、LVQ 用原型向量来刻画聚类结果不同，高斯混合(mixture of Gaussian)聚类采用概率密度来表达聚类原型。

定义高斯混合分布

$$p_M(x) = \sum_{i=1}^{k} \alpha_i \cdot p(\boldsymbol{x} \mid \boldsymbol{\mu}_i, \boldsymbol{\Sigma}_i) \tag{2-114}$$

该分布共由 k 个混合成分组成，每个混合成分对应一个高斯分布。其中 $\boldsymbol{\mu}_i$ 与 $\boldsymbol{\Sigma}_i$ 是第 i 个高斯混合成分的产生，而 $\alpha_i > 0$ 为相应的"混合系数"(mixture coefficient)，$\sum_{i=1}^{k} \alpha_i = 1$。

假设样本的生成过程由高斯混合分布给出：首先，根据 $\alpha_1, \alpha_2, \cdots, \alpha_k$ 定义的先验分布选择高斯混合成分，其中 α_i 为选择第 i 个混合成分的概率；然后根据被选择的混合成分的概率密度函数进行采样，从而生成相应的样本。

若训练集 $D = \{\boldsymbol{x}_1, \boldsymbol{x}_2, \cdots, \boldsymbol{x}_m\}$ 由上式过程生成，令随机变量 $z_j \in \{1, 2, \cdots, k\}$ 表示生成样本 $\boldsymbol{x}_j$ 的高斯混合成分，其取值未知。显然，z_j 的先验概率 $P(z_j = i)$ 对应于 $\alpha_i (i = 1, 2, \cdots, k)$。根据贝叶斯定理，$z_j$ 的后验分布为

$$\begin{aligned} p_M(z_j = i \mid \boldsymbol{x}_j) &= \frac{p(z_j = i) \cdot p_M(\boldsymbol{x}_j \mid z_j = i)}{p_M(\boldsymbol{x}_j)} \\ &= \frac{\alpha_i \cdot p(\boldsymbol{x}_j \mid \boldsymbol{\mu}_i, \boldsymbol{\Sigma}_i)}{\sum_{l=1}^{k} \alpha_l \cdot p(\boldsymbol{x}_j \mid \boldsymbol{\mu}_l, \boldsymbol{\Sigma}_l)} \end{aligned} \tag{2-115}$$

换言之，$p_M(z_j = i \mid \boldsymbol{x}_j)$ 给出了样本 $\boldsymbol{x}_j$ 由第 i 个高斯混合成分生成的后验概率。

该高斯混合分布已知时，高斯混合聚类将把样本集 D 划分为 k 个簇 $C = \{C_1, C_2, \cdots, C_k\}$，每个样本 $\boldsymbol{x}_j$ 的簇标记 λ_j 如下

$$\lambda_j = \underset{i \in \{1, 2, \cdots, k\}}{\arg\max} \gamma_{ji} \tag{2-116}$$

那么，对于式(2-114)，给定样本集 D，模型参数 $\{(\alpha_i, \boldsymbol{\mu}_i, \boldsymbol{\Sigma}_i) \mid 1 \leqslant i \leqslant k\}$ 可用极大似然估计法求解，即最大化似然：

$$\begin{aligned} LL(D) &= \ln\Big(\prod_{j=1}^{m} p_M(\boldsymbol{x}_j)\Big) \\ &= \sum_{j=1}^{m} \ln\Big(\sum_{i=1}^{k} \alpha_i \cdot p(\boldsymbol{x}_j \mid \boldsymbol{\mu}_i, \boldsymbol{\Sigma}_i)\Big) \end{aligned} \tag{2-117}$$

常采用 EM 算法进行迭代优化求解。

算法流程：

输入：样本集 $D = \{\boldsymbol{x}_1, \boldsymbol{x}_2, \cdots, \boldsymbol{x}_m\}$

高斯混合成分个数 k。

过程如下：

1：初始化高斯混合分布的模型参数 $\{(\alpha_i, \boldsymbol{\mu}_i, \boldsymbol{\Sigma}_i) \mid 1 \leqslant i \leqslant k\}$

2：repeat

3：   for $j = 1, 2, \cdots, k$ do

4：   根据式(2-114)计算 $\boldsymbol{x}_j$ 由各混合成分生成的后验概率，即

$$\gamma_{ji} = p_M(z_j = i \mid \boldsymbol{x}_j)(1 \leqslant i \leqslant k)$$

5：   end for

6：   for $i = 1, 2, \cdots, k$ do

7：   计算新均值向量：$\boldsymbol{\mu}'_i = \dfrac{\sum_{j=1}^{m} r_{ji} \boldsymbol{x}_j}{\sum_{j=1}^{m} r_{ji}}$;

8：   计算新协方差矩阵：$\boldsymbol{\Sigma}'_i = \dfrac{\sum_{j=1}^{m} r_{ji}(\boldsymbol{x}_j - \boldsymbol{\mu}'_i)(\boldsymbol{x}_j - \boldsymbol{\mu}'_i)^{\mathrm{T}}}{\sum_{j=1}^{m} r_{ji}}$;

9：   计算新混合系数：$\alpha'_i = \dfrac{\sum_{j=1}^{m} \gamma_{ji}}{m}$;

10：end for

11：将模型参数 $\{(\alpha_i, \boldsymbol{\mu}_i, \boldsymbol{\Sigma}_i) \mid 1 \leqslant i \leqslant k\}$ 更新为 $\{(\alpha'_i, \boldsymbol{\mu}'_i, \boldsymbol{\Sigma}'_i) \mid 1 \leqslant i \leqslant k\}$

12：until 满足所有停止条件

13：$C_i = \phi (1 \leqslant i \leqslant k)$

14：for $j = 1, 2, \cdots, m$ do

15: 根据式(2-115)确定 x_j 的簇标记 λ_j;
16: 将 x_j 划入相应的簇: $C_{\lambda_j} = C_{\lambda_j} \cup \{x_j\}$
17: end for
输出: 簇划分 $C = \{C_1, C_2, \cdots, C_k\}$

聚类算法是机器学习中新算法出现最多、最快的领域,主要是因为聚类算法不存在客观标准,给定数据集,总能从某个角度找到以往算法未覆盖的某种标准,从而设计出新算法(Estivill-Castro,2002)。

2.3.8 降维算法

降维是指通过某种映射方法,将高维空间中的样本点映射到低维空间中,同时尽量保持样本点之间的某种关系(如距离、结构等)不变的过程。

重要性:在高维数据中,常常面临计算效率低、过拟合风险增加、数据可视化困难等问题,降维能够有效缓解这些问题,提高模型的泛化能力和可解释性。

目标:明确降维旨在减少数据的维度,同时尽可能保留数据的关键信息。

原则:讨论在降维过程中应遵循的基本原则,如信息损失最小化、计算复杂度适中、易于理解和解释等。

1. 多维缩放

多维缩放(multiple dimensional scaling, MDS)是一种经典的降维算法(Cox et al., 2001)。假定 m 个样本在原始空间的距离矩阵为 $D \in \mathbf{R}^{m \times m}$,其第 i 行 j 列的元素 dist_{ij} 为样本 x_i 到 x_j 的距离。目的是获得样本在 d' 维空间的表示 $Z \in \mathbf{R}^{d' \times m}$,$d' \leq d$,且任意两个样本在 d' 维空间中欧氏距离等于原始空间中的距离,即 $\|z_i - z_j\| = \text{dist}_{ij}$。

令 $B = Z^T Z \in \mathbf{R}^{m \times m}$,其中 B 为降维后样本的内积矩阵,$b_{ij} = z_i^T z_j$,有

$$\begin{aligned}\text{dist}_{ij}^2 &= \|z_i\|^2 + \|z_j\|^2 - 2z_i^T z_j \\ &= b_{ii} + b_{jj} - 2b_{ij}\end{aligned} \tag{2-118}$$

为便于讨论,令降维后的样本 Z 被中心化,即 $\sum_{i=1}^{m} z_i = 0$。显然,矩阵 B 的行与列之和均为零,即 $\sum_{i=1}^{m} b_{ij} = \sum_{j=1}^{m} b_{ij} = 0$。易知

$$\sum_{i=1}^{m} \text{dist}_{ij}^2 = \text{tr}(B) + m b_{jj} \tag{2-119}$$

$$\sum_{j=1}^{m} \text{dist}_{ij}^2 = \text{tr}(B) + m b_{ii} \tag{2-120}$$

$$\sum_{i=1}^{m} \sum_{j=1}^{m} \text{dist}_{ij}^2 = 2m \text{tr}(B) \tag{2-121}$$

其中,$\text{tr}(\cdot)$ 表示矩阵的迹(trace),$\text{tr}(B) = \sum_{i=1}^{m} \|z_i\|^2$。令

$$\text{dist}_{i \cdot}^2 = \frac{1}{m} \sum_{j=1}^{m} \text{dist}_{ij}^2 \tag{2-122}$$

$$\text{dist}_{\cdot j}^2 = \frac{1}{m} \sum_{i=1}^{m} \text{dist}_{ij}^2 \tag{2-123}$$

$$\text{dist}_{\cdot\cdot}^2 = \frac{1}{m^2} \sum_{i=1}^{m} \sum_{j=1}^{m} \text{dist}_{ij}^2 \tag{2-124}$$

由式(2-118)和式(2-119)~式(2-121)，可得

$$\boldsymbol{b}_{ij} = -\frac{1}{2}(\text{dist}_{ij}^2 - \text{dist}_{i\cdot}^2 - \text{dist}_{\cdot j}^2 + \text{dist}_{\cdot\cdot}^2) \tag{2-125}$$

由此，即可通过降维前后保持不变的距离矩阵 $\boldsymbol{D}$ 求取内积矩阵 B。

对矩阵 $\boldsymbol{B}$ 做特征值分解(eigenvalue decomposition)，$\boldsymbol{B} = \boldsymbol{V}\boldsymbol{\Lambda}\boldsymbol{V}^{\mathrm{T}}$，其中 $\boldsymbol{\Lambda} = \text{diag}(\lambda_1, \lambda_2, \cdots, \lambda_d)$ 为特征值构成的对角矩阵，$\lambda_1 \geq \lambda_2 \geq \cdots \geq \lambda_d$，$V$ 为特征向量矩阵。假定其中有 d^* 个非零特征值，构成对角矩阵 $\boldsymbol{\Lambda}_* = \text{diag}(\lambda_1, \lambda_2, \cdots, \lambda_{d^*})$，令 $\boldsymbol{V}_*$ 表示相应的特征向量矩阵，则 $\boldsymbol{Z}$ 可表达为

$$\boldsymbol{Z} = \boldsymbol{\Lambda}_*^{1/2} \boldsymbol{V}_*^{\mathrm{T}} \in \mathbf{R}^{d^* \times m} \tag{2-126}$$

在现实应用中，为了有效降维，往往仅需降维后的距离与原始空间中的距离尽可能接近，而不必严格相等。此时，可取 $d'(d' \leq d)$ 个最大特征值构成对角矩阵 $\tilde{\boldsymbol{\Lambda}} = \text{diag}(\lambda_1, \lambda_2, \cdots, \lambda_{d'})$，令 $\tilde{\boldsymbol{V}}$ 表示相应的特征向量矩阵，则 $\boldsymbol{Z}$ 可表达为

$$\boldsymbol{Z} = \tilde{\boldsymbol{\Lambda}}^{1/2} \tilde{\boldsymbol{V}}^{\mathrm{T}} \in \mathbf{R}^{d' \times m} \tag{2-127}$$

MDS 算法流程如下：

输入：距离矩阵 $\boldsymbol{D} \in \mathbf{R}^{m \times m}$，其元素 dist_{ij} 为样本 x_i 到 x_j 的距离；低维空间维数 d'。

过程如下：

1：根据式(2-122)~式(2-124)，计算 $\text{dist}_{i\cdot}^2$，$\text{dist}_{\cdot j}^2$，$\text{dist}_{\cdot\cdot}^2$；

2：根据式(2-125)计算矩阵 B；

3：对矩阵 $\boldsymbol{B}$ 做特征值分解；

4：取 $\tilde{\boldsymbol{\Lambda}}$ 为 d' 个最大特征值所构成的对角矩阵，$\tilde{\boldsymbol{V}}$ 为相应的特征向量矩阵。

输出：矩阵 $\tilde{\boldsymbol{V}}\tilde{\boldsymbol{\Lambda}}^{1/2} \in \mathbf{R}^{m \times d'}$，每行是一个样本的低维坐标。

一般来说，欲获得低维子空间，最简单的是对原始高维空间进行线性变换。给定 d 维空间的样本 $\boldsymbol{X} = (\boldsymbol{x}_1, \boldsymbol{x}_2, \cdots, \boldsymbol{x}_m) \in \mathbf{R}^{d \times m}$，变换之后 $d' \leq d$ 维空间中的样本

$$\boldsymbol{Z} = \boldsymbol{W}^{\mathrm{T}} \boldsymbol{X} \tag{2-128}$$

其中，$\boldsymbol{W} \in \mathbf{R}^{d \times m}$ 是变换矩阵，$\boldsymbol{Z} \in \mathbf{R}^{d' \times m}$ 是样本在新空间中的表达。

变换矩阵 $\boldsymbol{W} \in \mathbf{R}^{d \times m}$ 可视为 d' 个 d 维向量，$\boldsymbol{z}_i = \boldsymbol{W}^{\mathrm{T}} \boldsymbol{x}_i$ 是第 i 个样本与这 d' 个基向量分别做内积而得到的 d' 维基向量。换言之，$\boldsymbol{z}_i$ 是原属性向量 $\boldsymbol{x}_i$ 在新坐标系中 $\{\boldsymbol{w}_1, \boldsymbol{w}_2, \cdots, \boldsymbol{w}_{d'}\}$ 的坐标向量。若 $\boldsymbol{w}_i$ 与 $\boldsymbol{w}_j(i \neq j)$ 正交，则新坐标系是一个正交坐标系，此时 $\boldsymbol{W}$ 为正交变换。显然，新空间中的属性是原空间中属性的线性组合。

2. 主成分分析

主成分分析(principal component analysis，PCA)是最常用的一种降维方法。假定数据

样本进行中心化,即 $\sum_i x_i = 0$;再假定投影变换后得到的新坐标系为 $\{w_1, w_2, \cdots, w_d\}$,其中 w_i 是标准正交基向量,$\|w_i\|_2 = 1$,$w_i^T w_j = 0 (i \neq j)$。若丢弃新坐标中的部分坐标,即将维度降低到 $d'(d' \leq d)$,则样本点 x_i 在低维坐标系中的投影是 $z_i = (z_{i1}, z_{i2}, \cdots, z_{id'})$,其中 $z_{ij} = w_j^T x_i$ 是 x_i 在低维坐标下第 j 维的坐标。若基于 z_i 来重构 x_i,则会得到 $\hat{x}_i = \sum_{j=1}^{d'} z_{ij} w_j$。

考虑整个训练集,原样本点 x_i 与基于投影重构的样本点 $\hat{x}_i$ 之间的距离为

$$\sum_{i=1}^{m} \left\| \sum_{j=1}^{d'} z_{ij} w_j - x_i \right\|_2^2 = \sum_{i=1}^{m} z_i^T z_i - 2 \sum_{i=1}^{m} z_i^T W^T x_i + \text{const}$$
$$\propto - \text{tr}\left(W^T \left(\sum_{i=1}^{m} x_i x_i^T \right) W \right) \tag{2-129}$$

其中,$W = (w_1, w_2, \cdots, w_d)$。根据最近重构性,式(2-129)应被最小化,考虑到 w_i 是标准正交基,$\sum_{i=1}^{m} x_i x_i^T$ 是协方差矩阵,有

$$\begin{aligned} &\min_W - \text{tr}(W^T X X^T W) \\ &\text{s.t.} \quad W^T W = I \end{aligned} \tag{2-130}$$

上式即为主成分分析的优化目标。

PCA 算法流程描述如下:

输入:样本集 $D = \{x_1, x_2, \cdots, x_m\}$;低维空间维数 d'。

过程如下:

1:对所有样本进行中心化:$x_i \leftarrow x_i - \frac{1}{m} \sum_{i=1}^{m} x_i$;

2:计算样本的协方差矩阵 XX^T;

3:对协方差矩阵 XX^T 做特征值分解;

4:对最大的 d' 个特征值所对应的特征向量 $w_1, w_2, \cdots, w_{d'}$;

输出:投影矩阵 $W^* = (w_1, w_2, \cdots, w_{d'})$。

降维后低维空间的维数 d' 通常是由用户事先指定,或通过在 d' 值不同的低维空间中对 k 近邻分类器(或其他开销较小的学习器)进行交叉验证来选取较好的 d' 值。PCA 还可以从重构的角度设置一个重构阈值,例如 $t = 95\%$,然后选取使下式成立的最小 d' 值:

$$\frac{\sum_{i=1}^{d'} \lambda_i}{\sum_{i=1}^{d} \lambda_i} \geq t \tag{2-131}$$

PCA 仅需保留 W^* 与样本的均值向量即可通过简单的向量减法和矩阵-向量乘法将新样本投影至低维空间中。显然,低维空间与原始高维空间必有不同,因为对应于最小的 $d - d'$ 个特征值的特征向量被舍弃了,这是降维导致的。但舍弃这部分信息往往是必要

的。一方面，舍弃这部分信息之后能使得样本的采样密度增大，这正是降维的重要动机；另一方面，当数据受到噪声影响时，最小的特征值所对应的特征向量往往与噪声有关，将他们舍弃能在一定程度上起到去噪的效果。

3. 等度量映射

流形学习（manifold learning）是一类借鉴了拓扑流形概念的降维方法。流形是在局部与欧氏空间同胚的空间，换言之，它在局部具有欧氏空间的性质，能用欧氏距离来进行距离计算。这给降维方法带来很大的启发，若低维流形嵌入高维空间，则数据样本在高维空间的分布虽然看上去非常复杂，但在局部上仍具有欧氏空间的性质，因此，可以容易地在局部建立降维映射关系，然后再设法将局部映射关系推广到全局。当维数被降至二维或三维时，能对数据进行可视化展示，因此流形学习也被用于可视化。

等度量映射（isometric mapping, Isomap）（Tenenbaum et al., 2000）的基本出发点，是认为低维流形嵌入高维空间之后，直接在高维空间中计算直线距离具有误导性，因为高维空间中的直线距离在低维嵌入流形上是不可达的。低维嵌入流形上两点间的距离是测地线（geodesic）距离。计算两点之间测地线距离的问题，就转变为计算近邻连接图上两点之间的最短路径问题。在近邻连接图上计算两点间的最短路径，可采用著名的 Dijkstra 算法或 Floyd 算法，在得到任意两点的距离之后，就可通过前面 MDS 方法来获得样本点在低维空间中的坐标。Isomap 算法描述如下：

输入：样本集 $D = \{x_1, x_2, \cdots, x_m\}$；近邻参数 k；低维空间维数 d'。

过程如下：

1：for $i=1, 2, \cdots, m$ do
2：　　确定 x_i 的 k 近邻；
3：x_i 与 k 近邻点之间的距离设置为欧氏距离，与其他点的距离设置为无穷大；
4：end for
5：调用最短路径算法计算任意两样本之间的距离 $\mathrm{dist}(x_i, x_j)$；
6：将 $\mathrm{dist}(x_i, x_j)$ 作为 MDS 算法的输入；
7：returen MDS 算法的输出

输出：样本集 D 在低维空间的投影 $Z = \{z_1, z_2, \cdots, z_m\}$。

◎ **本章小结**

本章主要介绍了机器学习的发展历程和目前研究热点，以及相关基本知识与基本概念，然后介绍了目前最为流行的八大机器学习算法，以及各类算法的优缺点、适用范围及算法流程，为后续章节机器学习算法的应用奠定了相关理论基础。

第3章 对流层延迟及机器学习算法研究

本章介绍对流层延迟处理的基本方法，以及信号分解算法和相关的机器学习算法。对流层延迟是北斗信号在穿过大气层时受到的延迟影响，是北斗高精度定位的重要误差源。机器学习算法在处理对流层延迟方面发挥着越来越重要的作用，本章介绍机器学习相关算法在对流层延迟方面的研究与应用。

3.1 对流层延迟信号分解

对流层延迟是由大气密度变化引起的，这种变化受到多种因素的影响，如温度、湿度、压力等。传统的模型通常使用数学公式对对流层延迟进行建模，但是由于大气环境的复杂性，这些模型往往存在一定的误差。而机器学习算法能够通过对大量观测数据的学习，发现其中的规律和模式，从而更准确地预测对流层延迟。机器学习算法通过监督学习、无监督学习或强化学习等技术，可以建立针对对流层延迟的预测模型。这些模型可以根据实时的大气数据和信号传播路径来及时调整对流层延迟的修正值，提高北斗定位精度和可靠性。机器学习算法还可以应用于对流层延迟的建模与仿真。通过构建复杂的神经网络或深度学习模型，更好地理解大气环境对信号传播的影响，提高建模的准确性和泛化能力，这对于优化定位算法、改进通信系统设计等方面具有重要意义。

3.1.1 对流层延迟信号去噪算法

北斗对流层延迟时间序列中存在各种干扰和噪声，这种噪声可能来自监测时的环境条件、接收机设备或者传感器自身等因素。这类噪声通常会损害对流层延迟信号的质量，降低对流层延迟信号提取的准确性。因此，信号去噪在高精度数据处理、工程应用等方面具有非常重要的影响。

对流层信号去噪是指从受到噪音干扰的信号中提取出目标信号的过程。目标信号是指我们关注的有效信息，而噪声则包含不相关的、干扰性的信号。信号去噪的目的是通过算法尽可能地减少或消除噪声，达到恢复原始信号的清晰度。

信号去噪的方法主要有以下几类：①均值滤波算法，计算对流层延迟信号中的平均值，以减少随机噪声的影响；②中值滤波算法，用对流层延迟信号窗口中的中值替换每个采样点的值；③小波变换算法，将对流层延迟信号分解成不同尺度的小波系数，通过去除高频小波系数来降低对流层延迟时间序列信号中的噪声；④卡尔曼滤波算法，用于估计具有动态特性的信号状态，同时估计噪声；估计对流层延迟中的信号状态，同时估计随机误差；⑤独立成分分析，用于将对流层延迟信号分解成独立成分，从中识别出起主导作用的目标对流层延迟特征信号；⑥融合卷积神经网络（CNN）和循环神经网络（RNN）算法，自动学习对流层延迟时间序列信号中的特征规律，并去除噪声；⑦奇异值分解（singular value decomposition，SVD），将信号分解成三个矩阵，通过保留主要成分降低噪声。

对流层延迟信号去噪的挑战：①信号与噪声的分离，在某些情况下，信号和噪声可能在时间或频率上重叠，使得它们难以分离；②信息丢失，一些去噪方法可能导致有用信息的丢失，因此需要在去噪和信息保留之间做出权衡；③计算复杂性，某些高级的信号去噪方法需要大量计算资源，这在实时应用中可能是一个挑战。

3.1.2 对流层延迟均值滤波算法

均值滤波（mean filtering）是一种基本的信号处理和图像处理技术，用于降低图像或信号中的噪声。核心思想是用一定范围内像素或样本的均值来替代每个像素或样本的值，以减少随机噪声的影响。均值滤波在平滑图像、去除图像中的噪声或数据预处理等技术中都有广泛的应用。

均值滤波的原理：在一个图像或信号中，噪声通常是随机的，因此噪声的均值在一个局部区域内接近于零。相反，信号的均值在同一区域内应该比较稳定。因此，通过在一个局部窗口内计算像素或样本的均值，可以用这个均值替代中心像素或样本的值，从而降低噪声的影响。

均值滤波的步骤如下：

(1) 选择滤波窗口大小：首先需要选择一个滤波窗口的大小，通常是一个正方形或矩形区域，窗口的大小决定了滤波的程度。较大的窗口可以降低更多的噪声，但可能会导致图像或信号的细节丢失。

(2) 在窗口内计算均值：将窗口放置在图像或信号上，以窗口内的像素或样本计算均值。

(3) 用均值替代中心像素或样本的值：将计算得到的均值替代窗口的中心像素或样本的值。这个操作会将噪声减小，同时保留信号的主要特征。

(4) 在整个图像或信号上重复：将上述操作在整个图像或信号上重复进行，直到所有像素或样本都被处理。

3.1.3 Hampel 滤波器与 SVD 去噪算法

Hampel 滤波器是一种基于中值和中值绝对偏差（MAD）的滤波器，旨在识别和去除对流层延迟时间序列中的噪声，相比于传统的均值和标准差方法，Hampel 滤波器对噪声探测具有更强的鲁棒性，可以显著提升异常值检测的准确性。

Hampel 滤波器的核心在于中值的计算和 MAD 的求解，中值代表数据的中间值，而 MAD 度量了对流层延迟数据与中值之间的离散程度。

假设包含长度为 N 的对流层时间序列数据集 X，其中值的计算方式分为奇偶数两种情况：

当 N 为奇数时，中值 $= X_{\frac{N}{2}+1}$；

当 N 为偶数时，中值 $= \frac{1}{2}(X_{\frac{N}{2}} + X_{\frac{N}{2}+1})$；

中值绝对偏差（MAD）：

MAD 是每个对流层延迟样本点 X_i 与数据集 X 的中值之间绝对差的中值：

$$\text{MAD} = 中值(|X_i - 中值(X)|) \tag{3-1}$$

其中，X_i 表示每一个对流层延迟样本点。

Hampel 滤波器噪声判定标准：

如果样本点 X_i 被认定为异常值（即绝对偏差除以 MAD 超过阈值），那么将其替换为数据集 X 的中值；否则，保持样本值的原始值

$$X_i = \begin{cases} 中值(X), & \left(\dfrac{|X_i - 中值(X)|}{MAD}\right) > 阈值 \\ X_i, & 其他 \end{cases} \tag{3-2}$$

奇异值分解（SVD）算法信号去噪的思路：可以认为对流层延迟中存在噪声，也就是将带有白噪声的对流层延迟时间序列信号视为多维向量空间，然后将其构建模态分解算法，拆分为若干个本征模态分量，即包含对流层延迟信号的主要成分、大气水汽成分、固体小颗粒成分以及气溶胶等对卫星信号传播构建的延迟成分，上述本征模态分量共同构成了对流层延迟的子空间，构建算法将噪声空间与理想信号分离出来，就可以得到无噪声干扰的对流层延迟时间序列信号。

在对流层延迟噪声提取算法中，首先是构建正交矩阵分解对流层延迟信号和气体噪声两个向量空间，在正交分解后进一步通过奇异值分解算法和特征值分解算法（eigen value decomposition，EVD）共同实现噪声空间和对流层延迟特征信号的提取。带噪声的对流层延迟时间序列信号 ZTD 通过纯净信号和噪声信号两部分构成：

$$\text{ZTD} = X + D \tag{3-3}$$

通过奇异值分解算法从带噪原始对流层信号中恢复纯净对流层延迟信号子空间关键思路：对流层延迟中噪声信号非常多，当时间序列数据空间范围少于噪声信号范围时，纯净对流层延迟信号 $X(N \times m)$ 存在秩亏。此时，奇异值分解算法为

$$X = U_X \Sigma_X V_X = \begin{pmatrix} U_{x1} & U_{x2} \end{pmatrix} \begin{pmatrix} \Sigma_{x1} & 0 \\ 0 & 0 \end{pmatrix} \begin{pmatrix} V_{x1} \\ V_{x2} \end{pmatrix} \tag{3-4}$$

式中，系数矩阵 U_{x1} 的行列数为 N 行乘以 r 列，系数矩阵 U_{x2} 的行列数为 N 行乘以 $N-r$ 列，Σ_{x1} 表示特征向量，行列数为 r 行乘以 r 列的方阵，残差向量 V_{x1} 的行列数为 r 行乘以 m 列，V_{x2} 表示 $(N-r)$ 乘以 m 列的残差向量，经过奇异值分解算法得到的 X 表示对流层延迟信号子空间。

通过残差向量的组合，即 V_{x1} 与 V_{x2} 的组合 $V_{x1}V_{x1}^H + V_{x2}V_{x2}^H = I$，就能够将原始带噪声的对流层延迟信号 Y 进一步表示为

$$\begin{aligned}
Y &= X + D \\
&= X + D(V_{x1}V_{x1}^H + V_{x2}V_{x2}^H) \\
&= (XV_{x1} + DV_{x1})V_{x1}^H + (DV_{x2})V_{x2}^H \\
&= (P_1 S_1 Q_1^H)V_{x1} + (P_2 S_2 Q_2^H)V_{x2} \\
&= (P_1 \ P_2)\begin{pmatrix} S_1 & 0 \\ 0 & S_2 \end{pmatrix}\begin{pmatrix} Q_1^H & V_{x1}^H \\ Q_2^H & V_{x2}^H \end{pmatrix}
\end{aligned} \quad (3\text{-}5)$$

上式中，$P_1 S_1 Q_1^H$ 和 $P_2 S_2 Q_2^H$ 分别表示奇异值分解后的系数矩阵，可以进一步表示成 $XV_{x1} + DV_{x1} = P_1 S_1 Q_1^H$ 和 $DV_{x2} = P_2 S_2 Q_2^H$。当 $P_1^H P_2 = 0$ 条件满足时，可以认为 P_1 和 P_2 两个列向量正交，向量正交时奇异值分解算法才有效，否则需要进一步讨论相关系数。通常情况下 $P_1 \neq U_{x1}$，此时目标对流层延迟信号空间 X 无法直接恢复。

低秩的最小二乘法的目标是搜索最佳的秩 r，通过最小二乘法求解对流层延迟白噪声信号如下：

$$\min_X \|\hat{X} - X\|_F^2 \quad (3\text{-}6)$$

式中，$\|\cdot\|_F^2$ 为斐波那契范数，信号估值方法如下：

$$\hat{X}_{LS} = \sum_{k=1}^{r} \sigma_k u_k v_k^H \quad (3\text{-}7)$$

式中，u_k 和 v_k 分别表示含有噪声的对流层延迟信号 Y 的左右两端奇异值向量，σ_k 表示矩阵 Y 的 r（矩阵的秩）个最大奇异值。

对于含有白噪声信号的对流层延迟样本，奇异值去噪算法步骤可归纳为

（1）构造 Toeplitz 矩阵 $Y((N-L+1) \times L)$：

$$Y = \begin{pmatrix} y(L-1) & y(L-2) & \cdots & y(0) \\ y(L) & y(L-1) & \cdots & y(1) \\ \vdots & \vdots & & \vdots \\ y(N-1) & y(N-2) & \cdots & y(N-L) \end{pmatrix} \quad (3\text{-}8)$$

式中，$y(n)$ 表示带有白噪声的时间序列信号，$0 \leq n \leq N-1$，L 表示向后预报的偏移量；

（2）计算对流层延迟时间序列带噪矩阵 Y 的奇异值向量空间分解，即 $Y = U\Sigma V^H$；

（3）估计有效秩 r；

（4）通过 $X_r = \sum_{k=1}^{r} \sigma_k u_k v_k^T$，计算带噪信号 Y 的秩 r，其中 u_k 和 v_k 分别表示 Y 的左右两侧奇异值向量；

（5）重新计算噪声估值 X_r 的对角线元素，构造新矩阵：

$$X_r = \begin{pmatrix} x_r(L-1) & x_r(L-2) & \cdots & x_r(0) \\ x_r(L) & x_r(L-1) & \cdots & x_r(1) \\ \vdots & \vdots & & \vdots \\ x_r(N-1) & x_r(N-2) & \cdots & x_r(N-L) \end{pmatrix} \quad (3\text{-}9)$$

第3章 对流层延迟及机器学习算法研究

实验中验证了从 2009—2021 年的对流层延迟原始信号与分解信号的时间序列变化趋势对比图,如图 3-1 所示。

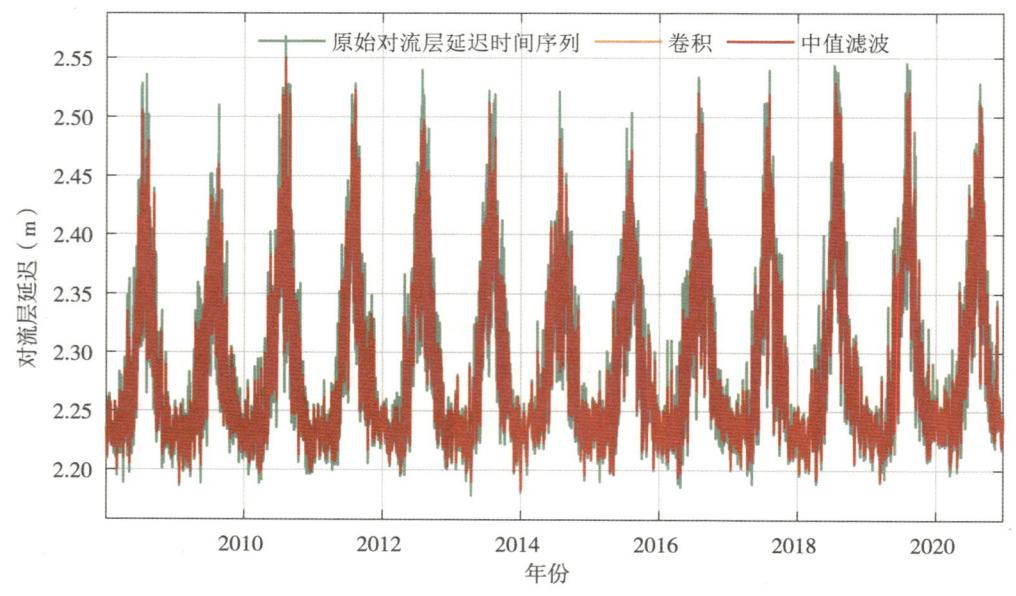

图 3-1 对流层延迟时间序列变化图

3.2 VMD 信号分解算法

变分模态分解(variational mode decomposition,VMD)算法是 Dragomiretskiy 等于 2014 年提出的一种自适应、完全非递归的模态变分和信号处理的方法。该算法能够有效地将信号分解为一系列局部频率成分,其中每个成分代表一种模态。VMD 算法在信号处理领域得到了广泛的应用,特别是在对流层延迟模态信号分解方面,具有独特的优势。

VMD 的自适应性表现在根据实际情况确定所给序列的模态分解个数,随后的搜索和求解过程中可以自适应地匹配每种模态的最佳中心频率和有限带宽,并且可以实现模态函数 IMF 的有效分离和信号的频域划分,进而得到给定信号的有效分量,最终获得变分问题的最优解。该算法的框架为变分问题的构造和求解。

3.2.1 变分模态的构造

假设每个模态是具有中心频率的有限带宽,变分问题描述为寻求 K 个模态函数 $\mu_k(t)(k=1,2,\cdots,K)$,使得每个模态的估计带宽之和最小,约束条件为各模态之和等于输入信号 f,具体构造步骤如下:

(1)对每个模态函数 $\mu_k(t)(k=1,2,\cdots,K)$ 的解析信号进行希尔伯特变换,并最终获得其单边频谱:

$$\left(\delta(t) + \frac{j}{\pi t}\right) \times \mu_k(t) \tag{3-10}$$

$$\delta(t) = \begin{cases} 0, & t \neq 0 \\ \infty, & t = 0 \end{cases}, \quad \int_{-\infty}^{+\infty} \delta(t)\,dt = 1 \tag{3-11}$$

(2) 以各模态解析信号的混合-预估中心频率 $e^{-j\omega_k t}$ 为基准，将每个模态的频率调制到相应基频带：

$$\left[\left(\delta(t) + \frac{j}{\pi t}\right) \times \mu_k(t)\right] e^{-j\omega_k t} \tag{3-12}$$

式中，$e^{-j\omega_k t}$ 为中心频率在复平面的相量描述，ω_k 为中心频率。

(3) 计算以上信号梯度的平方 L^2 范数，估计出各模态信号带宽之和，受约束的变分问题表述如下：

$$\begin{aligned}
\min_{\{u_k\},\{\omega_k\}} &\left\{\sum_k \left\|\partial_t\left[\left(\delta(t) + \frac{j}{\pi t}\right) \times \mu_k(t)\right] e^{-j\omega_k t}\right\|_2^2\right\} \\
\text{s.t.} \quad &\sum_{k=1}^K \mu_k = f
\end{aligned} \tag{3-13}$$

式中，K 为需要分解的模态个数（正整数）；$\{u_k\}$，$\{\omega_k\}$ 分别对应分解后第 k 个模态分类和中心频率，$\delta(t)$ 为狄拉克函数，$*$ 为卷积运算符；∂_t 为求偏导；$\left[\left(\delta(t) + \frac{j}{\pi t}\right) \times \mu_k(t)\right]$ 为求原函数的解析信号，$e^{-j\omega_k t}$ 表示为将频域平移到基频带；j 为虚数单位。

3.2.2 变分问题的求解

(1) 引入拉格朗日乘法算子 λ 和惩罚系数 α，将上述所述的约束变分问题转化为非约束变分问题，得到增广拉格朗日表达式为

$$\begin{aligned}
L(\{u_k\},\{\omega_k\},\lambda) &= \alpha \sum_k \left\|\partial_t\left[\delta(t) + \frac{j}{\pi t} \times \mu_k(t)\right] e^{-j\omega_k t}\right\|_2^2 \\
&\quad \left\|f(t) - \sum_k \mu_k(t)\right\|_2^2 + 2^2 + \left(\lambda(t), f(t) - \sum_k u_k(t)\right)
\end{aligned} \tag{3-14}$$

式中，α 表示惩罚系数（作用是保证信号在噪声环境下的重构精度）；λ 表示拉格朗日乘子。

(2) 利用交替方向乘子（ADMM）进一步解决变分问题，通过迭代更新 μ_k^{n+1}、ω_k^{n+1} 和 λ_k^{n+1}，寻求增广拉格朗日表达的"鞍点"，来获得约束变分模型的最优解。在更新 μ_k^{n+1} 中，式 μ_k^{n+1} 的最小值问题可描述为

$$\begin{aligned}
\mu_k^{n+1} = \arg\min_{\mu_k \in X} &\left\{\alpha \left\|\partial_t\left[\left(\delta(t) + \frac{j}{\pi t}\right) \times u_k(t)\right] e^{-j\omega_k t}\right\|_2^2\right\} \\
&+ \left\|f(t) - \sum_k \mu_k(t) + \frac{\lambda(t)}{2}\right\|_2^2
\end{aligned} \tag{3-15}$$

根据 Plancherel 傅里叶等距变换，可将式(3-14)转换到频域，可以消除指数项。

$$\hat{\mu}_k^{n+1} = \underset{\hat{\mu}_k \in X}{\arg\min} \left\{ \begin{array}{l} \alpha \|j\omega[(1 + \text{sgn}(\omega + \omega_k)) \times \hat{u}_k(\omega + \omega_k)]\|_2^2 \\ + \left\| \hat{f}(\omega) - \sum_k \hat{\mu}_k(\omega) + \dfrac{\hat{\lambda}(\omega)}{2} \right\|_2^2 \end{array} \right\} \quad (3\text{-}16)$$

式中，X 为 μ_k 的全部可取集合，ω 为随机频率。

将第一项 ω 用 $\omega - \omega_k$ 代替，因为式(3-13)在求子信号带宽时将频带平移了 ω_k，现在还原其原频带，得：

$$\hat{\mu}_k^{n+1} = \underset{\hat{\mu}_k,\, \mu_k \in X}{\arg\min} \left\{ \begin{array}{l} \alpha \|j(\omega - \omega_k)\|[(1 + \text{sgn}(\omega)) \times \hat{\mu}_k(\omega)]\|_2^2 \\ + \left\| \hat{f}(\omega) - \sum_k \hat{\mu}_k(\omega) + \dfrac{\hat{\lambda}(\omega)}{2} \right\|_2^2 \end{array} \right\} \quad (3\text{-}17)$$

将上式转换为非负频率区间积分的形式：

$$\hat{\mu}_k^{n+1} = \underset{\hat{\mu}_k,\, \mu_k \in X}{\arg\min} \left\{ \int_0^\infty \left[4\alpha(\omega - \omega_k)^2 |\hat{\mu}_k(\omega)|^2 + 2 \left| \hat{f}(\omega) - \sum_k \hat{\mu}_k(\omega) + \dfrac{\hat{\lambda}(\omega)}{2} \right|^2 \right] \text{d}\omega \right\}$$

$$(3\text{-}18)$$

对上式展开为泛函，再求此泛函的最小值，推导如下：

$$J[\hat{u}_1, \hat{u}_2, \cdots, \hat{u}_k] = \int_R \left[4\alpha(\omega - \omega_k)^2 |\hat{\mu}_k(\omega)|^2 + 2 \left| \hat{f}(\omega) - \sum_k \hat{\mu}_k(\omega) + \dfrac{\hat{\lambda}(\omega)}{2} \right|^2 \text{d}\omega \right]$$

$$(3\text{-}19)$$

对上式求解

$$\dfrac{\partial J}{\partial u_k} = 0$$

$$\Rightarrow 8(\omega - \omega_k)^2 |\hat{u}_k(\omega)| - 4 \left| \hat{f}(\omega) - \sum_i \hat{u}_i(\omega) + \dfrac{\hat{\lambda}(\omega)}{2} \right| = 0 \quad (3\text{-}20)$$

$$\Rightarrow \hat{u}_k^{n+1}(\omega) = \dfrac{\hat{f}(\omega) - \sum_{i \neq k} \hat{u}_i(\omega) + \dfrac{\hat{\lambda}(\omega)}{2}}{1 + 2\alpha(\omega - \omega_k)^2}$$

此时，二次优化问题的解为

$$\hat{u}_k^{n+1}(\omega) = \dfrac{\hat{f}(\omega) - \sum_{i \neq k} \hat{u}_i(\omega) + \dfrac{\hat{\lambda}(\omega)}{2}}{1 + 2\alpha(\omega - \omega_k)^2} \quad (3\text{-}21)$$

从式(3-21)中可以看出，从频域开始来确定 VMD 的分解个数 K，固有模态函数 IMF 从频谱上可以看作一个紧凑地围绕着一个中心频率 ω_k 的波峰。此外，$\hat{u}_k^{n+1}(\omega)$ 可以看作 $\hat{f}(\omega) - \sum_{i \neq k} \hat{u}_i(\omega) + \dfrac{\hat{\lambda}(\omega)}{2}$ 的剩余信号的维纳滤波。

利用相同原理解决 $\omega_k^{n+1}(\omega)$ 的最小值问题，将此问题转换到频域求解，获得中心频率 ω_k^{n+1} 和拉格朗日算子 $\hat{\lambda}^{n+1}$ 分别为

$$\omega_k^{n+1} = \frac{\int_0^\infty \omega \ |\hat{u}(\omega)|^2 d\omega}{\int_0^\infty |\hat{u}(\omega)|^2 d\omega} \tag{3-22}$$

$$\hat{\lambda}^{n+1} = \hat{\lambda}^n + \tau \left(\hat{f} - \sum \hat{u}_k^{n+1}\right) \tag{3-23}$$

式中，^为傅里叶变换，n 为迭代次数，τ 为保真系数，$*$ 为卷积。

从原信号中分离 IMF 中，各 IMF 分量的频率中心及带宽不断更新，直至满足迭代停止条件，即

$$\sum_{i=1}^{K} \left(\frac{\|\hat{u}_i^{n+1}(\omega) - \hat{u}_i^n(\omega)\|_2^2}{\|\hat{u}_i^n(\omega)\|_2^2} \right) < \varepsilon \tag{3-24}$$

最后对求解出的模态 $\hat{u}_i^{n+1}(\omega)$ 求逆傅里叶变换就得到了经过 VMD 分解后的各个模态。

注：$\hat{u}_i^{n+1}(\omega)$ 相当于当前剩余量 $\hat{f}(\omega) - \sum_{k=1}^{K} \hat{u}_k(\omega)$ 的维纳滤波，ω_k^{n+1} 为当前模态函数功率谱的重心；对 $\hat{u}(\omega)$ 进行傅里叶逆变换，则其实部为 $|u_k(t)|$。

3.2.3 VMD 算法的优缺点

1. 算法优点

（1）克服了经验周期模型（EMD）方法存在端点效应和模态分量混叠的问题（通过控制带宽来避免混叠现象），同时具有更坚实的数学理论基础；

（2）可以降低复杂度高和非线性强的时间序列非平稳性，分解获得包含多个不同频率尺度且相对平稳的子序列，适用于非平稳性的序列。

2. 算法缺点

（1）最大的局限性是边界效应和突发的信号。这与基于 L2 平滑阶段的使用密切相关，该阶段过度惩罚了域边界和内部的跳跃。

（2）要求预先定义模态数 K。与聚类和分段算法具有相同的缺点。

3.2.4 VMD 算法在对流层延迟模态信号分解中的应用

本书将 VMD 算法引入对流层延迟模态信号分解中，研究对流层延迟信号分解的原理、特点及应用。

VMD 算法基于变分原理，将给定信号分解为一组本地化频率的模态。其基本原理如下：

变分优化：VMD 通过最小化信号的总变分范数来实现信号分解。这里的变分范数是指信号在频域内局部频率的分布情况。通过迭代优化过程，VMD 逐步拟合信号并提取出局部频率成分。

约束条件：VMD 在优化过程中引入了一些约束条件，如信号的宽带性和模态之间的正交性。这些约束条件有助于保证分解结果的稳定性和可靠性。

参数选择：VMD 算法需要用户指定一些参数，如模态数量和正则化参数。合理选择这些参数对于获得准确的分解结果至关重要。

VMD 算法使其在对流层延迟模态信号分解中表现优异：

多分辨率分解：VMD 能够将信号分解为不同频率范围内的局部模态，从而实现对信号多尺度结构的提取。

高精度分解：VMD 通过变分优化和约束条件，能够在保证信号宽带性的同时，提取出精确的局部频率成分，具有很高的分解精度。

自适应性：VMD 算法不需要事先对信号进行任何假设或预处理，能够自适应地根据信号的特性进行分解，适用于各种信号类型和复杂度。

计算效率：VMD 算法的计算复杂度较低，通常能够在较短的时间内完成信号的分解，适用于实时处理和大规模数据分析。

构建模态分解算法，通过 VMD 函数计算对流层延迟时域和频域本征模态分量 IMF，通过两侧镜像信号长度的一半扩展时间序列信号。在优化器中通过拉格朗日乘数附加傅里叶变换 $\Lambda(f)$，消除了时间序列两端边缘拟合效果差的现象。图 3-2 展示了变分模态分解算法得到的残差、IMF 模态分量和信号振幅的趋势图。

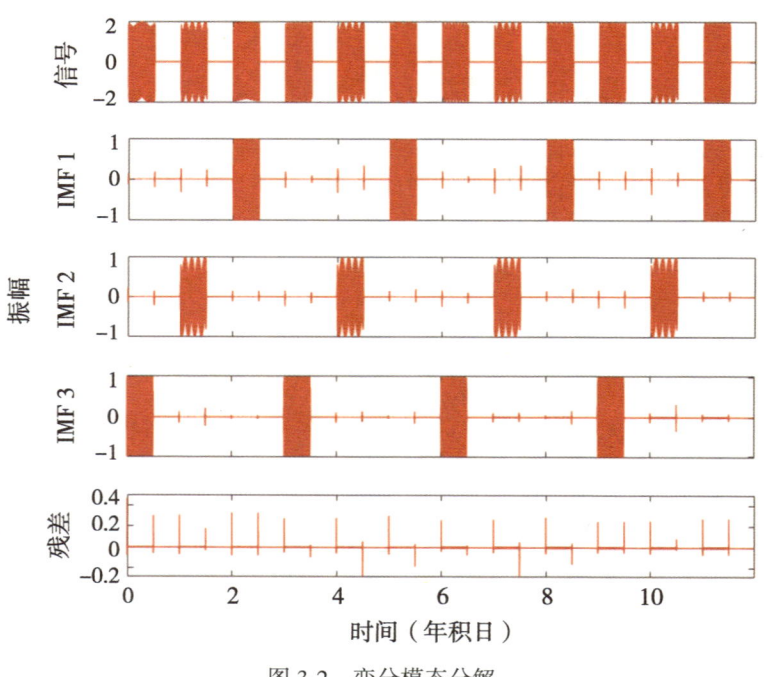

图 3-2　变分模态分解

本章通过模态分解算法将 2021—2023 年间的对流层延迟构建 VMD 模态分解算法，图 3-3~图 3-8 展示了算法将对流层延迟分别按照 $M=2, 3, 4, 5, 6, 8$ 分解后的本征模态分量变化趋势图。

从以上 VMD 本征模态分解对比图可以看出，对流层延迟时间序列可以被分解为若干个

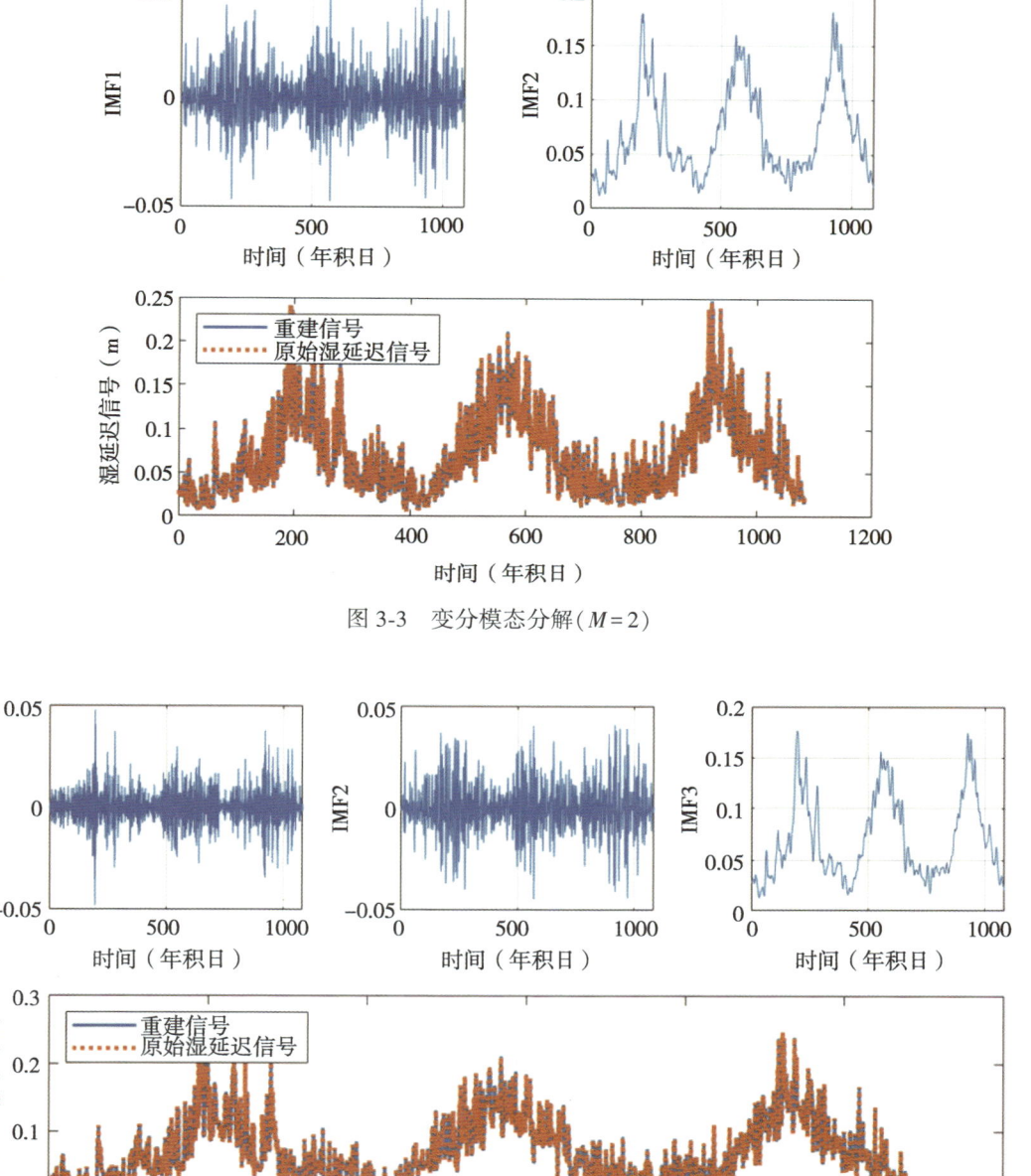

图 3-3 变分模态分解($M=2$)

图 3-4 变分模态分解($M=3$)

本征模态信号，不同本征模态信号分量对应的振幅差异显著，所表示的特征规律复杂。该分解算法以及对流层延迟分解思路可以应用至地震波、声音信号、电磁波等信号的研究中。

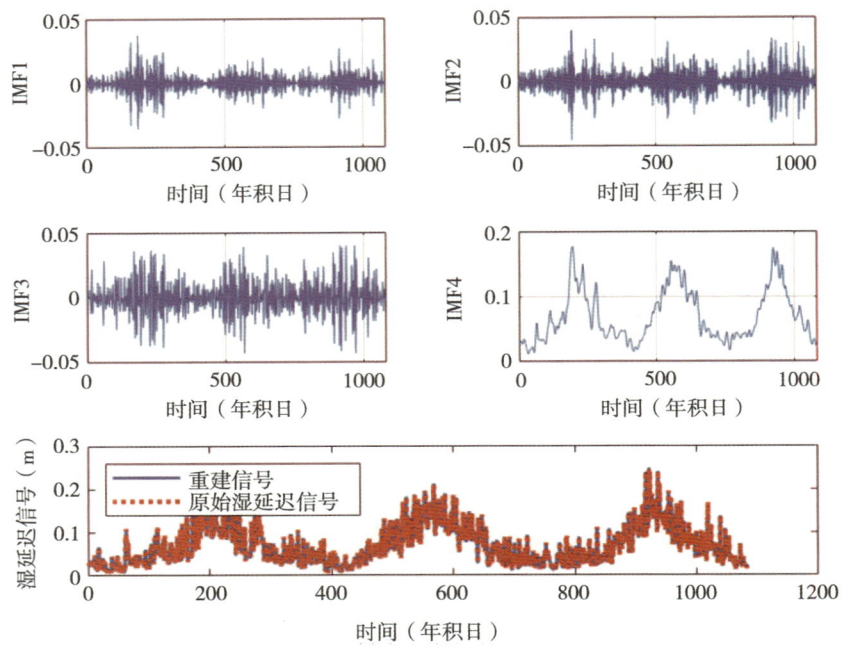

图 3-5 变分模态分解($M=4$)

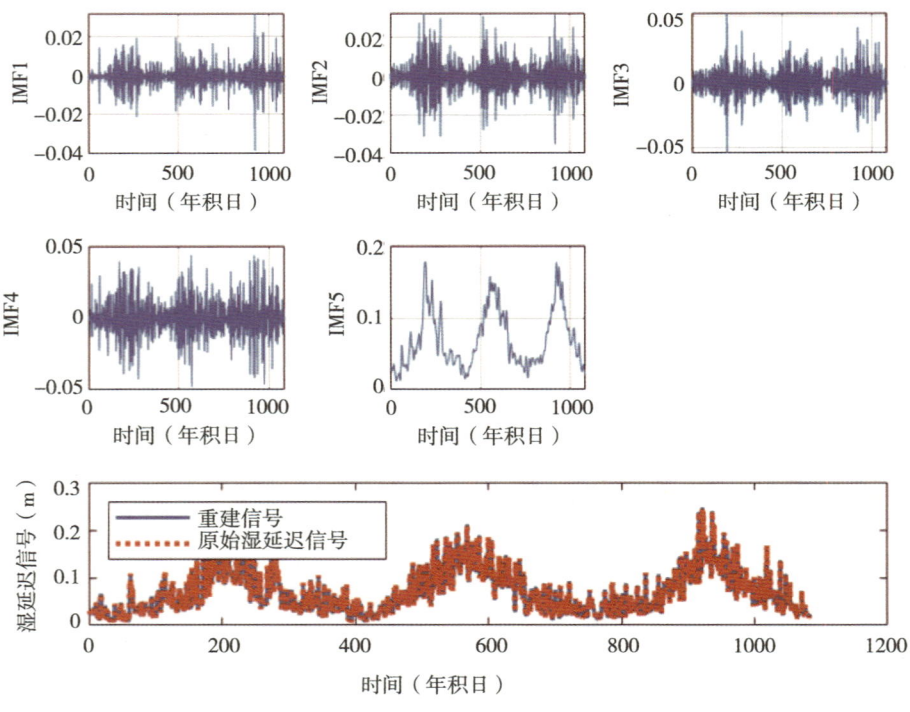

图 3-6 变分模态分解($M=5$)

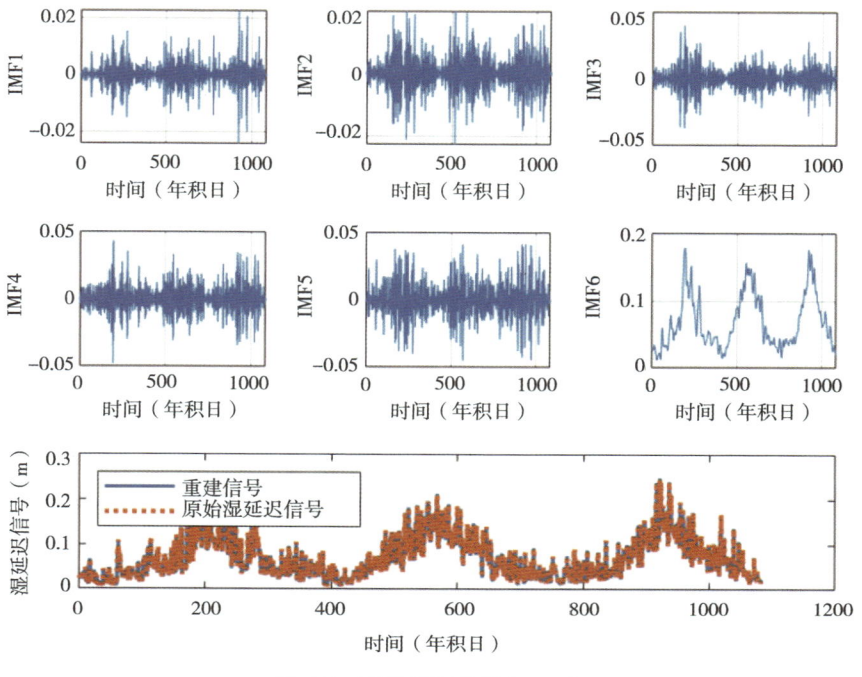

图 3-7 变分模态分解($M=6$)

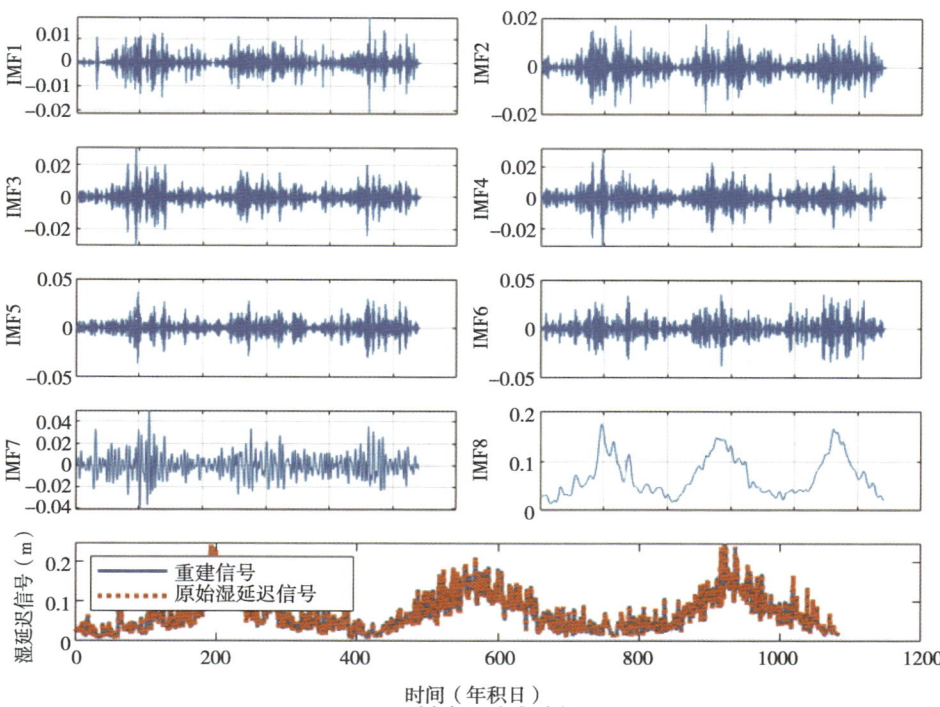

图 3-8 变分模态分解($M=8$)

本研究将以上六组对比图中对应格网所在地当天的天气情况通过天气后报网站查询，对比分析了各项本征模态分量信号与天气情况的相关性。结果表明，本征模态分量信号振荡期间的天气状况变化剧烈，夏季伴随着雷阵雨，其他季节也同样有天气变化的现象，当本征模态分量 $M=2$ 时，IMF2 分量仅能反映年周期信号，此时 IMF1 为残差分量，与正余弦周期函数类似；当 $M=3$ 时，IMF3 能够反映年和半年周期变化信号，IMF1 和 IMF2 分别为不同尺度的残差分量；实验结果表明，当本征模态分量 $M=8$ 时，对流层延迟分量信号能够反映天气尺度的变化，满足对流层延迟日变化特征，可以实现频率信号的有效覆盖。

可以把时间、频率、振幅构建一个三维坐标系，三个分量分别用 x、y、z 三个坐标轴来表示，时域就是 x、z 两个坐标轴所形成的二维坐标系，频域是 y、z 坐标轴构建的二维平面坐标系。

网络分析仪是经典的 yz 频域二维坐标系。信号发生器、波形发生器和示波器上通常呈现的是 xz 时域二维坐标系。频谱/信号分析仪上大部分使用的是频域二维坐标系，有时候也会调到时域模式。同一个信号在时域和频域会有不同的表现特性，就像从不同角度看一个事物会有不同的表现一样。

测试互调也是一种频域模式和时域模式。频域模式是展现在一个互调频段内的各个频率点信号的值。可以是固定看某一个频点的幅度，也可以是多个频点的幅度，比如扫频模式就是频域；时域模式就是持续观察同一个频点随时间的幅度变化，在一定范围内，只看这一个频点的互调信号幅度变化。

从信号分解图中可以得到启发，如图 3-9 所示，声音信号可以分解为时间方向和频率方向，两个方向分别可以得到时域图像和频域图像。频率方向上可以看到不同强弱的频率信号各自的变化规律，对精细研究对流层延迟信号具有重要的启发意义。

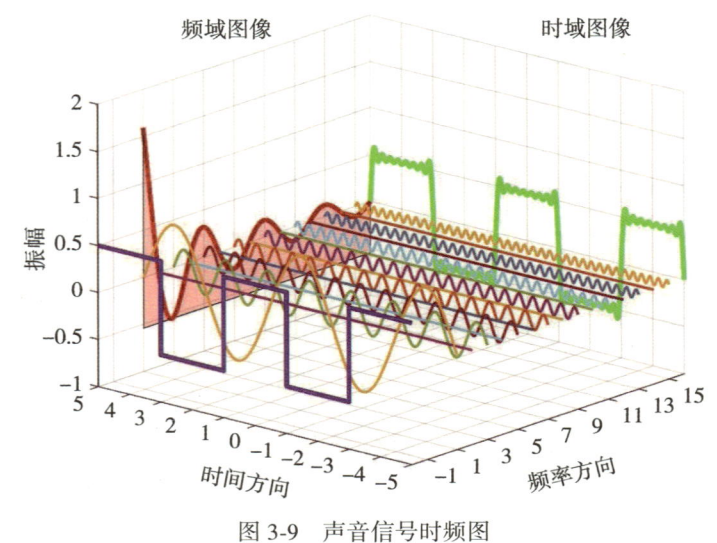

图 3-9　声音信号时频图

按照声音信号分解的思路，我们研究了对流层延迟时间序列信号中隐藏的时频分量信号，如图 3-10 所示。将对 2021—2023 年间（年积日从 1 至 1095）对流层延迟按照时频分解算法，分解 5 个本征模态分量的模态振幅、各模态分量时间序列变化趋势图。

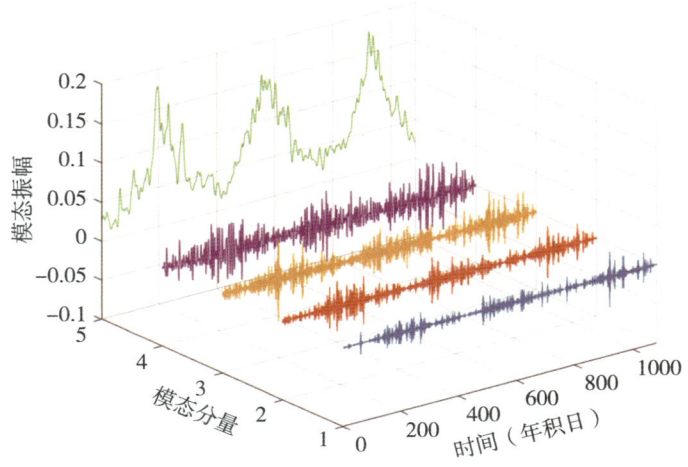

图 3-10 对流层延迟时域、频域信号分解

时域和频域通过两个维度解释信号，这两个维度的信号有着密切的联系。从信号源发出的简单的连续波信号来看，时域上，可以用这个公式表示它的曲线：

$$z(t) = A\sin(\omega t + \varphi) \tag{3-25}$$

其中 ω 为角频率，单位（弧度/秒），φ 为初始相位，这里设成 0 也没影响。连续波信号就是周期信号，周期就是频率的倒数：$T = 2\dfrac{\pi}{\omega} = \dfrac{1}{f_0}$。

如果用频域二维坐标表示这个信号：

$$Z(f) = \frac{A}{2} \cdot [\delta(f - f_0) + \delta(f + f_0)] \tag{3-26}$$

其中，$\delta(f - f_0)$ 和 $\delta(f + f_0)$ 是狄拉克函数表达式，表示只有 1 个 f_0 频率分量。

经过 VMD 分解出的对流层延迟各项本征模态分量 IMF 信号再经过 Hilbert 变换，获取对流层延迟信号瞬时频率和瞬时振幅的方法称为希尔伯特黄变换（Hilbert-Huang Transform，HHT）。HHT 变换结果反映的是对流层延迟信号在时域和频域上的变化特征。在傅里叶变化中，信号可以拆解在频率方向上，而 HHT 变换可以拆解到频率和时域两个空间。在 HHT 变换中，信号变换越剧烈即分布越密集，表示对流层延迟信号在该时段 IMF 分量的频率高，HHT 可以反映出对流层延迟信号在局部邻域外的变化特征，变分模态算法 VMD 能够自动识别时域和频域的局部化特征并绘制 Hilbert 频谱图，有效提取对流层延迟信号的特征信息。分解后的对流层延迟分量可以与实际的天气现象或者发生的极端事件相结合，进而揭示相关自然现象，从 HHT 变化结果中筛选抖动剧烈的特征分量构成重组信号，通过重组信号与自然现象做进一步匹配具有重要的研究意义。图 3-11 展示了对流层延迟的 Hilbert 谱图。

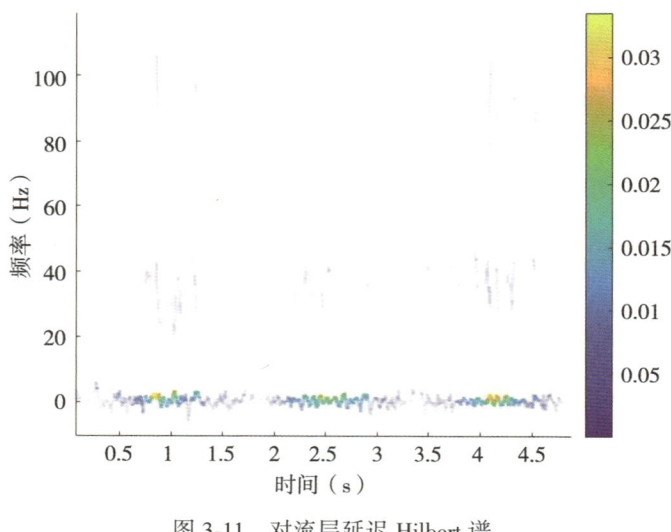

图 3-11 对流层延迟 Hilbert 谱

3.3 LSTM 长短期记忆神经网络

LSTM 长短期记忆神经网络算法是循环神经网络算法的变种，由于在细胞中添加了贯穿整个细胞状态的记忆细胞，所以 LSTM 在长时间序列数据的回归处理和模式识别方面具有良好的普适性，通过记忆细胞结合 Dropout 既保留了关键信息，同时屏蔽了噪声信息和无关信号，提升拟合效果的同时解决了过拟合的现象，克服了传统循环神经网络 RNN 中的一些缺点。本书构建的 LSTM 神经网络模型结构中包含了 4 个门控开关，它们分别是输入门 input gate、遗忘门 forget gate、更新门 update gate 和输出门 output gate，利用门控开关调节神经元细胞之间信息流的相互传递，经典 LSTM 的模型结构如图 3-12 所示。

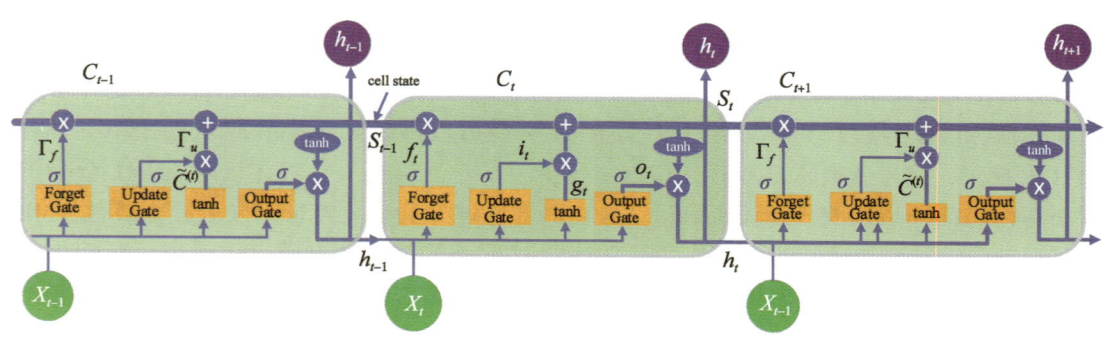

图 3-12 LSTM 神经网络结构图

3.3 LSTM 长短期记忆神经网络

图 3-12 中贯穿细胞的横线 C_t 表示 LSTM 神经网络中的细胞状态，其中橙色的方块表示神经网络层，类似于激活函数（neural network layer）；蓝色的圆圈表示逐点操作（pointwise operation layer），例如对应点乘、加、减操作；向右的单向箭头表示数据流向（vector transfer）；两个箭头交会表示向量合并（concatenate）；箭头分叉表示向量复制（vector copy）。

贯穿细胞且较粗的横线是 LSTM 的核心，即细胞状态。LSTM 神经网络记忆细胞中存储和参与运算的 ZTD 信息可以通过门控开关来添加关键信息和删除无用信息，门控开关的操作可以通过 Sigmoid 函数来实现。Sigmoid 是一个单调有界函数，所有取值都在 0 至 1 之间。0 表示门关闭，不让 ZTD 信息通过，1 表示门打开，让所有输入的 ZTD 信息通过。如图 3-12 所示，在 LSTM 神经网络模型预报 ZTD 的架构中包含了三个门来管控参与模型学习的 ZTD 信息，本书中设计的 LSTM 神经网络结构主要包含以下五步：

（1）数据归一化；

（2）通过 LSTM 结构中的忘记门（遗忘门），通过 Sigmoid 函数丢弃无用的 ZTD 残余信息，根据隐藏层中的状态向量和输入 ZTD 信息，通过门的操作，输出一个 0 至 1 之间的向量，遗忘门的操作按照下式来计算：

$$f_t = \sigma[W_f \cdot (\bm{h}_{t-1}, \bm{x}_t)] + b_f \tag{3-27}$$

（3）通过更新门决定细胞添加哪些信息，这一步又分为两个步骤。首先，利用隐藏层状态向量 $\bm{h}_{t-1}$ 和 $\bm{x}_t$，通过输出门的操作来决定更新哪些信息，更新门用 i_t 表示，按照如下公式计算更新参数：

$$i_t = \sigma[W_i \cdot (\bm{h}_{t-1}, \bm{x}_t) + b_i] \tag{3-28}$$

其次，利用模型中的隐藏状态向量 $\bm{h}_{t-1}$ 和 ZTD 输入信息 $\bm{x}_t$ 通过 tanh 层的运算，得到候选细胞向量 $\widetilde{C}_t$，$\widetilde{C}_t$ 按照下式计算：

$$\widetilde{C}_t = \tanh[W_c \cdot (\bm{h}_{t-1}, \bm{x}_t) + b_c] \tag{3-29}$$

（4）对细胞状态中包含的旧细胞信息 c_{t-1} 执行更新操作，将更新后的细胞信息视为新的细胞状态信息 C_t，具体的更新规则是根据忘记门来管控候选细胞状态 C_t 中所存储的信息，通过输入门来添加新的关键信息至新的候选细胞信息 C_t 中。

$$C_t = f_t \cdot c_{t-1} + i_t \cdot \widetilde{C}_t \tag{3-30}$$

（5）更新完细胞状态后需要根据输出的隐藏层状态向量 $\bm{h}_{t-1}$ 和输入信息 $\bm{x}_t$ 确定输出信息。

$$o_t = \sigma[W_0 \cdot (\bm{h}_{t-1}, \bm{x}_t) + b_0] \tag{3-31}$$

$$\bm{h}_t = o_t \cdot \tanh(c_t) \tag{3-32}$$

$$\widetilde{y}_t = \text{softmax}(o_t) \tag{3-33}$$

其中，$\tanh(x) = \dfrac{e^x - e^{-x}}{e^x + e^{-x}}$，对应的激活函数如图 3-13 所示。

式中，$x(t)$，$h(t)$ 分别是输入序列和输出序列，t 为当前的时间历元，i_t，f_t 和 o_t 分别为输入门、忘记门和输出门，g_t 是候选细胞信息，C_t 是当前时间历元记忆细胞的状态，$\bm{h}_{t-1}$ 是上

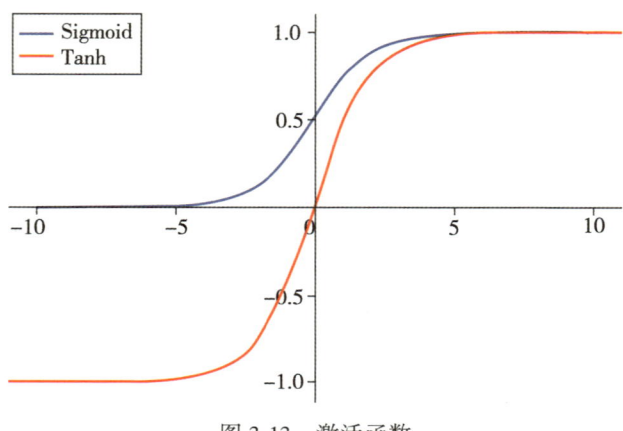

图 3-13 激活函数

一隐藏层的输出状态，σ 是网络中每个节点的激活函数。本书采用随机梯度下降算法（RMSPROP）寻找最优值，损失函数评判指标为均方根误差。

◎ **本章小结**

本章介绍了对流层延迟的信号 SVD 去噪算法和中值滤波方法，研究了长短期记忆神经网络算法。通过实验对比分析了将对流层延迟信号按照 VMD 分解算法，分解成若干个本征模态分量。由声音信号的分解受到启发，将 2020—2023 年间的对流层延迟时间序列信号进行时频分解，并绘制了时频分解图。将不同频率下的对流层延迟本征模态分量信号与当天的天气进行对比，发现本征模态信号分量变化剧烈的时间天气现象也发生相应的变化。本章的研究模型与数据可进一步为气象学的发展提供理论与数据支撑。

第4章 VMD-LSTM 对流层延迟模型构建

4.1 引言

随着我国北斗卫星导航系统在全球范围内组网应用，全球导航卫星系统(GNSS)已经成为日常生活、商业应用和科学研究中不可或缺的一部分。近地空间环境中的大气层会对北斗信号的传播产生影响，导致对流层延迟，进而影响北斗定位精度和收敛速度。对流层延迟形成的主要原因是大气密度和湿度的变化引起电磁波传播时间延迟，它是北斗定位误差的重要来源之一。因此，对流层延迟的准确建模和估计对于提高北斗定位精度至关重要。

对流层延迟影响北斗定位效率，高精度的对流层延迟对气象预测、环境监测等领域具有重要意义。大气中水汽和干燥空气等因素会导致对流层延迟的变化，而这些变化又会影响气象预报的准确性和环境监测数据的可靠性。因此，准确地估计和理解对流层延迟的特性及其动态变化，对于提高气象预测的准确性和环境监测的可靠性具有重要意义。

过去对对流层延迟的研究主要集中在整体特征的分析和建模，忽视了对其时间序列信号的分解和分析。将对流层延迟的时间序列信号进行分解，有助于了解其内部结构和动态变化规律，识别不同特征的成分，从而为北斗定位、气象预测和环境监测提供更准确的数据支持。因此，针对对流层延迟的模态分解，进而探索各类本征模态分量的物理意义，对高精度的对流层延迟模型构建具有重要的科学研究意义和市场化应用价值。

对流层延迟研究，按照建模方法主要分为：再分析数据建模；根据以往历史对流层延迟时间序列数据建模，也称经验模型；通过北斗技术解算对流层延迟；通过实测气温、气压等气象参量构建对流层延迟模型；借助机器学习、神经网络构建对流层延迟预报模型等。按照研究区域主要分为：单站对流层延迟模型、格网对流层延迟模型、小区域对流层延迟模型、全球对流层延迟模型。按照对流层延迟垂直高度面可以分为：小区域大高差RTK对流层延迟模型、对流层延迟三维水汽层析、对流层延迟垂直分层等。

对流层延迟是一种具有年、半年、季节、月日等不同尺度周期规律时间序列数据，通常被认为是多种信号的叠加，在信号分解方面的研究主要有正余弦周期模型、经验周期模型(empirical mode decomposition, EMD)等。经验周期模型是一种数据驱动的自适应信号分解方法，能够将复杂非线性信号分解为若干个固有模态函数(IMF)，每一个模态函数IMF都代表了信号中的一个特定频率成分。在对流层延迟信号分解方面，EMD方法已经取得了一些重要的研究成果和进展。一些研究者已经基于EMD方法开展了对流层延迟信号的分解研究，通过对GNSS观测数据进行EMD分解，提取出表示不同频率成分的IMF，从而更好地理解和利用对流层延迟信号。这些研究成果为对流层延迟的特征提取、变化规律分析和预测建模提供了重要的基础。

此外，一些学者还尝试结合 EMD 方法与其他信号处理技术（如小波变换、谱分析等），以改进对流层延迟信号的分解效果，提高分解结果的可靠性和稳定性。这些综合应用为对流层延迟信号分解的算法研究提供了新的思路和方法。小波分析是一种常用的信号分解方法，可以将信号分解为不同频率的子信号。在对流层延迟信号分解中，研究者使用小波分析方法将原始信号分解为低频和高频成分，以便更好地理解和利用这些信号。经验模态分解是一种基于局部特性的信号分解方法，能够将信号分解为多个固有模态函数（IMF）。研究者将 EMD 方法应用于对流层延迟信号分解，通过提取 IMF 成分，可以更准

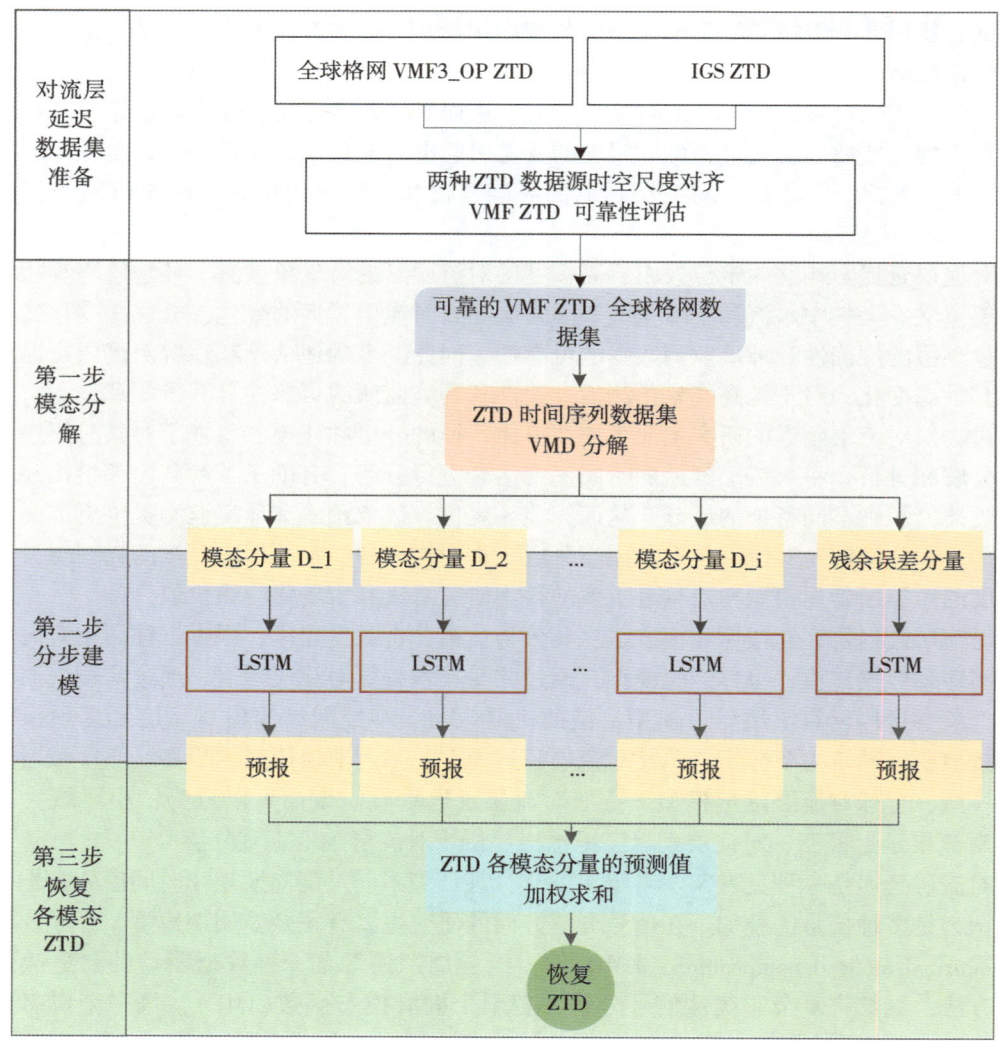

图 4-1　VMD-LSTM 对流层延迟预报模型构建技术路线图

确地捕捉到对流层延迟信号中的变化规律。

数据同化技术是将观测数据与数值模型相结合，通过迭代算法来优化模型结果。在对流层延迟信号分解中，研究者将数据同化技术应用于信号分解中，将观测数据与模型结果相融合，以提高对流层延迟信号的分解精度和稳定性。

本章旨在分析对流层延迟及其时间序列信号特征，将对流层延迟信号视为多个信号的叠加，构建本征模态分解算法，研究对流层延迟时间序列信号分解的方法和技术。通过对流层延迟及其时间序列信号分解实验研究，可以更好地理解对流层延迟的特点和动态变化规律，提高 GNSS 定位精度、气象预测准确性以及环境监测的可靠性。此外，对流层延迟时间序列信号分解的研究也为深入探索大气水汽运动、天气系统演化等提供了新的方法和视角，有助于更好地应对自然灾害，提高气象预测准确性，并推动环境监测技术的发展和创新。

研究思路如下：首先以 GGOS 发布的 VMF 格网对流层延迟作为基础研究数据，以 IGS 测站发布的对流层延迟作为参考，将两种对流层延迟数据源在时空尺度对齐后，评估 VMF 对流层延迟格网数据的可靠性。结合全球海陆分布情况，分析对流层延迟在全球范围内的时空变化特征，构建模态分解算法 VMD，实现对流层延迟信号在时域、频域维度的信号分解。将分解的对流层延迟本征模态信号结合长短期记忆神经网络构建对流层延迟预报模型，通过评估模型在全球范围精度的变化情况，验证模型的有效性，提出一种基于模态分解信号结合长短期记忆神经网络的全球对流层延迟预报模型 VMD-LSTM，技术路线如图 4-1 所示。

4.2　研究区域与数据

本节从全球海拔分布和气候变化特征出发，以 GGOS 发布的 VMF 对流层延迟作为基础数据源，分析对流层延迟在全球范围内的时空变化特征，验证对流层延迟分别在海陆分布和不同纬度的变化情况，便于进一步构建高精度全球对流层延迟预报模型。

4.2.1　全球海陆分布

全球海陆分布如图 4-2 所示，在地球上分布着许多高海拔山脉，如喜马拉雅山脉、安第斯山脉、落基山脉等，这些山脉通常位于大陆之间或沿大陆边缘，海拔较高，气候条件苛刻，常年积雪。大部分大陆上有广袤的平原和低地，海拔相对较低，适宜农业生产和人类居住。一些大陆内部存在盆地和高原地形，海拔中等，气候条件较为多样，植被覆盖程度不同。

海洋是地球表面的主要部分，海平面即为海洋的平均海拔。海底地形复杂多样，存在海沟、海山等地形，海底海拔相对较低，但地形起伏明显。对流层延迟受到大气压力、温度和湿度等因素的影响，在海面上尤为显著。海洋环境的特殊性使得对流层延迟在时空上表现出一定的规律性和变化趋势。一方面，海面对流层延迟的时空变化受到地理位置的影响。不同地区的海洋环境具有不同的气象条件和气候特点，从而导致对流层延迟的变化情况存在差异。例如，赤道附近的海域由于气温高、湿度大，对流层延迟相对较高；而极地

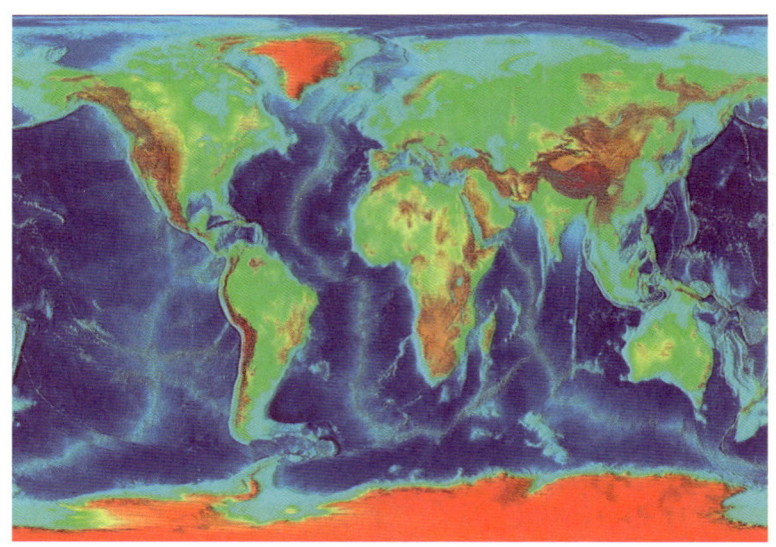

图 4-2 全球海陆分布

海域由于气温低、湿度小,对流层延迟相对较低。这种地理位置带来的影响使得海面上对流层延迟的时空分布呈现出一定的规律性。另一方面,海面对流层延迟的时空变化还受季节和天气变化的影响。随着季节的变化,海洋环境中的温度、湿度等气象因素也会发生相应的变化,进而影响到对流层延迟的表现。夏季海面上通常气温较高、湿度较大,对流层延迟会相对增加;而冬季海面气温较低、湿度较小,对流层延迟则相对减少。此外,天气条件的变化,如风暴、降雨等,也会对对流层延迟产生影响,进一步增加了海面上对流层延迟的时空变化性。除了自然因素的影响,人类活动也可能对海面上对流层延迟的时空变化造成影响,例如,工业排放、船舶运输等可能导致大气污染和气候变化,进而影响到对流层延迟的表现。因此,在研究海面上对流层延迟的时空变化时,需要考虑自然因素和人为因素的综合影响。海面上对流层延迟的时空变化是一个复杂而多变的过程,受到多种因素的综合影响。通过深入研究海面上对流层延迟的时空变化规律,可以更好地理解大气环境的动态变化,提高卫星导航系统的定位精度和可靠性,为海洋科学研究和气象预测提供重要参考。

北极和南极地区位于地球两极,海拔相对较低,以冰川和冰层为主要地貌特征。极地地区的海域会形成季节性海冰,在不同季节,海冰面积和海拔高度会发生变化。极地地区的气候和大气条件与其他地区有着明显的差异,这也导致对流层延迟在南北两极地区表现出独特的时空变化特征。南北两极地区对流层延迟的时空变化受到多种因素的综合影响,其中包括地理位置、气候特点、季节变化、大气环流等因素。首先,南北两极地区的地理位置使得其对流层延迟存在显著差异。北极地区主要由海洋和冰雪覆盖的陆地组成,而南极地区则主要由大陆和冰盖构成。这种地理差异导致两极地区的气候和大气条件存在较大差异,进而影响到对流层延迟的时空变化情况。北极地区由于海洋面积较大,气温较为温和，对流层延迟相对较低；而南极地区则由于大陆面积较大，气温较低，对流层延迟相对较高。其次，南北两极地区的气候特点和季节变化也会对对流层延迟的时空变化产生影响。在北极地区，夏季气温较高、湿度较大，而冬季气温较低，这种季节变化会导致对流层延迟的变化情况。在南极地区，由于地处南极洲大陆，整体气温较低，季节变化对对流层延迟的影响相对较小。此外，南北两极地区的气候特点还会受到极地环流等大气环流系统的影响，进一步影响到对流层延迟的时空变化。另外，南北两极地区的大气环境也对对流层延迟的时空变化有一定影响。极地地区的大气层结构较为特殊，常常出现极光等现象，这也反映了大气层中电离层的活动情况。这种大气环境的特殊性可能会影响卫星信号穿过对流层的传播，从而引起对流层延迟的时空变化。通过深入研究南北两极地区对流层延迟的时空变化规律，可以更好地理解极地地区的气候特点和大气环境，为卫星导航系统的精准定位提供重要参考，同时也有助于加深对极地气象科学的认识。

全球各个岛屿的海拔高度各不相同，有的是山岛，有的是珊瑚岛，地形多样。一些岛屿由火山喷发形成，海拔高度较大，地质活动频繁。大陆架是陆地延伸到海洋下的部分，海拔相对较低，一般水深在200米以下。岛屿和海岸线是地球上独特的地理景观，它们的存在对大气环境和气象条件产生了显著影响，因此，岛屿和海岸线地区的对流层延迟也呈现出独特的时空变化情况。首先，岛屿和海岸线地区的对流层延迟受到地理位置的影响。由于岛屿和海岸线地区被海洋环绕，其大气湿度相对较高，这会导致对流层延迟的增加。此外，岛屿和海岸线地区通常位于海洋气候带或沿海气候带，气温较为温和，湿度较高，这也会导致对流层延迟的增加。其次，季节变化对岛屿和海岸线地区的对流层延迟产生显著影响。在夏季，岛屿和海岸线地区的气温通常较高，湿度也相对较大，这会导致对流层延迟的增加。而在冬季，气温较低、湿度较小，对流层延迟则相对较低。此外，岛屿和海岸线地区的地形和地貌特征也对对流层延迟产生影响。在岛屿地区，由于地形复杂、山脉起伏，可能会产生局部的气象现象，如风暴或乌云密布，这会导致对流层延迟的增加。而在海岸线地区，海洋环境的特点使得湿度较高，也会对对流层延迟产生一定影响。此外，岛屿和海岸线地区的地理形状和布局也会影响到风向和风速的变化，进而影响到大气层中的湍流运动和对流层延迟的时空变化。岛屿和海岸线地区的对流层延迟受到地理位置、季节变化、地形特征等多种因素的综合影响。通过深入研究岛屿和海岸线地区对流层延迟的时空变化规律，可以更好地理解这些地区的气象条件和大气环境，提高卫星导航系统的定位精度和可靠性，为海洋科学研究、天气预报等领域提供重要参考。

地势地形环境复杂是造成全球对流层延迟分布不均的重要原因之一。研究不同空间位置、不同高度面上的对流层延迟变化，对深刻认识对流层延迟的本质特征至关重要。

4.2.2 全球气候变化与对流层延迟

随着温室气体排放的增加，大气中的温室效应加剧，导致对流层温度逐渐上升，这种温度上升在一定程度上影响着大气的热力循环和气候模式。

对流层是大气中最活跃的层次，其中的大气对流运动直接影响着气候特征。全球变暖导致大气中的热量分布发生变化，进而影响着对流层的大气循环，如风向、气压分布等。对流层的变化与气候极端事件密切相关。全球气候变暖导致对流层中的湿度增加，使得极端天气事件(如暴雨、干旱、飓风等)频率和强度增加。对流层是大气中主要的污染物传输层,全球大气污染物排放对对流层的影响十分显著。大气污染不仅影响空气质量,还可能影响气候系统,加剧气候变化的趋势。对流层中的臭氧层对地球生物环境和气候具有重要保护作用。全球气候变化对臭氧层的稳定性和厚度都可能产生影响,进而影响紫外线的穿透和地面辐射情况。

全球气候随时空会发生显著的变化,研究气候的季节变化、不同纬度带的变化情况,对精化对流层延迟模型的研究具有重要意义。

4.2.3 VMF 对流层延迟数据

GGOS 发布的对流层延迟数据结构主要有如图 4-3 所示的几类。对流层延迟数据产品有基于离散测站和格网两种,本章从 GGOS 数据网站(https://vmf.geo.tuwien.ac.at/)下载 VMF 格网对流层延迟时间序列数据,将按时间存放的全球格网数据整理成每个格网点的时间序列数据。

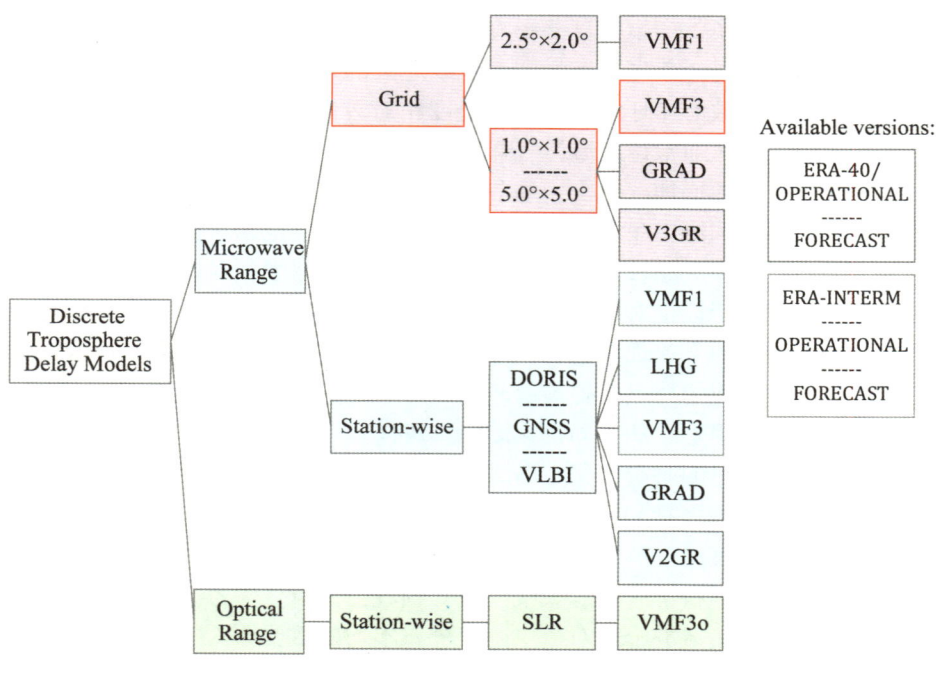

图 4-3 GGOS 发布的 VMF 对流层延迟数据分类

VMF 对流层延迟数据时间尺度为 4h,空间分辨率为 5°×5°,编写 shell 爬虫代码,通过 wget 命令下载 2012—2023 年的对流层延迟数据。取 2023 年 12 月 31 日 18 时的对流层延迟数据并绘制全球分布图,如图 4-4 所示。图 4-4(a)展示了全球对流层延迟空间分布,图 4-4(b)展示了全球海拔分布。

从图 4-4 可以看出,对流层延迟与海拔有明显的关系,高海拔地区对流层延迟小,低

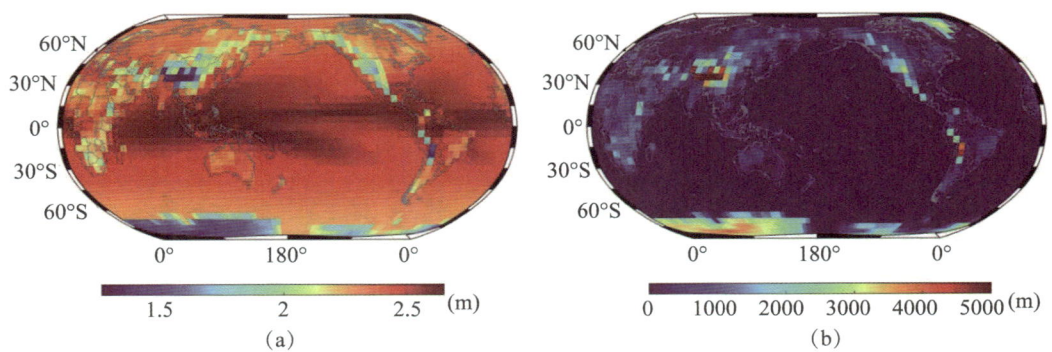

图 4-4　全球对流层延迟时空变化情况(以 2023 年 12 月 31 日 18 时为例)

海拔地区对流层延迟大，在南极高原和青藏高原这种现象表现得最为明显。从图 4-4 中来看，对流层延迟最大约为 2.6 米，最小约为 1 米。最大值出现在赤道附近，最小值出现在青藏高原、南极高原和巴西高原。

4.2.4　IGS 对流层延迟数据

IGS 发布的对流层延迟数据是目前精度最高的对流层延迟产品，通常作为参考，用来评估其他模型，本章即采用 IGS 发布的对流层延迟数据作为参考，评估 VMF 对流层延迟的可靠性。在东半球、西半球、南半球、北半球分别选一个对应 IGS 测站，查找距离 IGS 测站最近的 VMF 格网对应的对流层延迟时间序列，评估两种数据源对流层延迟时间序列的外符合精度，对应 IGS 与 VMF 格网的空间分布和位置信息如图 4-5 和表 4-1 所示。

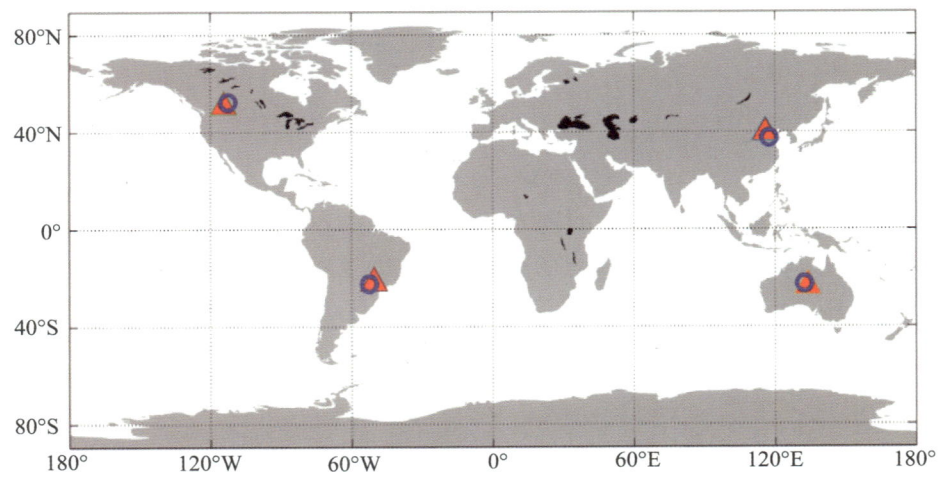

图 4-5　东、西、南、北半球 IGS 站与最近 VMF 格网分布图

89

从图 4-5 中可以看出，4 个 IGS 测站及对应的 VMF 格网分布合理，均匀散布在 4 个半球上，而且 IGS 测站与对应的格网距离位置符合实验目标，说明通过规则格网验证离散测站的方法是可靠的。

表 4-1　东、西、南、北半球 IGS 测站与最近 VMF 格网分空间信息统计表

IGS 测站	纬度(°)	经度(°)	海拔(m)	VMF Grid(5°×5°)	国家，地区
BJFS	39.6N	115.9E	87.5	(37.5°N, 117.5°E)	中国，房山
ALIC	23.67S	133.886E	603.2	(22.5°S, 132.5°E)	Australia, Alice Springs
PRDS	50.871N	114.296W	1247.9	(52.5°N, 112.5°W)	Canada, Calgary
SPTU	21.929S	50.492W	508.78	(22.5°S, 52.5°W)	Brazil, Tupa

从表 4-1 中可以看出，BJFS 测站海拔最低，为 87.5m，PRDS 海拔最高，为 1247m，其他两个测站的海拔分别为 508.8m 和 603.2m，选取的代表性测站能够表示出对流层延迟在不同海拔处的分布情况，具体 IGS 与 VMF 对流层延迟外符合精度时间序列在后续的图表中展示。

计算各 IGS 基站之间的球面距离：

$$d_{ij} = R \times a\cos[\sin\phi_i \sin\phi_j + \cos\phi_i \cos j \cos(\lambda_j - \lambda_i)] \tag{4-1}$$

式中，ϕ_i 和 ϕ_j 分别表示 i 点和 j 点的纬度；λ_i 和 λ_j 分别表示 i 点和 j 点的经度。

计算各 IGS 基站的对流层延迟的半方差：

$$\gamma_{ij} = \frac{1}{2}[z(\phi_i, \lambda_i) - z(\phi_j, \lambda_j)]^2 \tag{4-2}$$

将所有的 γ_{ij} 和对应的 d_{ij} 用于拟合函数 $\gamma(d)$，获得参数值 a、C_0 和 C，即

$$\gamma(d) = \begin{cases} C_0 + C\left(\dfrac{3d}{2a} - \dfrac{d^3}{2a^3}\right), & d \leq a \\ C_0 + C, & d > a \end{cases} \tag{4-3}$$

通过函数 $\gamma(d)$ 计算每个 VMF 格网点处的半方差 $\gamma_{i0}^{(k)}$，k 表示 VMF 格网点的序号；计算每个 IGS 基站对每个 VMF 格网点的影响权重，即

$$\begin{bmatrix} w_1^{(k)} \\ \vdots \\ w_n^{(k)} \\ \lambda \end{bmatrix} = \begin{bmatrix} \gamma_{11} & \cdots & \gamma_{1n} \\ \vdots & \vdots & \vdots \\ \gamma_{n1} & \cdots & \gamma_{nn} \\ 1 & \cdots & 0 \end{bmatrix}^{-1} \begin{bmatrix} \gamma_{10}^{(k)} \\ \vdots \\ \gamma_{n0}^{(k)} \\ 1 \end{bmatrix} \tag{4-4}$$

计算距离每个 IGS 站点最近的 VMF 格网点处的对流层延迟，即

$$z(\phi_k, \lambda_k) = \sum_{i=0}^{n} z(\phi_i, \lambda_i) w_i^{(k)} \tag{4-5}$$

计算偏差指标 θ，即

$$\theta = \frac{1}{M}\sqrt{\sum_{i=0}^{M}\left[z'(\phi_k, \lambda_k) - z(\varphi_k, \lambda_k)\right]^2} \tag{4-6}$$

如果 $\theta < \varepsilon$（ε 为经验预设值），则判定该 VMF 对流层延迟格网数据可靠，否则判断不可靠。

4.3 模型构建

对流层延迟可以被认为是多种时域、频域信号的叠加，构建第 2 章介绍的模态分解算法 VMD 对流层延迟时间序列分解为若干个本征模态分量，对各个分量分别构建长短期记忆神经网络 LSTM 进行向后预报，然后根据各个本征模态分量中对应的对流层延迟参数求解经过 VMD 分解与 LSTM 预报后的时间序列。

在东半球、西半球、南半球和北半球分别选取了 4 个特征格网点（$-22.5°$，$232.5°$），（$37.5°$，$117.5°$），（$-22.5°$，$132.5°$），（$52.5°$，$292.5°$），对 4 个特征格网点首先构建 VMD 模态分解算法，如图 4-6~图 4-9 所示，对流层延迟信号可以被分解为 M 个本征模态分量，本书 M 取值 8，实验结果表明，对对流层延迟时域、频域信号起主导作用的是最后一个本征模态分量，即图 4-6~图 4-9 中所示，将 2021 年 1 月 1 日 0 时至 2023 年 12 月 31 日 18 时的对流层延迟年积日（day of year，DOY）依次累加起来记为 DOY′，横轴取值从 1 至 1095.75，日积时（hour of day，HOD）按照时间除以 24 作为小数部分，添加至 DOY 上作为累加年积日的小数部分。在图 4-6~图 4-9 中，将上述 3 年的对流层延迟按照模态分解算法分解为 8 个本征模态分量，在上方的 8 个子图框中展示了分解后的对流层延迟本章模态分量。可以明显看出，最后一个模态分量 IMF8 占主导作用，IMF1 信号的影响最弱。在图 4-6~图 4-9 中最下方的图框中展示了各本征模态信号累加起来后与原始 VMF 对流层延迟时间序列的变化趋势，理论上与实验结果都是完全重合的，说明本章构建的 VMD 信号分解算法是可逆的，即能够将对流层延迟信号实现精准分解，也能累加起来恢复原始对流层延迟序列。

实验中按照对对流层延迟信号产生作用的程度确定参与 VMD-LSTM 算法各模态分量的权重，预测后的对流层延迟时间序列乘以权系数（即加权求和）就得到了最终的 VMD-LSTM 对流层延迟预报产品。

将 2012—2023 年的对流层延迟按照同样的方法附加时间标签（DOY，HOD）预处理，并对其做随机取样，其中 2012—2022 年的样本作为训练集，2023 年的样本作为测试集，全球 5°×5° 的每个 VMF 格网点构建一个 LSTM 模型，对其做加权求和，实现对 2023 年的对流层延迟预报。基于 Python 框架 Scikit-learn 编写 VMD-LSTM 算法，由于全球数据量大，在超算系统上利用 GPU 进行训练。

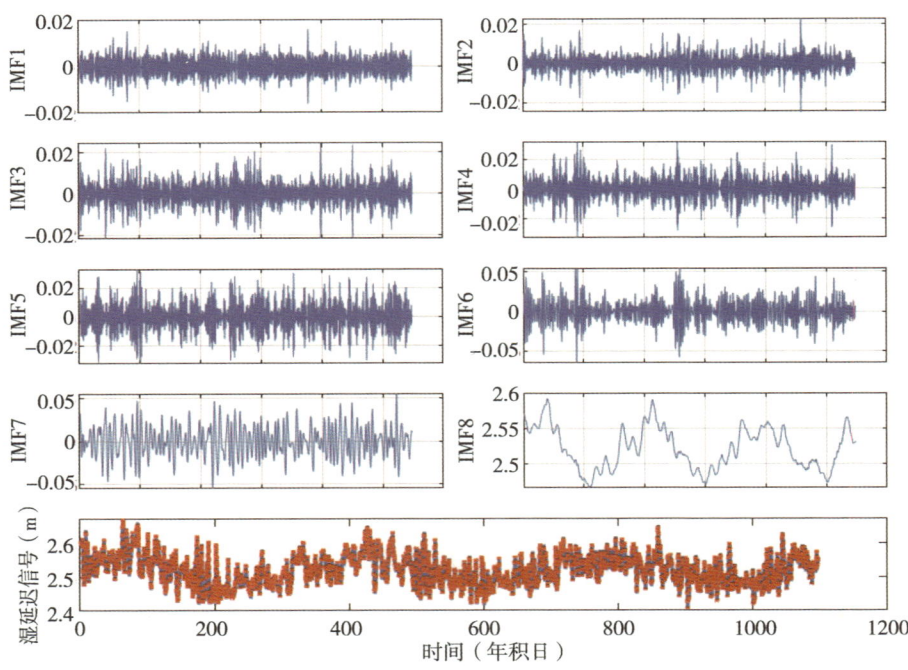

图 4-6　VMD 对流层延迟模态分解图(-22.5°, 232.5°)

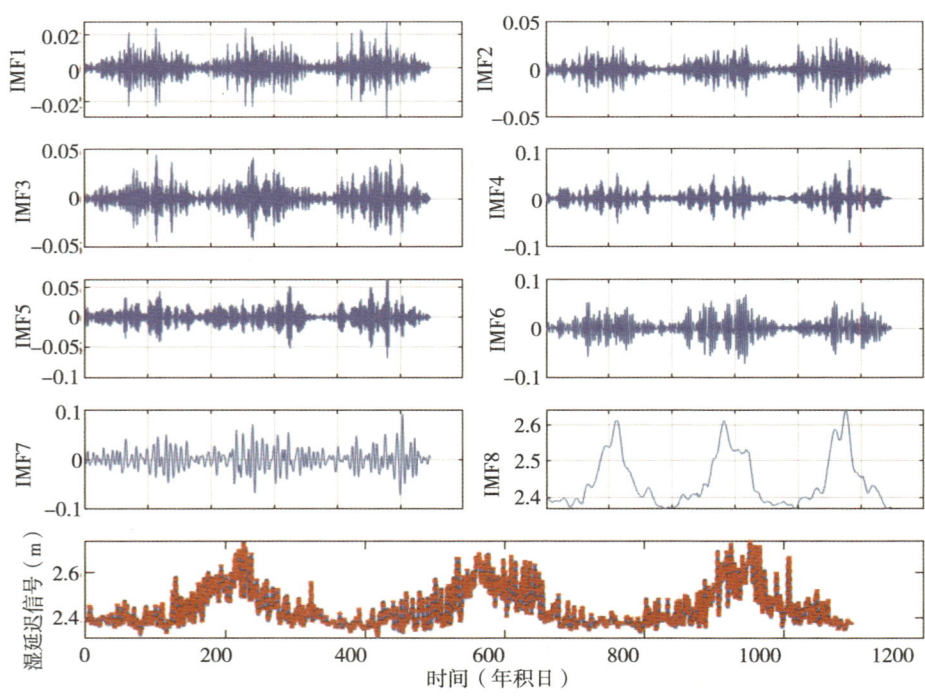

图 4-7　VMD 对流层延迟模态分解图(37.5°, 117.5°)

4.3 模型构建

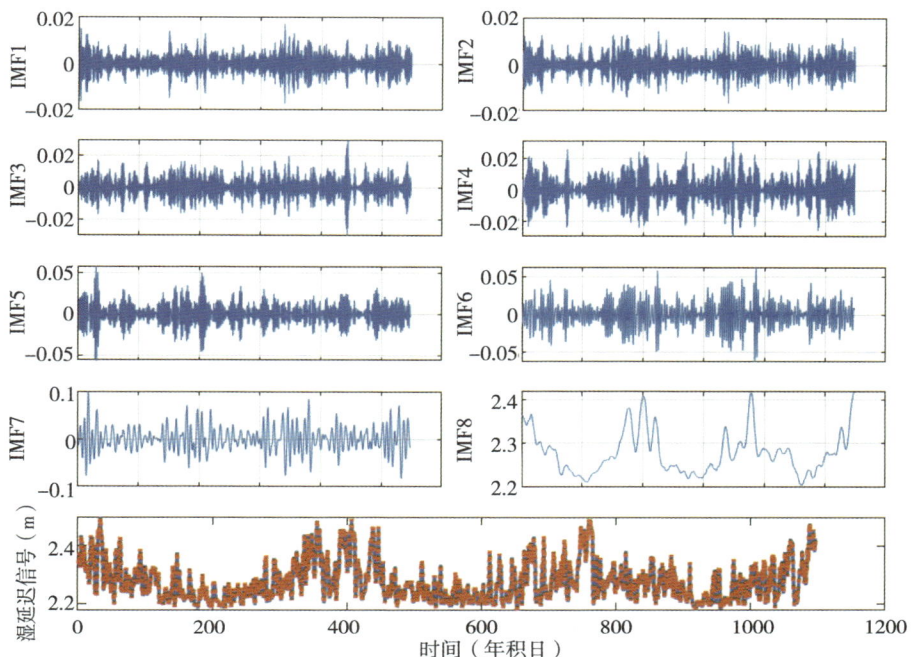

图 4-8　VMD 对流层延迟模态分解图(-22.5°, 132.5°)

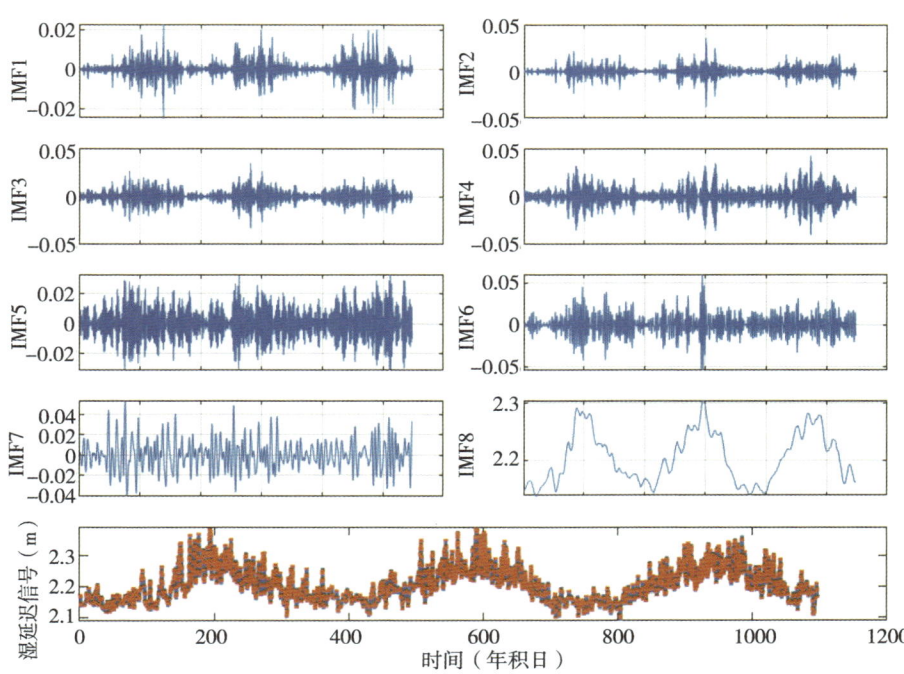

图 4-9　VMD 对流层延迟模态分解图(52.5°, 292.5°)

4.4 参数优化

VMD 对流层延迟信号模态分解算法参数如表 4-2 所示。

表 4-2　　　　　　　　　　　　　　**VMD 中的参数表**

参 数 名 称	参　　数	初　始　值
频带宽度约束	α	1300
容忍噪声（没有严格的保真度要求）	tau	0
模态数	K	8
不强制直流分量	DC	0
均匀初始化角频率	init	1
容忍度	tol	10^{-7}

将对流层延迟本征模态信号中起关键作用的分量构建长短期记忆神经网络 LSTM 进行建模，具体参数如表 4-3 所示。

表 4-3　　　　　　　　　　　　　　**LSTM 参数表**

参 数 名 称	参　　数	初　始　值
隐藏层个数	M	256
激活函数	sigmoid	—
损失函数	MSE（mean square error）	—
优化器	Optimizer	Adam 自适应矩估计
训练的轮数，即遍历整个训练数据的次数	epochs	18
每批次训练的样本数	batch_size	64
用于在训练过程中划分一部分数据作为验证集	validation_split	0.2，训练数据的 20% 作为验证集
是否在每个 epoch 之前随机打乱训练数据	shuffle	False

分别对 VMD 分解后的本征模态信号构建 LSTM 模型，分析各信号的收敛情况与训练耗时。模型训练过程中，神经网络需要学习对流层延迟的主要时序变化规律，并不需要拟合所有的样本点，否则会出现过拟合现象。本章通过研究训练集的损失值 LOSS 与测试值的损失 VAL_LOSS 随训练时间与迭代次数的走势关系图，评估模型的训练效果。VMD 各分量的建模与 LOSS 对比如图 4-10 所示。

训练集的损失值 LOSS 与测试集的损失值 VAL_LOSS 不断下降，在 8 时趋于稳定，误

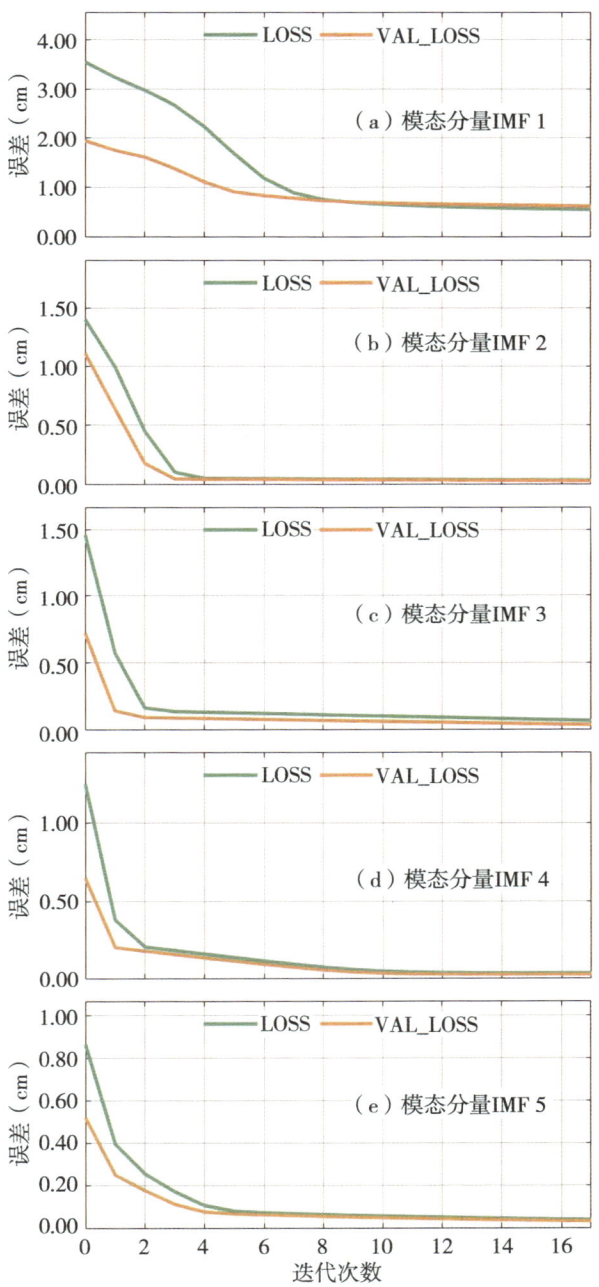

图 4-10　IMF1 本征模态分量训练集损失与测试集损失下降对比

差达到 0.7cm 左右，说明针对 IMF1 本征模态分量这种参数设置下训练模型效果是最优的。对流层延迟各模态分量作为 LSTM 训练样本，及对应的拟合效果如图 4-11 所示。

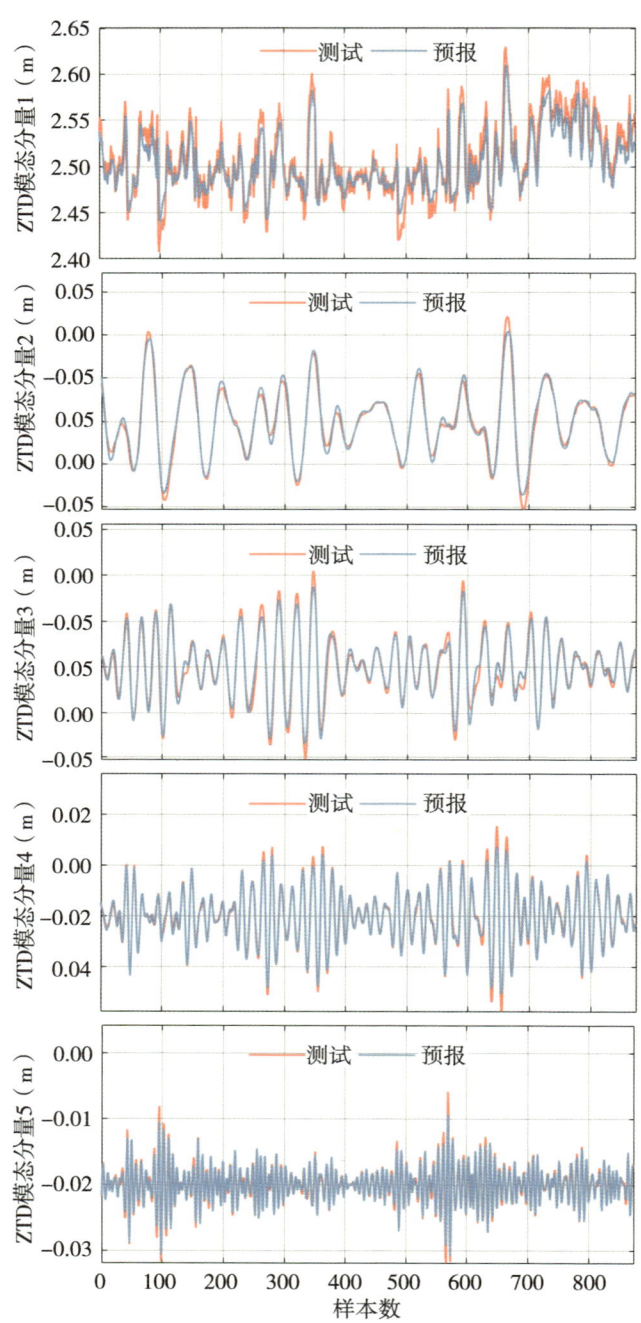

图 4-11　对流层延迟各模态分量及 LSTM 拟合时间序列趋势对比图

从图 4-11 中可以看出，IMF 各对流层延迟模态分量所占的比重是不同的，结果表明，IMF1 分量对对流层延迟起主导作用，在后续建模中可以通过各模态分量的振幅来确定要参与建模的分量，并进行定权。在本章构建的模型中，选取 5 个模态分量即 N 为 5，定权方案按照每个模态分量的均值在整个原始对流层延迟序列均值中所占的比重进行定权。

4.5 模型精度验证

根据以下公式计算各模态分量训练集损失与测试集损失 LOSS 精度和对应 LSTM 拟合精度指标。

$$\text{Bias} = \frac{1}{N} \sum_{i=1}^{N} (\text{ZTD}_i^{\text{pre}} - \text{ZTD}_i^{\text{obs}}) \tag{4-7}$$

$$\text{MAE} = \frac{1}{n} \sum_{i=1}^{N} |\text{ZTD}_i^{\text{pre}} - \text{ZTD}_i^{\text{obs}}| \tag{4-8}$$

$$\text{STD} = \sqrt{\frac{1}{N} \sum_{i=1}^{N} (\text{ZTD}_i^{\text{pre}} - \text{ZTD}_i^{\text{obs}} - \text{Bias})^2} \tag{4-9}$$

$$\text{RMSE} = \sqrt{\frac{1}{N} \sum_{i=1}^{N} (\text{ZTD}_i^{\text{pre}} - \text{ZTD}_i^{\text{obs}})^2} \tag{4-10}$$

$$R = \frac{\sum_{i=1}^{N} (\text{ZTD}_i^{\text{pre}} - \overline{\text{ZTD}_i^{\text{pre}}})(\text{ZTD}_i^{\text{obs}} - \overline{\text{ZTD}_i^{\text{obs}}})}{\sqrt{\sum_{i=1}^{N} (\text{ZTD}_i^{\text{pre}} - \overline{\text{ZTD}_i^{\text{pre}}})^2 \sum_{i=1}^{N} (\text{ZTD}_i^{\text{obs}} - \overline{\text{ZTD}_i^{\text{obs}}})^2}} \tag{4-11}$$

5 项本征模态分量及各分量对应的训练集与测试集损失精度指标和 LSTM 拟合精度指标如表 4-4 所示。

表 4-4　　　　　　　　对流层延迟模态分量精度指标统计表

本征模态分量	LOSS 与 VAL_LOSS 精度				LSTM 拟合 ZTD 精度			
	Bias	STD	RMSE	R^2	Bias	STD	RMSE	R^2
IMF 1	0.05	2.53	2.85	0.97	0.01	2.68	2.91	0.96
IMF 2	0.01	2.72	2.77	0.98	-0.02	2.69	2.83	0.98
IMF 3	-0.10	2.37	2.41	0.96	-0.05	2.80	2.77	0.98
IMF 4	-0.12	2.62	2.59	0.98	0.03	1.99	2.40	0.98
IMF 5	0.00	2.38	2.38	0.97	0.02	2.04	2.31	0.99

结果表明，各本征模态分量精度符合预期，拟合优度 R^2 均在 0.96 以上，RMSE 在 3cm 以内，精度结果符合正态分布，说明 VMD 分解方法是有效的。

如将对流层延迟时间序列按照 VMD 算法分解后的本征模态分量再根据 LSTM 建模，将其加权组合恢复对流层延迟后的精度与单一 LSTM 算法在东半球、西半球、南半球和北半球 4 个特征测站的精度统计如表 4-5 所示。

表 4-5　　**VMD-LSTM 精度统计表**

测站	精度指标	Saast	Hopfield	GPT2	IGS	LSTM	VMD-LSTM
BJFS	Bias	2.95	3.05	-0.21	2.05	-0.08	-0.01
	STD	3.42	3.19	2.19	2.16	2.04	1.92
	RMSE	2.99	3.79	2.90	3.14	2.04	1.92
ALIC	Bias	-4.25	-0.06	0.09	2.75	-0.01	0.00
	STD	2.03	2.69	3.32	2.83	1.87	1.43
	RMSE	3.38	3.76	3.21	3.09	1.89	1.43
PRDS	Bias	-1.12	1.16	0.11	-2.82	0.01	0.00
	STD	3.6	3.59	2.10	2.73	1.08	0.82
	RMSE	3.77	3.77	2.10	4.31	1.12	0.82
SPTU	Bias	-2.58	-2.67	-0.28	3.17	-0.03	-0.01
	STD	3.26	3.90	1.6	2.14	1.07	0.90
	RMSE	2.65	2.72	1.62	1.33	1.15	0.90

如图 4-12 所示，对比 GPT2、IGS、LSTM、VMD-LSTM 不同模型对流层延迟全球平均精度指标 STD、RMSE、MAE 和 R。

统计结果表明，VMD-LSTM 对流层延迟预报模型精度相比于其他模型显著提升，与经典单一 LSTM 模型相比，精度（以 RMSE 计）提升了 23.5%。其他各项精度指标均显著提升，几种对流层延迟模型的时间序列变化趋势如图 4-13 所示。

实验结果表明，VMD-LSTM 对流层延迟时间序列变化趋势与测试 VMF-ZTD 拟合效果最佳，在北半球呈正弦变化趋势，在南半球呈余弦变化趋势。说明本章构建的模态分解算法结合长短期记忆神经网络算法预报对流层延迟在全球范围内是有效的。

4.5.1　全球精度空间分布

LSTM-ZTD 模型的数值准确性结果显示出最小偏差，均方根误差（RMSE）最小值为 0.256cm，最大值 3.076cm，平均值为 1.435cm。图 4-14 展示了 RMSE 的全球分布情况，与海洋地区相比，该模型在陆地地区表现出更高的准确性。值得注意的是，该模型在南极、北极以及青藏高原地区表现出异常的准确性。南北极地区准确性高的原因可以归因于对流层的不活跃性，而青藏高原地区的卓越性能主要受到海拔和降水等因素的影响。

统计分析显示，不同地区的准确性存在差异。具体而言，在南极、北极和青藏高原地区，准确性分别在 0.25~0.32cm、0.4~1.1cm 和 0.419~1.614cm 范围变化。然而，在北大西洋、南大西洋和北太平洋地区，准确性较低，范围为 2~3cm。类似地，在 37°S~42°S纬度区间，准确性也相对较差，均方根误差超过 2cm。值得注意的是，与东南部相比，南美洲西部显示出更高的准确性，分别约为 0.9cm 和 2.3cm。

美国西部地区的准确性优于东部地区，分别约为 1.5cm 和 2.3cm。北太平洋和北大西

4.5 模型精度验证

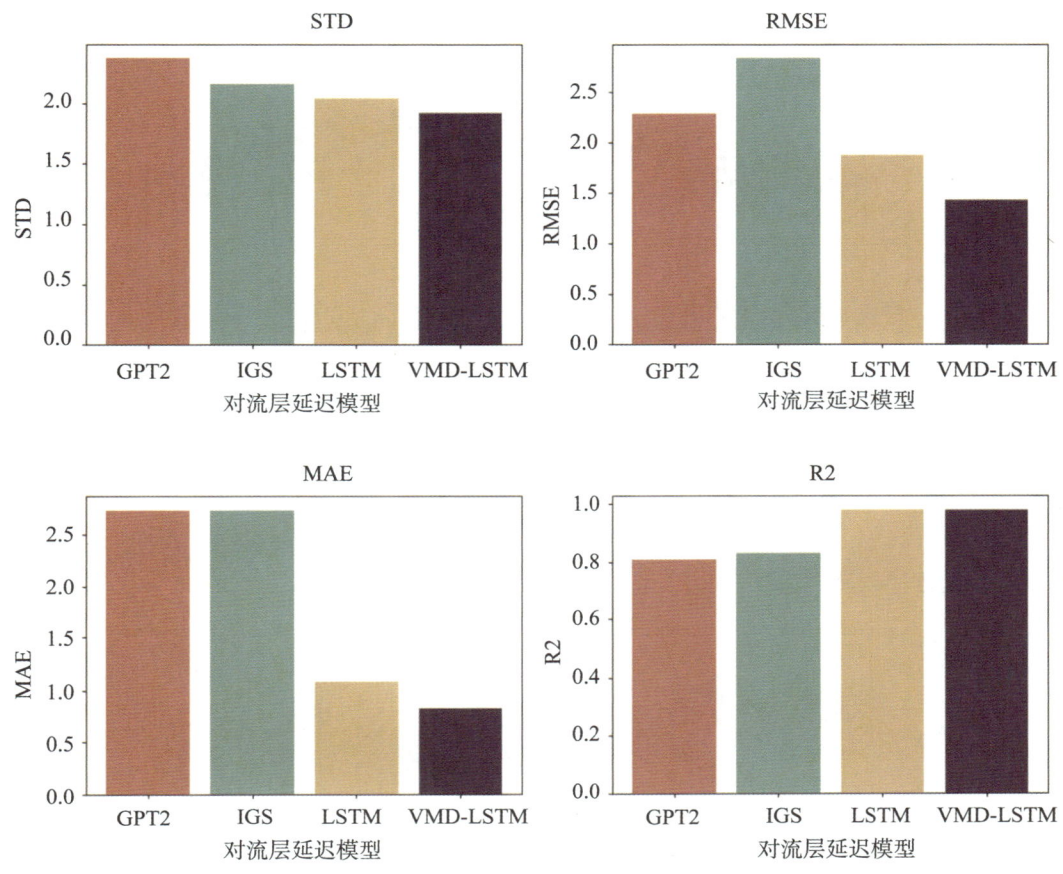

图 4-12 对流层延迟精度对比图

洋海域显示出最高的均方根误差值,超过 3cm,而南极(82.5°S,92.5°E)观测到最低的均方根误差值为 0.26cm。总体而言,在预测准确性方面,LSTM-ZTD 模型始终表现出色,从而验证了建模方法的合理性。

4.5.2 精度的季节变化分析

GGOS 发布的 VMF 对流层延迟时间序列变化和空间分布特征表明,ZTD(天顶总延迟)存在明显的年和半年周期变化,并与纬度相关(Dousa et al., 2015; Rohm et al., 2011)。本章主要研究不同季节的 ZTD 值,即春季(北半球 3—5 月,南半球 9—11 月)、夏季(北半球 6—8 月,南半球 12—次年 2 月)、秋季(南半球 9—11 月,北半球 3—5 月)、冬季(北半球 12—次年 2 月,南半球 6—8 月)。表 4-6 提供了每个季节全球最小、最大和平均均方根误差(RMSE)值的详细信息。平均 RMSE 值分别为春季 1.425cm、夏季 1.467cm、秋季 1.560cm 和冬季 1.364cm。

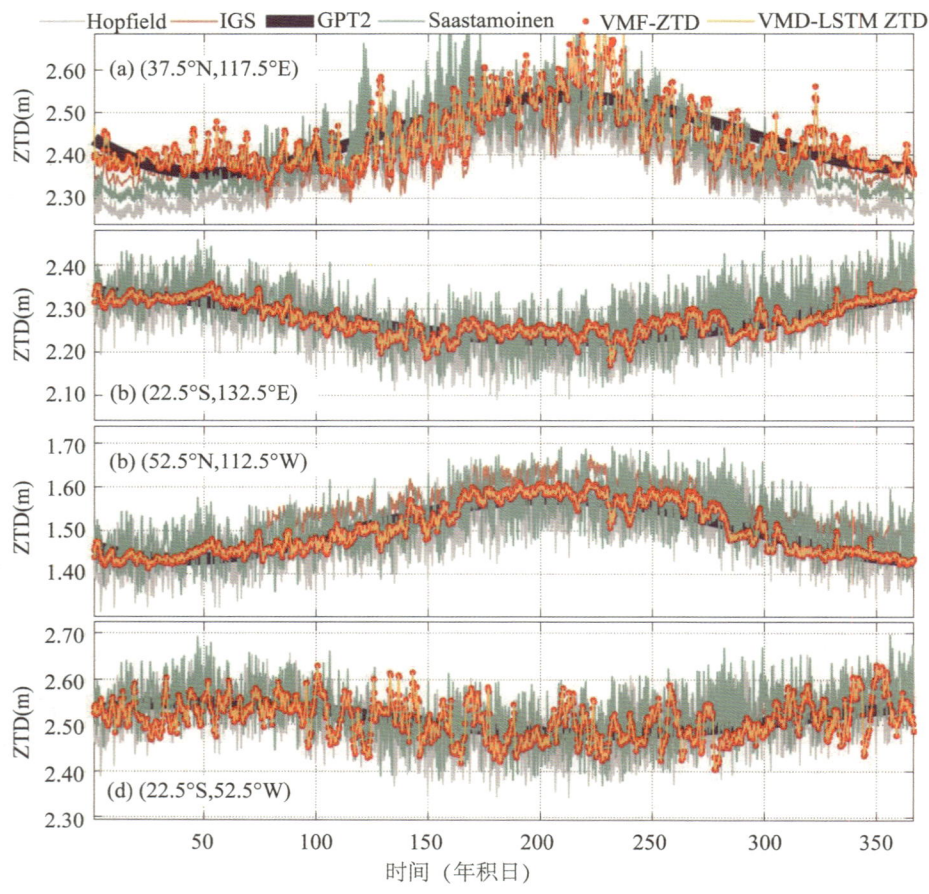

图 4-13　VMF-ZTD 精度对比图

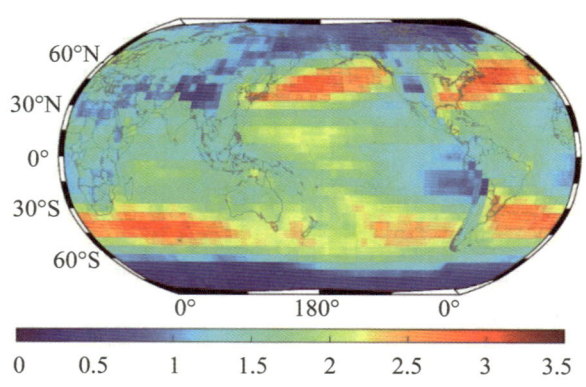

图 4-14　VMD-LSTM 对流层延迟全球精度分布图

4.5 模型精度验证

表 4-6　　　　　　　　　　VMD-LSTM 模型精度季节变化统计表

时　　间	RMSE(cm)	
	平均值	[最小值,最大值]
春季(北半球:3—5月;南半球:9—11月)	1.425	[0.237, 3.266]
夏季(北半球:6—8月;南半球:12—次年2月)	1.467	[0.277, 3.145]
秋季(北半球:9—11月;南半球:3—5月)	1.560	[0.279, 3.704]
冬季(北半球12—2月;南半球:6—8月)	1.364	[0.147, 3.547]

如表 4-7 所示,模型在春季和冬季的准确性优于夏季和秋季。图 4-15 展示了 LSTM-ZTD 模型在春季、夏季、秋季和冬季的均方根误差分布情况。可见,冬季的陆地区域的均方根误差明显优于其他三个季节,北太平洋和北大西洋地区秋季的准确性不如春季、夏季和冬季,南美洲西部秋季的准确性优于春季、夏季和冬季。在 37°S~42°S 的纬度区间,春季和冬季的均方根误差分布较小,而夏季和秋季较大,夏季在该纬度区间的准确性最差,为 2.8~3.7cm。

表 4-7　　　　　　　　　　两极地区精度季节变化统计表

季节和地区	ZTD 平均值 [最小值,最大值](m)	VMD-LSTM ZTD 平均精度 [最小值,最大值](cm)
夏秋季节,北极	2.373 [2.295, 2.502]	1.084 [1.051, 1.120]
春冬季节,北极	2.316 [2.235, 2.432]	0.589 [0.546, 0.627]
夏秋季节,南极	1.595 [1.546, 1.634]	0.356 [0.343, 0.361]
春冬季节,南极	1.588 [1.552, 1.632]	0.298 [0.271, 0.328]

4.5.3　精度随纬度的变化情况分析

图 4-16 显示了不同纬度处平均 RMSE 值的变化情况,表明 LSTM-ZTD 模型在北半球和南半球的所有季节均呈对称分布的 RMSE 值。在低纬度地区,RMSE 值约为 1.5cm。然而,在 22°纬度以外,准确性逐渐下降,然后在 42°N 和 42°S 以外的纬度逐渐提高。值得注意的是,该模型在表现出双极效应的地区性能较为优异,其中南极的准确性优于北极,两者的差异在 0.5cm 以内,范围为 0.5~1.3cm。

在中纬度地区,42°S 处该模型的准确性最低。春季、夏季、秋季和冬季的 RMSE 值分别为 2.2cm、2.7cm、2.5cm 和 2.1cm。在南极、赤道地区和低纬度地区,均方根误差(RMSE)在四个季节间表现出轻微波动。具体而言,在 22°S~62°S 和 37°N~62°N 的纬度范围内,该模型在春季和冬季的准确性超过了夏季和秋季。在夏季,RMSE 随着纬度从 37°N 到北极增加,于 47°N 处达到最大值 2.3cm;相反,在冬季,RMSE 值相对较小,于 87°N 处观察到最小值为 0.53cm。

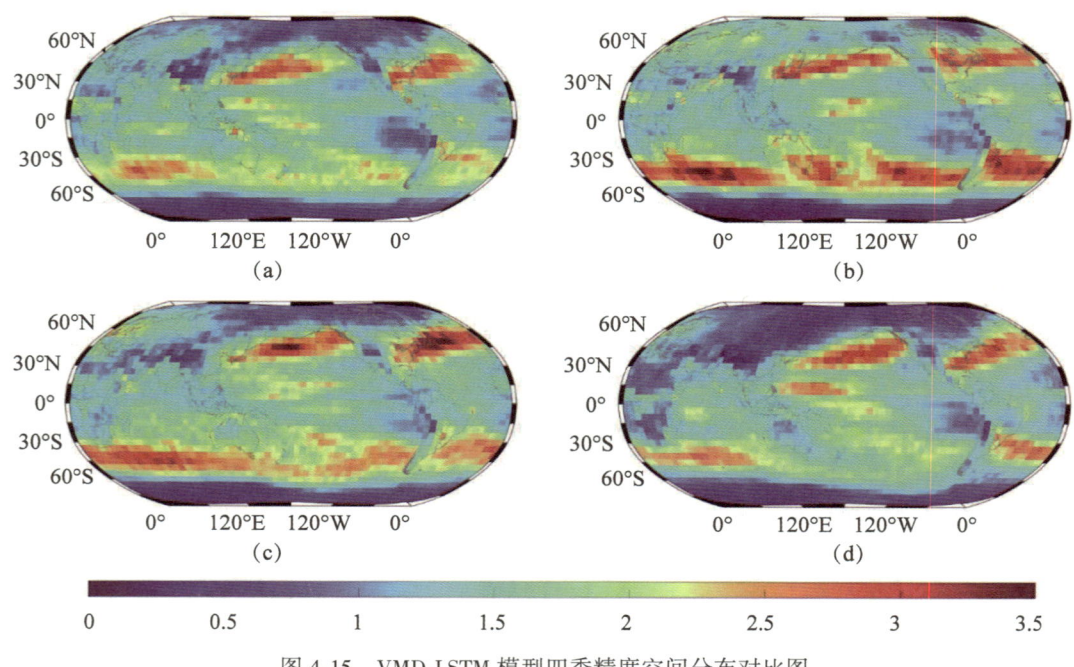

图 4-15　VMD-LSTM 模型四季精度空间分布对比图

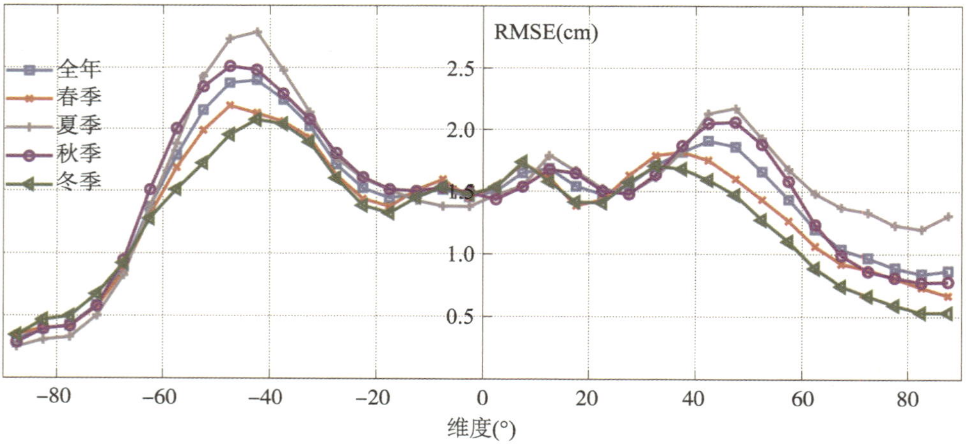

图 4-16　VMD-LSTM 模型精度随纬度变化情况

4.5.4　极地和青藏高原地区精度分析

青藏高原从北纬 26°00′12″到 39°46′50″，东经 73°18′52″到 104°46′59″延伸区域内，测试数据涵盖了 18 个网格点，海拔在 3000~5000m 之间变化，且整个高原的平均海拔超过 4000m。平均年天顶总延迟（ZTD）测量值为 1.787cm，最大值和最小值分别为 1.913cm 和

1.507cm。此外，平均 RMSE 计算值为 0.824cm，最小值和最大值分别为 0.419cm 和 1.614cm。这表明，所提出的模型在高原地区表现出较高的准确性。

由于地球绕倾斜的轴线旋转，北极和南极发生极昼和极夜现象。在南极洲，极昼和极夜分别发生在寒季和暖季；北半球的季节变化与南半球相反。北极夏季和秋季的平均天顶总延迟（ZTD）测量值为 2.37cm，最大值和最小值分别为 2.50cm 和 2.30cm。同时，北极春季和冬季的平均 ZTD 为 2.32cm，最大值和最小值分别为 2.24cm 和 2.43cm。值得注意的是，极昼期间的 ZTD 要大于极夜期间的 ZTD。南极洲的 ZTD 受极昼和极夜的影响较小，LSTM-ZTD 模型的准确性呈现类似的趋势。

综上所述，LSTM-ZTD 模型在 2020 年展现出 1.435cm 的平均均方根误差（RMSE）值。其中，春季、夏季、秋季和冬季的平均 RMSE 值分别为 1.43cm、1.47cm、1.56cm 和 1.36cm。值得注意的是，与低纬度和中纬度相比，LSTM-ZTD 模型在北极和南极的预测准确性明显更高，尤其是对于青藏高原而言。此外，RMSE 值的分布在北半球和南半球之间呈对称关系。

北极和南极相对稳定的气候条件导致天顶总延迟（ZTD）出现轻微周期性波动，预测准确性较高。然而，对于纬度范围在 37°S~42°S 的预测准确性较差，存在大约 4cm 的偏差。这表明，LSTM-ZTD 模型无法完全捕捉到该纬度范围内发生的复杂变化。这些局限可能源于该地区复杂的地形和动态气候变化。需要进一步研究，以探索这些局限背后的具体原因。

◎ 本章小结

本章针对变分模态分解对流层延迟本征模态信号，结合 LSTM 神经网络算法，构建了 VMD-LSTM 全球对流层延迟一张网大模型，研究结果表明，全球平均精度为 1.5cm，显著优于同类模型。对比分析了精度在随时空位置的变化特征，结果表明，春季冬季精度优于夏季秋季，精度在南北半球呈对称分布。

在本章的研究中，研究者通过将 ZTD（天顶总延迟）信号的分解与 LSTM（长短期记忆）神经网络相结合，开发了一种 ZTD 预测模型。通过这种方法，确定了从大气成分周期信号分解获得的残差项中的一个独特模式，这是传统物理模型无法识别的。利用增强的 LSTM 神经网络，能够有效地捕捉和分析这种模式。本章提出的方法，在全球范围内，准确性较先前相关的研究取得了显著改进，成功地克服了全球范围网络整合所面临的挑战。

然而，值得注意的是，训练数据集规模不足会影响神经网络学习这些特定模式的能力，从而降低准确性。此外，模型在训练时间效率方面还有改进空间。作为未来工作的一部分，我们将优先考虑优化训练时间，以进一步提升模型的整体性能。

第 5 章　基于 POA-CNN-LSTM 算法的 ZWD 预报模型

5.1　引言

对流层湿延迟是指北斗信号穿过大气过程中，由于水汽含量分布不均导致的传播延迟现象。湿延迟会影响卫星导航系统、雷达测量、遥感技术等领域的精确性和可靠性。对流层湿延迟的形成受多种因素影响，包括大气中水汽分布的时空变化、大气压力和温度等。目前的研究结合大气物理学和微波传播理论，努力揭示对流层湿延迟形成的机理，为后续的建模和校正提供理论基础。

对流层湿延迟具有时空不确定性，相关研究人员进行了大量实地观测和数值模拟工作，以揭示地球自转、地形高度、季节变化等因素对对流层湿延迟的影响规律。这些工作为对流层湿延迟的定量描述和预测提供了重要参考。对流层湿延迟时空变化特征复杂，测量方法包括全球定位系统、干涉式雷达和大气探测技术等(Anantrasirichai et al., 2019)。这类方法在不同领域得到了广泛应用，为对流层湿延迟的准确观测提供了关键技术支持。

大气物理学和微波传播理论相结合，可揭示对流层湿延迟形成的机理，为后续的建模和校正提供理论基础。通过实地观测和数值模拟，可揭示地球自转、地形高度、季节变化等因素对对流层湿延迟的影响规律，为对流层湿延迟的定量描述和预测提供重要参考。

对流层湿延迟的校正方法主要有建模和校正技术，包括基于大气模型的误差修正、数据同化技术、多路径效应的处理等，这些技术为提高卫星导航系统的精度和可靠性提供了重要支持。对流层湿延迟的研究有助于深化对大气物理过程和微波传播机制的认识，为气象学、气候学、环境科学等学科的发展提供重要的理论支持，对精密测量、卫星导航系统和遥感技术等领域具有重要的应用价值。对对流层湿延迟准确建模和校正，可以提高卫星导航系统的精度和可靠性，促进精密农业、航空航海等行业的发展。

卷积神经网络(Convolutional neural network，CNN)近年来在图像识别、语音识别和自然语言处理等领域取得了显著的成就，然而，在地球科学领域，特别是在对流层湿延迟方面，CNN 的应用还比较有限。近年来，随着卷积神经网络在图像处理和信号处理领域的成功应用，一些学者开始探索将 CNN 应用于对流层湿延迟的研究。利用 CNN 对大气遥感数据进行处理，提取对流层湿延迟所需的特征信息，如大气湿度场、温度场等，为对流层湿延迟的分析提供了新的思路和方法。基于历史观测数据和气象模型输出，利用 CNN 进行对流层湿延迟的模式识别和预测，为对流层湿延迟的时空变化提供了新的预测手段。借助 CNN 强大的特征学习能力，对对流层湿延迟的误差进行校正，提高了卫星导航系统和遥感技术中对流层湿延迟数据的精度和可靠性。

  针对对流层湿延迟数据的特点，我们进一步优化 CNN 模型的结构和参数，提高对流层湿延迟数据的处理能力和学习效果。将卫星遥感数据、气象观测数据等多模态数据与对流层湿延迟数据进行融合，利用 CNN 进行多源数据的联合处理和特征学习，提高对流层湿延迟研究的综合能力。结合深度学习领域的前沿技术，如生成对抗网络（GAN）、迁移学习等，探索新的对流层湿延迟数据处理方法和模型应用，推动对流层湿延迟研究的创新与进步。

  长短期记忆 LSTM 神经网络是循环神经网络 RNN 的一个变种，其贯穿始终的记忆细胞能够捕捉长期依赖关系，在长时序数据处理中应用广泛。在气象学领域，研究人员开始探索如何利用 LSTM 神经网络来预测和模拟大气现象，其中之一就是对流层湿延迟的研究。

  通过对历史气象数据和地面观测数据进行训练，可建立针对不同地区和时间尺度的湿延迟预测模型，这些模型可以帮助预测未来的湿延迟情况，为卫星通信和导航系统提供更精确的辅助信息。此外，一些研究还尝试结合多元时间序列数据和地球物理学知识，以提高 LSTM 神经网络在对流层湿延迟预测中的表现。已有研究探索不同输入特征的组合方式，优化神经网络结构，进一步提升模型预测的准确性和稳定性。LSTM 神经网络在对流层湿延迟研究中展现出了巨大潜力，为改善气象预测和相关应用领域带来了新的机遇。随着技术的不断进步和数据的不断丰富，未来会有更多关于 LSTM 神经网络在对流层湿延迟方面的深入研究和应用实践。

  研究者利用 LSTM 网络结构的优势，对历史气象观测数据进行建模和预测，以实现对流层湿延迟准确估计。在对流层湿延迟的研究中，一个关键挑战是如何充分利用多源数据信息，包括气象观测数据、卫星遥感数据等，来提高预测模型的精度和可靠性。研究者尝试将不同时间尺度的数据输入到 LSTM 网络中，探索最佳的特征组合方式，以获得更准确的湿延迟预测结果。针对对流层湿延迟的时空变化特点，相关研究者还在模型设计中引入了多任务学习、注意力机制等技术，以提高 LSTM 网络在对流层湿延迟预测中的表现。这些方法的引入，使得模型能够更好地捕捉不同时间尺度下的湿延迟变化规律，从而提高预测精度。随着气象数据量的增加和计算资源的提升，研究者还致力于优化 LSTM 网络的结构，提高其训练和推断效率，以更好地适应大规模数据处理和实时预测需求。

  鹈鹕算法是一种新兴的优化算法，灵感来源于鹈鹕在觅食时的行为。该算法模拟了鹈鹕的觅食策略，通过个体间的协同合作和信息共享来寻找最优解。在机器学习领域，鹈鹕算法被广泛用于优化超参数，以提高模型性能和泛化能力。

  优化超参数是调整模型内部参数以获得最佳性能的重要过程，它直接影响到模型的准确性和效率。传统的超参数优化方法，如网格搜索和随机搜索，存在着计算量大、效率低的缺点，而鹈鹕算法则能够通过集体智慧和自适应调整来更有效地搜索超参数空间。相关研究人员对鹈鹕算法的搜索策略进行改进，提出了不同的觅食策略和信息传递机制，以增强算法的全局搜索能力和收敛速度。这些改进使得鹈鹕算法在超参数优化中更容易发现全局最优解。研究者将鹈鹕算法与多目标优化方法相结合，实现了在多个性能指标之间进行平衡和权衡的能力。这种方法在处理复杂的超参数优化问题时表现出很好的效果。为加速超参数搜索过程，研究者将鹈鹕算法与并行化计算和分布式计算相结合，利用多个计算节点同时搜索超参数空间，提高了搜索效率和速度。

鹈鹕算法引入自适应参数调整机制，根据搜索过程中的反馈信息自动调整算法参数，提升算法的鲁棒性和适应性。鹈鹕算法还被应用到其他领域的超参数优化中，如深度学习、神经网络结构设计等，已取得了一些令人满意的结果。

基于 LSTM 神经网络的对流层湿延迟研究正处于快速发展阶段，不断涌现出新的方法和技术。这些研究为气象学领域的发展和应用带来了新的机遇和挑战，同时也为提高气象预测和相关领域的技术水平提供了重要支持。随着技术的不断进步和研究的深入，LSTM 在对流层湿延迟预测方面的应用前景将更加广阔。

LSTM 算法中存在过拟合与训练慢的现象，而卷积回归算法中的超参数又需要手动调整或者预先设置，因此需要构建一种融合多种算法优势的集成算法，将 CNN 引入对流层湿延迟信号捕获中，共享 ZWD 时间序列的局部连接矩阵和权值矩阵，模拟鹈鹕觅食时，根据食物（最优超参数）的位置和数量调整自己（搜索过程）的飞行速度和方向，从而提高觅食效率。本章构建 POA 算法优化卷积中的超参数，然后将优化后的卷积与 LSTM 相结合，构建 POA-CNN-LSTM 集成对流层湿延迟预报模型。

5.2 研究区域与数据

GGOS 发布的全球 VMF 数据中包含了对流层干延迟和湿延迟，为进一步探索对流层延迟的时空变化规律，本章介绍干延迟和湿延迟在全球的变化特征，分析其随海拔、纬度的变化情况，通过 VMF 数据网站下载 1°×1° 的对流层延迟数据，其时间分辨率为 6 h，将按时间存放的格网数据整理成按每一个格网点存放的时间序列数据。

如图 5-1 所示，图（a）~（d）表示对流层总延迟，图（e）~（h）表示干延迟，图（i）~（l）表示湿延迟分别在 1 月 6 日 0 时、4 月 6 日 0 时、7 月 6 日 0 时和 10 月 6 日 0 时的全球分布对比图。

在图 5-1 中，每一行表示同一时刻总延迟（左侧）、干延迟（中间）、湿延迟（右侧）的空间分布对比图，从以上对比图中可以看出，对对流层延迟起主要作用的是湿延迟成分，干延迟在全球范围相对稳定，在青藏高原、巴西高原、南极高原等高海拔地区，对流层延迟数量级与干延迟保持一致，而对流层延迟在赤道及中低纬度附近变化活跃主要是由湿延迟引起的。

全球范围内，对流层延迟在不同位置下的时间序列变化趋势也非常复杂，图 5-2 为 2023 年全球范围内代表性格网点时间序列变化图。

图 5-2 中，每一列表示经度每隔 60° 取一个格网点（即 0.5°、60.5°、120.5°、180.5°、240.5°、300.5°），每一行表示从北极—赤道—南极取的格网点（即 80.5°N、60.5°N、30.5°N、5.5°N、20.5°S、40.5°S、70.5°S）。对流层延迟时间序列在北半球变化规律相较于南半球而言更加明显，北半球夏秋季节达到波峰，春冬季节达到波谷，南半球至南极表现出来的变化规律复杂多变，所以本章主要通过对湿延迟构建精化模型来进一步研究对流层总延迟的时空变化特征。

5.2 研究区域与数据

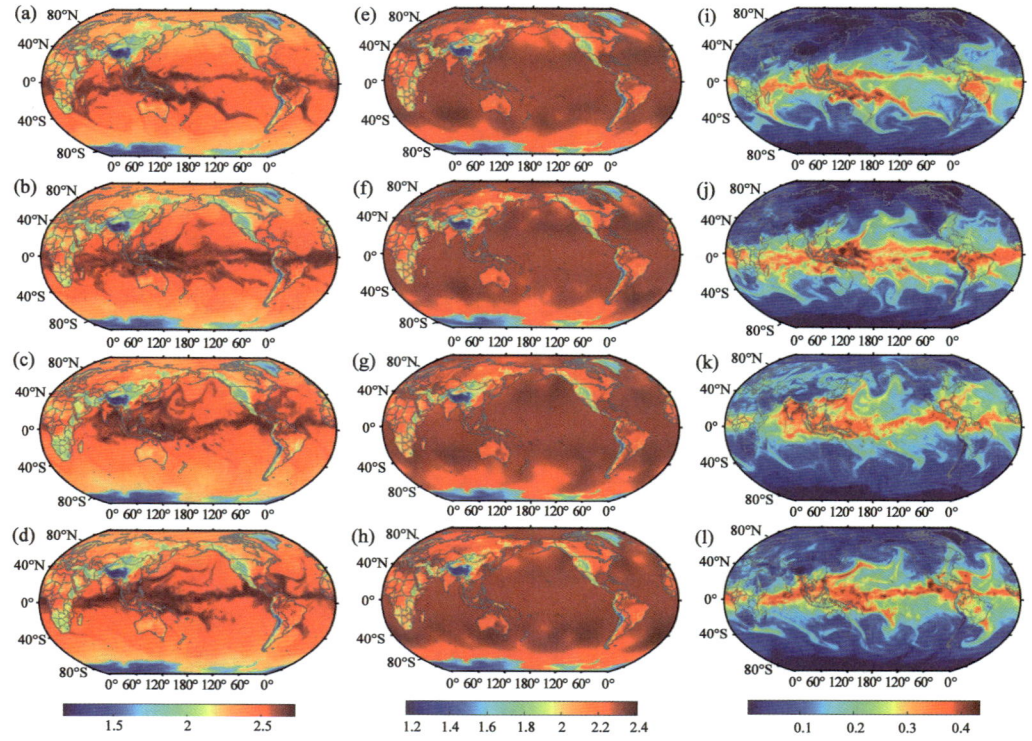

图 5-1 对流层总延迟、干延迟、湿延迟空间分布对比图

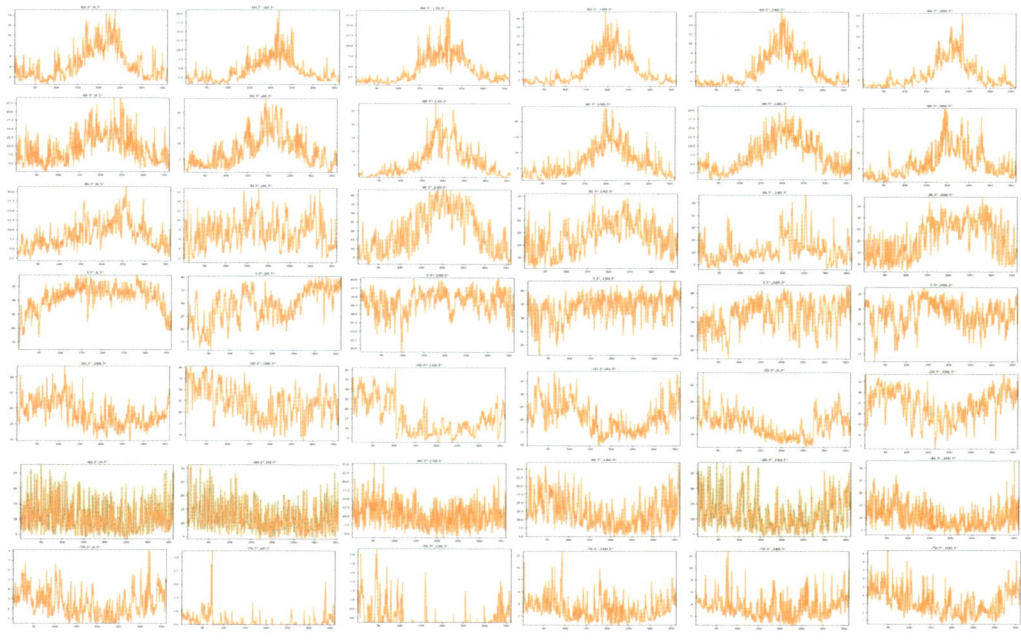

图 5-2 对流层湿延迟在全球不同空间范围内的时间序列变化趋势图

107

5.3 研究方法

由于全球 1°×1° 的对流层延迟数据量大，单一 LSTM 模型训练耗时，为了解决单一 LSTM 算法中过拟合与训练慢的现象，而卷积回归算法中的超参数又需要手动调整或者预先设置，期望构建一种融合多种算法优势的集成算法，将 CNN 引入对流层湿延迟信号捕获中，共享 ZWD 时间序列的局部连接矩阵和权值矩阵，模拟鹈鹕觅食时，根据食物（最优超参数）的位置和数量调整（搜索过程）飞行速度和方向，从而提高觅食效率。构建 POA 算法优化卷积中的超参数，然后将优化后的卷积与 LSTM 相结合，构建 POA-CNN-LSTM 集成对流层湿延迟预报模型。技术路线如图 5-3 所示。

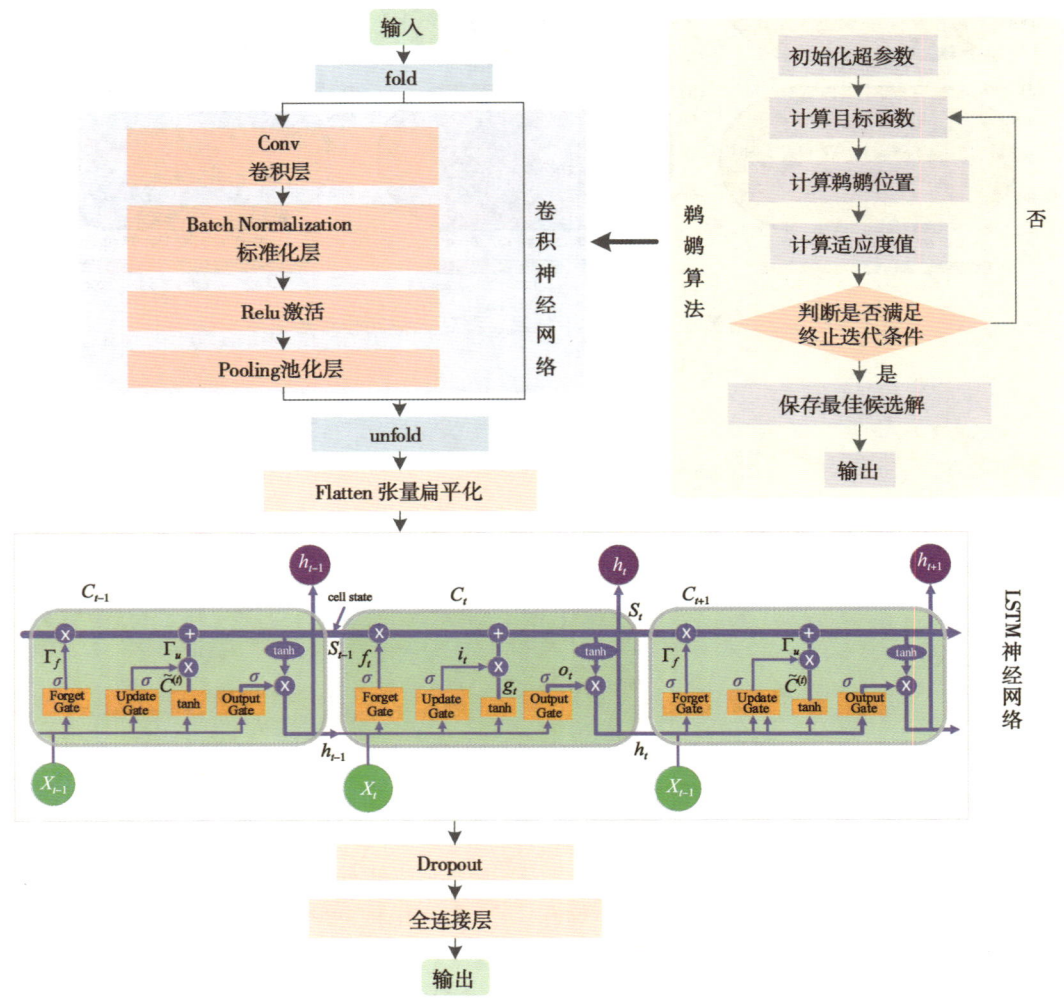

图 5-3 POA-CNN-LSTM 模型技术路线图

5.3.1 CNN 卷积神经网络

卷积神经网络（CNN）是一种深度学习模型，适用于图像识别、计算机视觉和时间序列回归等任务，可以通过局部连接矩阵共享权值矩阵。CNN 能够有效地提取数据中的局部特征，因此在图像识别、自然语言处理等领域取得了很好的效果。在 CNN 中，输入层负责接收输入数据，卷积层负责提取输入样本中的局部关键特征，通过池化层对卷积层的输出向量进行降维，全连接层负责将卷积层的输出映射到输出空间，输出层负责输出预测结果。

（1）卷积层（convolutional layer）：输入图像经过卷积操作，通过滤波器（过滤器）检测不同特征，生成特征图，并提取局部特征，保留空间结构信息。由多个卷积核提取不同特征，增加网络对图像特征的学习能力。每个卷积核分别对输入的图像信号进行卷积操作，生成特征图，通过多个卷积核可以提取多种特征。

（2）池化层（pooling layer）：池化操作可以有效降低输入图像的特征维度，进而实现降维操作，降低算法的时间复杂度。目前，常用的池化方法有最大池化（max pooling）和平均池化（average pooling）。经过池化操作，可以减少特征图的维度，有效保留关键特征信息。

（3）全连接层（fully connected layer）：卷积层和池化层用于提取图像特征，全连接层将这些特征映射到最终的输出类别。在全连接层后接激活函数，如 ReLU（rectified linear unit），引入非线性因素，帮助网络学习复杂的特征和模式。在卷积和池化层之后，通过全连接层将提取的特征映射到输出层，进行分类或回归等任务。

（4）Dropout 层：为了抑制算法在训练过程中出现过拟合现象，在全连接层之前设计 Dropout 层，通过混淆矩阵舍弃少数非特征神经元，保留关键特征提升模型的泛化能力。

（5）Softmax 层：多分类问题中，将 Softmax 设置在最后一层，可以把网络输出转换成类别的概率分布。

CNN 模型还可以通过调整卷积核大小、步长、填充等超参数以及堆叠多个卷积层和池化层等方式进行优化和扩展。同时，也可以采用预训练的卷积神经网络模型（如 VGG、ResNet、Inception 等）来进行迁移学习，以应对实际场景中更复杂的任务和数据集。

卷积神经网络可以共享对流层延迟中的局部连接矩阵，共享 ZTD 中的权值矩阵。但是，卷积神经网络中的超参数需要人为干预，手动调整，模型的性能与精度有待提升。为了解决卷积神经网络中存在的一系列问题，本章提出基于鹈鹕优化卷积神经网络结合长短周期记忆神经网络（POA-CNN-LSTM）的对流层延迟回归预测模型。

1. LeNet-5 卷积神经网络

经典的 LeNet-5 算法包含 7 层神经网络，包括输入层、3 个卷积层进行三次卷积、2 个池化层、1 个全连接层，其中，所有卷积层的所有卷积核均为 5×5，步长 Strid 为 1，池化方法为全局 Pooling，激活函数为 Sigmoid，网络结构如图 5-4 所示。

相比于传统的多层感知机模型，LeNet 超参数更少，可获得更好的训练结果，在 LeNet 中，通过 Maxpool 提取关键特征。

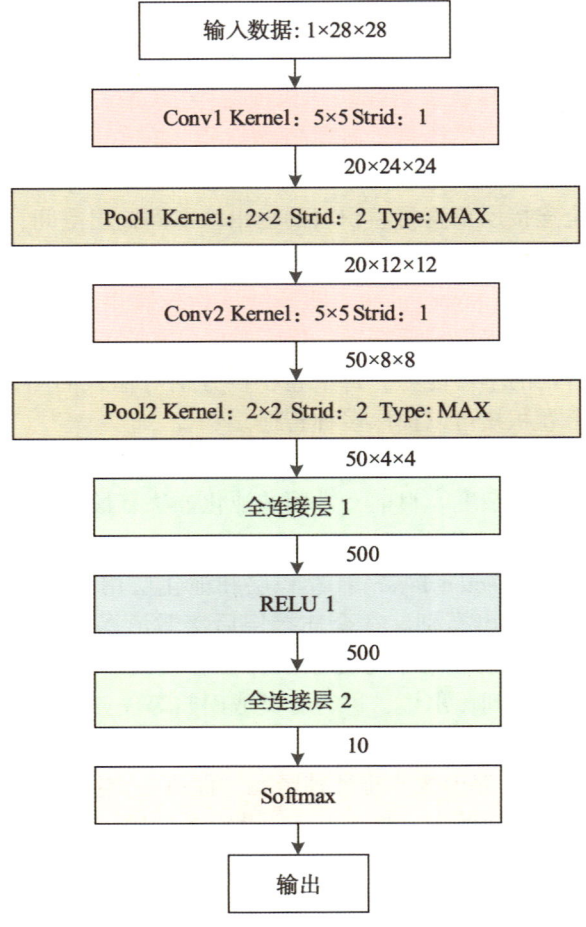

图 5-4 LeNet-5 卷积神经网络结构

2. AlexNet 卷积神经网络

Alexnet 模型中包含 5 个卷积层、3 个池化 Pooling 层和 3 个全连接层（图 5-5）。AlexNet 与 LeNet 卷积结构类似，在算法结构中设计了若干个卷积层和参数空间优化大规模数据集。该算法可以认为是浅层神经网络和深度神经网络的分界线。在 AlexNet 算法的卷积层后设计了 Relu 激活函数，有效解决了 Sigmoid 几何函数面临的梯度消失问题，加速了算法的收敛。构造 Dropout 层有选择性地舍弃了训练中偏离特征空间的单个神经元样本，解决了过拟合现象，使模型更具鲁棒性。在模型中对输入样本设计局部反馈归一化层（local response normalization，LRN），使模型在每次训练中损失函数输出的准确率更高。此外，在模型中设计了叠置的最大池化层（overlapping max pooling），解决了平均池化（average pooling）函数中存在的平均问题，保留了输入样本的关键特征信号。

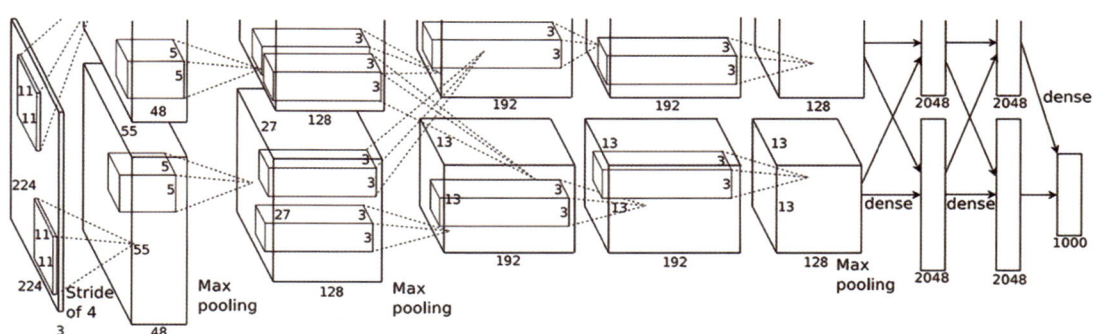

图 5-5 AlexNet 网络结构

3. 对流层延迟卷积优化算法

将 CNN 引入对流层湿延迟信号捕获中,共享 ZWD 时间序列的局部连接矩阵和权值矩阵,构建了如图 5-6 所示的面状对流层延迟卷积网络结构。

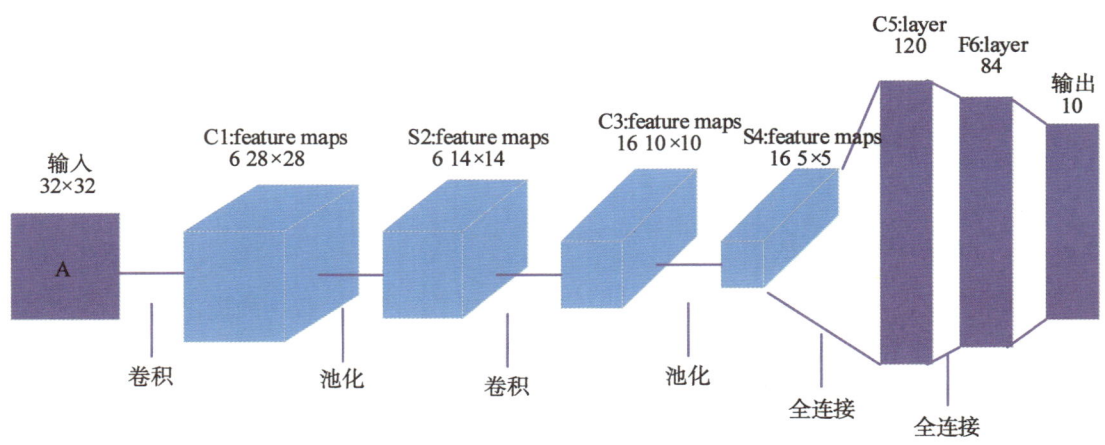

图 5-6 面状对流层延迟卷积神经网络结构

对输入的全球对流层湿延迟结合空间位置,以二维卷积窗口(32×32)进行特征提取,经过卷积—池化—卷积—池化—两层全连接后输出特征化的对流层湿延迟。具体训练过程如图 5-7 所示。

在卷积训练中包含了正向和反向传播过程,正向传播首先将预处理后的对流层湿延迟做特征标记,得到特征向量。进一步求出隐藏层的输出,对输出结果与测试结果按照均方误差 MSE 求取误差 e,通过误差 e 不断更新权值矩阵。进而构建卷积神经网络,然而卷积中的参数较多,通过构建鹈鹕算法优化卷积中的超参数。

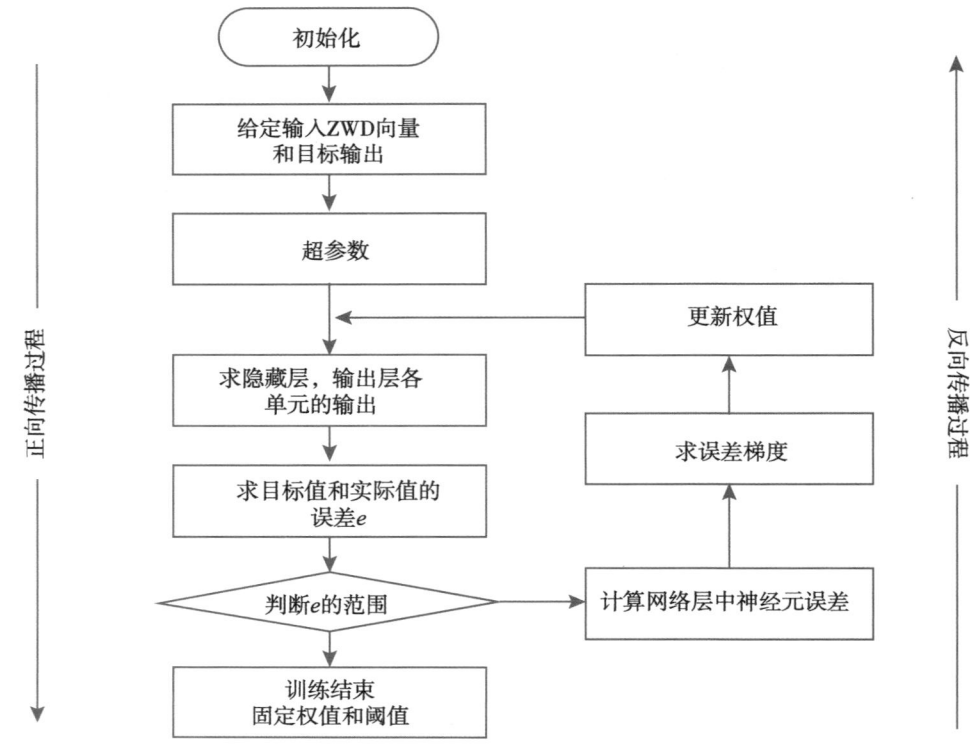

图 5-7 对流层湿延迟卷积训练过程

5.3.2 POA 鹈鹕算法

鹈鹕算法是一种新的随机自然启发优化算法,基于鸟类觅食行为的优化算法,模拟鹈鹕觅食时,根据食物的位置和数量调整自己的飞行速度和方向,从而提高觅食效率,其主要思想是模拟鹈鹕在狩猎过程中的自然行为。具体算法步骤(图 5-8)如下:

第一步:初始化鹈鹕种群;
第二步:计算每个鹈鹕的适应度值;
第三步:根据适应度值,选出最优的鹈鹕;
第四步:根据最优的鹈鹕,更新其他鹈鹕的位置;
第五步:重复上述步骤二~四,直到达到终止条件。

在鹈鹕算法中,可以通过模拟鹈鹕种群遇到攻击、觅食时的行动过程和处理策略,从而优化候选值。整个算法包括参数初始化、约束逼近入栈、搜索出栈三个阶段。

1. 初始化

鹈鹕算法初始化表达式如下:

$$x_{i,j} = l_j + \text{random}[0,1] \cdot (J_{\max} - J_{\min}) \tag{5-1}$$

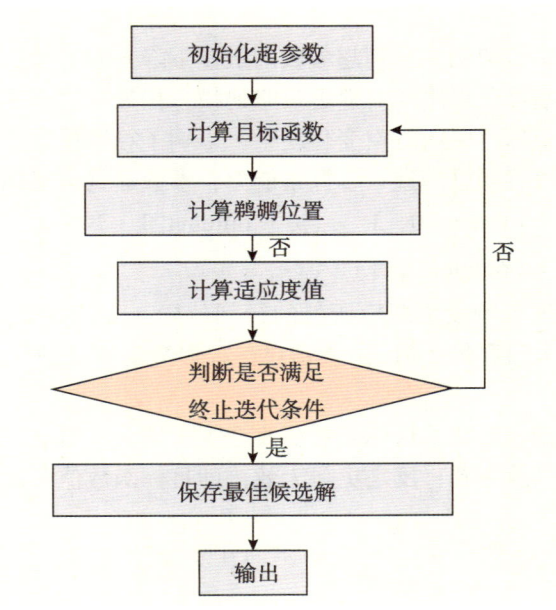

图 5-8 鹈鹕算法流程图

式中，$x_{i,j}$ 为第 i 个鹈鹕在第 j 维所处的位置；random[0，1] 表示在 0~1 范围内的随机数；J_{max} 和 J_{min} 分别为对流层湿延迟第 j 维的最大值和最小值。

在鹈鹕算法中，种群可以用以下矩阵表示：

$$X = \begin{pmatrix} X_1 \\ \vdots \\ X_2 \\ \vdots \\ X_N \end{pmatrix} = \begin{pmatrix} x_{1,1} & \cdots & x_{1,j} & \cdots & x_{1,m} \\ \vdots & & \vdots & & \vdots \\ x_{i,1} & \cdots & x_{i,j} & \cdots & x_{i,m} \\ \vdots & & \vdots & & \vdots \\ x_{N,1} & \cdots & x_{N,j} & \cdots & x_{N,m} \end{pmatrix}_{N \times m} \quad (5-2)$$

式中，X 表示维度为 N 行乘以 m 列的动物群体矩阵，下标为行列号，每一行 N 表示鸟类种群的数量，列数 m 表示对流层湿延迟标记后的特征维度。

在鹈鹕算法中，通过构造约束的目标函数来求解目标值，本章中的目标函数可以表示为

$$F = \begin{pmatrix} F_1 \\ \vdots \\ F_i \\ \vdots \\ F_N \end{pmatrix} = \begin{pmatrix} F(x_1) \\ \vdots \\ F(x_i) \\ \vdots \\ F(x_N) \end{pmatrix}_{N \times 1} \quad (5-3)$$

2. 约束逼近入栈阶段

在约束逼近阶段中，鹈鹕只判别超参数的最速下降方向，然后按照这个梯度方向递减移动，本章构建的鹈鹕算法思路与对逼近策略建模，扫描损失误差下降空间，由于对流层湿延迟非常活跃，在全球范围内时空变化复杂，影响了算法搜索空间的随机性，正是这种复杂性影响了算法在逼近问题的进一步探索能力，参数逼近策略如下：

$$x_{i,j}^{p1} = \begin{cases} x_{i,j} + \text{random}[0, 1] \cdot (p_j - \text{random}[1, 2] \cdot x_{i,j}), & F_p < F \\ x_{i,j} + \text{random}[0, 1] \cdot (x_{i,j} - p_j), & \text{其他} \end{cases} \quad (5\text{-}4)$$

式中，x_i^{p1} 表示在约束逼近阶段更新后所处的行列位置，random 表示随机函数，紧跟的括号中表示随机数的最大值和最小值，p_j 表示目标超参数的所处的位置，F_p 表示超参数的目标函数值。

在鹈鹕算法中，若超参数的目标函数值改变了，那么其所处的位置也随之更新。同步更新的情况称为一个有效更新；反之更新无效，即目标函数值移动到了非最优区域，约束失败。该过程可以表示为

$$X_i = \begin{cases} X_i^{p1}, & F_i^{p1} < F_i \\ X_i, & \text{其他} \end{cases} \quad (5\text{-}5)$$

式中，x_i^{p1} 表示第 i 个鹈鹕按照上述分段函数更新后的位置，F_i^{p1} 表示经过约束逼近阶段后的新目标函数值，实现目标位置和目标函数值的入栈。

3. 搜索出栈阶段

在该阶段，算法将新的目标位置和目标函数值出栈，然后将超参数暂存在链表中，该出栈策略可以使得算法在搜索过程中捕获更多的最优超参数。搜索过程可以表示为

$$x_{i,j}^{p2} = x_{i,j} + \text{random}[0, 2] \cdot \left(1 - \frac{t}{T}\right) \cdot (2 \cdot \text{random}[0, 1] - 1) \cdot x_{i,j} \quad (5\text{-}6)$$

式中，$x_{i,j}^{p1}$ 表示在搜索出栈阶段更新后的新位置，t 表示在搜索出栈阶段迭代的次数，T 为预先设置的最大迭代次数。

在该阶段中，通过目标位置的有效更新或无效更新决定位置是否更新，更新方式可以表示为

$$X_i = \begin{cases} X_i^{p2}, & F_i^{p2} < F_i \\ X_i, & \text{其他} \end{cases} \quad (5\text{-}7)$$

5.4 POA-CNN-LSTM 模型构建与实验设计

时间序列数据预测是在许多领域中都具有重要意义的任务。通过对已有历史时间序列数据进行特征分析和建模，进而预测未来的趋势和模式。长短期记忆（LSTM）是一种非常流行的深度学习模型，用于处理时序数据。然而，LSTM 模型在处理长期依赖关系时可能存在一些问题。为了解决这个问题，我们引入了鹈鹕算法来优化 LSTM 模型，从而改进时

序时间序列数据的预测准确性。

POA-LSTM 是一种基于鹈鹕算法优化的长短期记忆模型。它通过引入鹈鹕算法来调整 LSTM 模型的参数,以提高模型的预测能力。在 POA-LSTM 模型中,鹈鹕算法用于寻找最佳的权重和偏置参数,以最小化预测误差。通过将鹈鹕算法与 LSTM 模型相结合,识别并捕获时间序列数据中的长期依赖和相关变化关系,从而提高预测准确性。

为了验证 POA-LSTM 模型的有效性,我们使用了一个真实的时序数据集进行实验,将 POA-LSTM 模型与传统的 LSTM 模型进行对比,并评估它们在预测任务中的性能差异。

5.4.1 模型构建

对流层湿延迟卷积神经网络算法结构如图 5-9 所示,算法中设计了两层顺次相连的卷积层,特征池化层,两层卷积再池化层最后通过全连接层对卷积结果进行加和,利用 softmax 激活函数输出卷积结果。

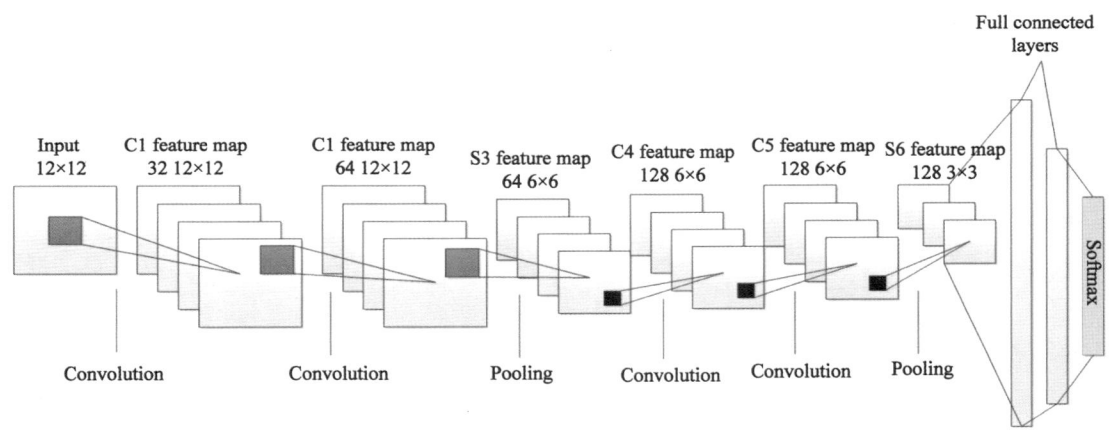

图 5-9 对流层湿延迟卷积神经网络模型结构图

单一卷积神经网络算法又无法处理长时序对流层湿延迟的问题,融合卷积神经网络和长短期记忆神经网络算法,解决了全球范围内对流层湿延迟长时间序列的高精度预报问题。其长短期记忆 LSTM 神经网络算法结构如图 5-10 所示。

模型输入层中包含了对流层湿延迟特征矩阵的输入 X_i^0,隐藏层中包含了两个阶段的 LSTM 层,经过 LSTM 前向传播层 $LSTM_f$ 之后得到 X_i^f,在第二阶段的 LSTM 层中将对流层湿延迟中的时间序列信号经过全连接层实现相加,最后输出结果得到预报的湿延迟信息。

在融合 POA-CNN-LSTM 算法中,构建了如图 5-11 所示的模型结构,首先将特征标记后的对流层湿延迟信号进行 fold 折叠操作,然后经过卷积层(conv)—标准化层(batch normalization)—激活层(relu)—池化层(pooling)处理,通过卷积神经网络共享局部连接矩阵和权值矩阵。经过卷积提取矩阵后再对信号进行 unfold 展开操作,作为 LSTM 层的输入。在 LSTM 中包含了张量扁平化(flatten)操作和两层 LSTM 结构,通过 Dropout 层避免过

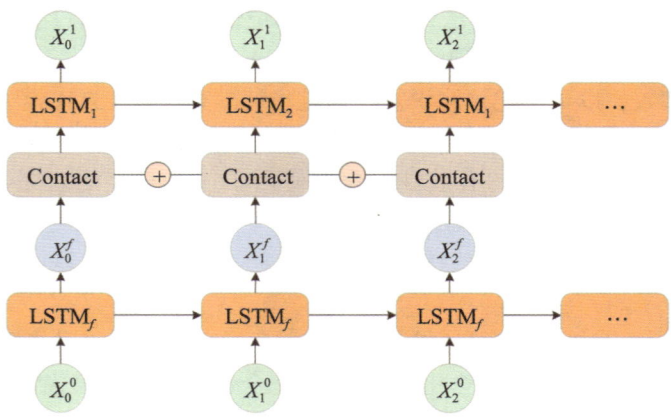

图 5-10 对流层湿延迟长短期记忆神经网络模型结构图

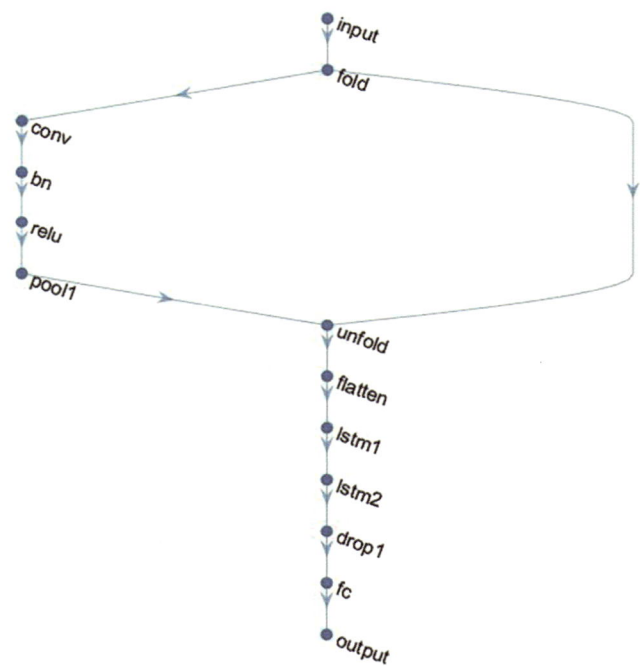

图 5-11 POA-CNN-LSTM 对流层湿延迟预报模型结构

拟合现象,最后经过全连接层(fully connected layer)对信号进行汇总,实现最终对流层湿延迟预报信息的输出。

卷积中包含了大量的参数,本章构建鹈鹕算法来搜索最优的超参数。模型中初始化超参数如表 5-1 所示。

表 5-1　　POA-CNN-LSTM 模型结构初始化参数表

	名　　称	类型	激活	可学习参数
1	Input 4×1×1 个维度	序列输入	4×1×1	—
2	Fold	序列折叠	Out 4×1×1×32 MinBatchSize 1	—
3	Conv 32 4×1×1 步幅[1, 1], 填充'same'	卷积	4×1×32	Weights: 4×1×32 Bias 1×1×32
4	BN 32 个通道	批量标准化	4×1×32	Offset 1×1×32 Scale 1×1×32
5	RELU	RELU	4×1×32	—
6	Pool1 1×1 步幅[4, 4], 填充[0 0 0 0]	平均池化	1×1×32	—
7	Unfold	序列展开	1×1×32	—
8	Flatten	扁平化	32	—
9	LSTM1 LSTM: 128 个隐藏单元	LSTM	128	InputWeights 512×128 RecurrentWeight 512×128 Bias 512×1
10	LSTM2 LSTM: 10 个隐藏单元	LSTM	10	InputWeights 40× RecurrentWeight 40×10 Bias 40×1
11	Drop1 25% 丢弃	丢弃	10	—
12	Fully Connected Layer 1 全连接	全连接	1	Weights 1×10 Bias 1×1
13	Output Mean-Squared-Error: 'Response'	回归输出	1	—

5.4.2　实验设计与模型训练

实验数据源为 GGOS 发布的全球 VMF 对流层延迟时间序列数据,时间跨度从 2020 年 1 月 1 日 0 时至 2023 年 12 月 12 日 18 时,其中,2020—2021 年的数据作为训练集,2022 年的数据作为验证集,2023 年的数据作为测试集,采用在时间和空间上交叉验证的方法

第 5 章 基于 POA-CNN-LSTM 算法的 ZWD 预报模型

评估模型的可靠性，验证模型在不同纬度带的模型精度，上文已经提到，对流层湿延迟在南北两极和高海拔地区变化差异较大，需要在这些特征区域评估模型的可靠性。全球 1°×1°格网空间分辨率高，数据量大，初始化模型超参数见表 5-1。

图 5-12 所示为在 GPU 环境下模型训练收敛图。图中，两个子图横轴上从 10~50 表示最大迭代 50 轮，每轮迭代 30 次。图 5-12(a)表示训练过程图，图 5-12(b)表示为了避免过拟合丢失的数据。刚开始的前几轮迭代中丢失的噪声较多，经过短时间收敛后丢失信息快速达到平稳，实现收敛。总体来说，在鹈鹕算法的约束下，第三轮迭代基本就达到了收敛状态。

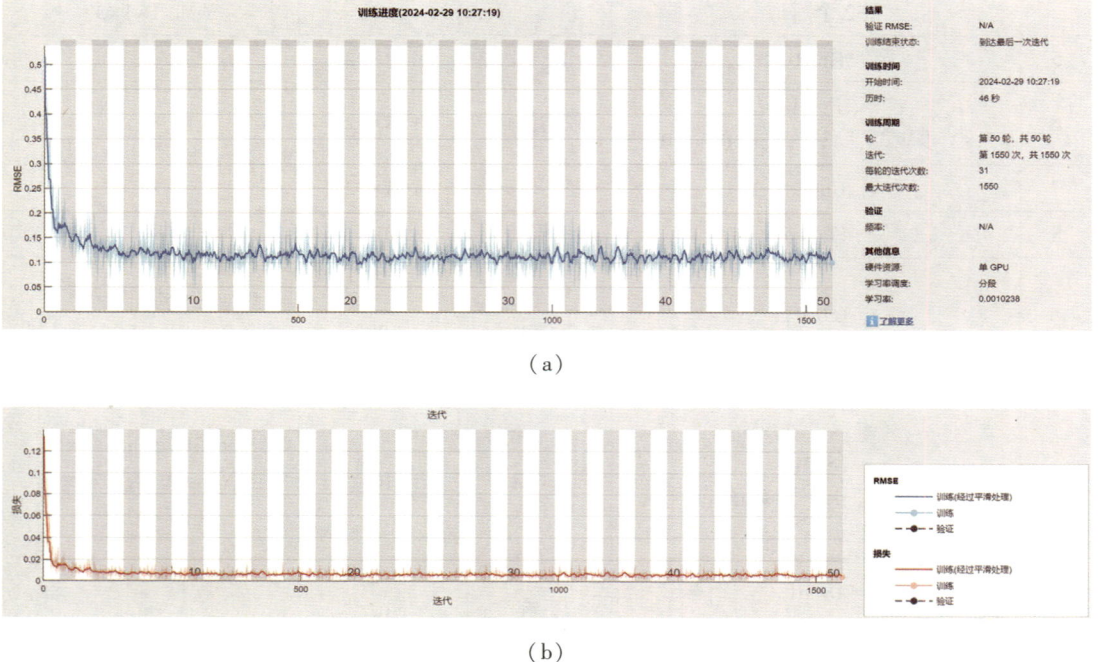

(a)

(b)

图 5-12　POA-CNN-LSTM 模型训练过程图

适应度函数(fitness function)也称为拟合函数，用于计算每个对流层湿延迟样本的适配值，即最优估值，适配值与对流层湿延迟一样是一个非负值，在一个拟合函数中，适配值越大，即拟合出来的对流层湿延迟越大，说明越能拟合出复杂的变化特征，也就表明该对流层湿延迟的适配值(拟合值)越优越。与之相对应的是目标函数，目标函数有正有负，目标函数与拟合函数的关系比较复杂，即相关性难以判断，可以通过协方差来求解。求对流层湿延迟的最小值，即波谷值时，要求目标函数最小，适配值越大；求对流层湿延迟目标最大值时，目标函数越大说明适配值就越大。

在全球对流层湿延迟拟合过程中，鹈鹕算法的收敛速度与适应度函数有关，鹈鹕算法能否找到最优解也与适应度函数有关。这是因为鹈鹕算法在搜索过程中不借助外部信息约束，只需要借助适应度函数就可以进行搜索逼近最优超参数。通过湿延迟中每个样本的拟合值来进行搜索。鹈鹕算法的复杂度主要取决于拟合值即适应度函数，所以适应度函数的设计应该尽量简单，复杂度尽可能小。图 5-13 中绘制了鹈鹕优化超参数的适应度值变化图。可以看出，鹈鹕算法经过两次迭代基本就找到了最优的适应度值，明显优于经典 LSTM 算法和 CNN-LSTM 算法。

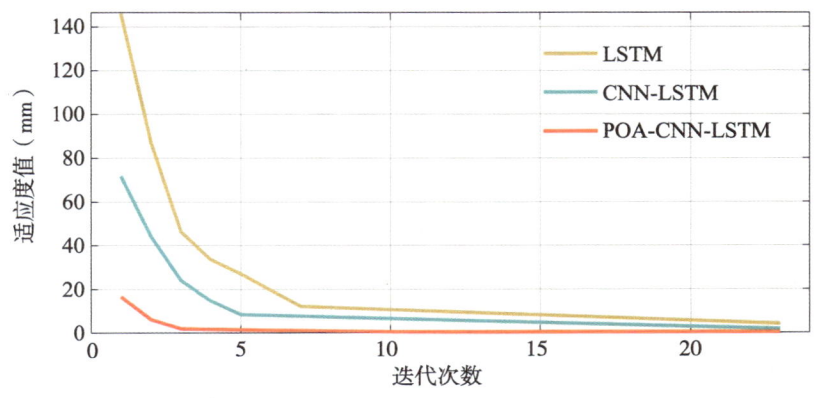

图 5-13　鹈鹕算法的适应度值搜索图

5.5　模型精度验证

在模型精度验证中，首先考察在单个格网点上的预测精度情况，选取的特征区域格网点与图 5-2 保持一致，在纬度层面上从北到南分别选取：北极（80.5°N），北半球高纬度（60.5°N），中低纬度（30.5°N），赤道（5.5°N），南半球低纬度（20.5°S），南半球中高纬度（40.5°S），和南极（70.5°S）。经度每隔 60°选取一个格网点（即 0.5°、60.5°、120.5°、180.5°、240.5°、300.5°）。如图 5-14～图 5-20 所示，绘制了从 2021—2023 年间（N 为 4380：3 年×365 天×4 个），纬度从北到南顺序，经度选取 120.5°的格网点上模型拟合对流层湿延迟的精度与时间序列变化情况。

全球格网点测试集与预测结果拟合效果较好，2021—2023 年间所有格网点的时间序列变化图中来看，南极高原拟合效果稍弱，其他地区预报结果与测试集变化步调非常接近，说明该模型精度可靠。沿纬度带精度统计如表 5-2 所示。

从统计结果中来看，除南极外的其他地区，模型 Bias 非常小，几乎为 0，说明 POA-CNN-LSTM 模型是一个无偏模型，模型预报对流层湿延迟全球平均 RMSE 为 12.19mm，最小 RMSE 值为 2.17mm，最大 RMSE 值为 27.60mm。两极地区精度高，大约为 9mm。我们构建的 POA-CNN-LSTM 模型与已有精度最高的 CtropGrid 和 GPT2w 模型做对比，精度统计结果如表 5-3 所示。

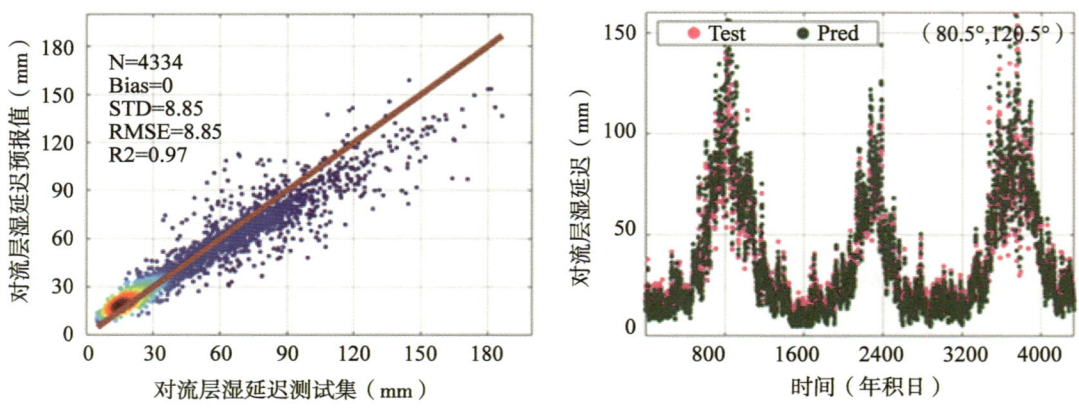

图 5-14　北极(80.5°N，120.5°)湿延迟精度对比及时间序列变化图

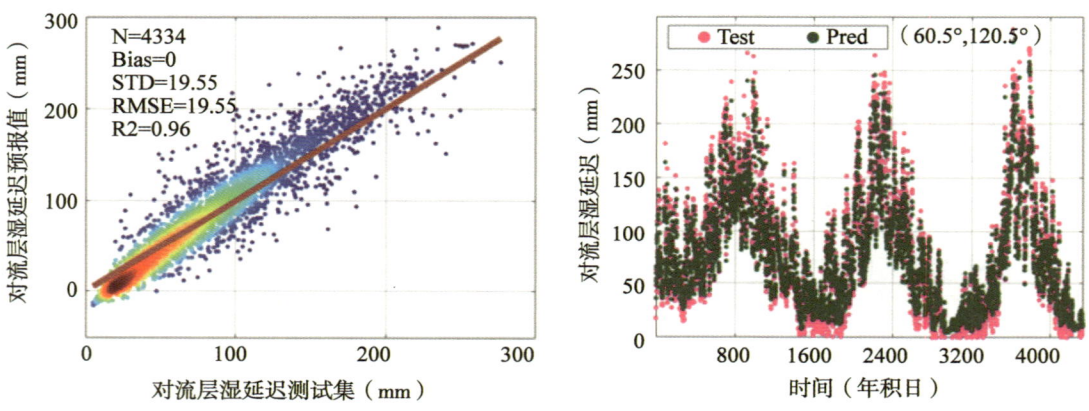

图 5-15　北半球高纬度(60.5°N，120.5°)湿延迟精度对比及时间序列变化图

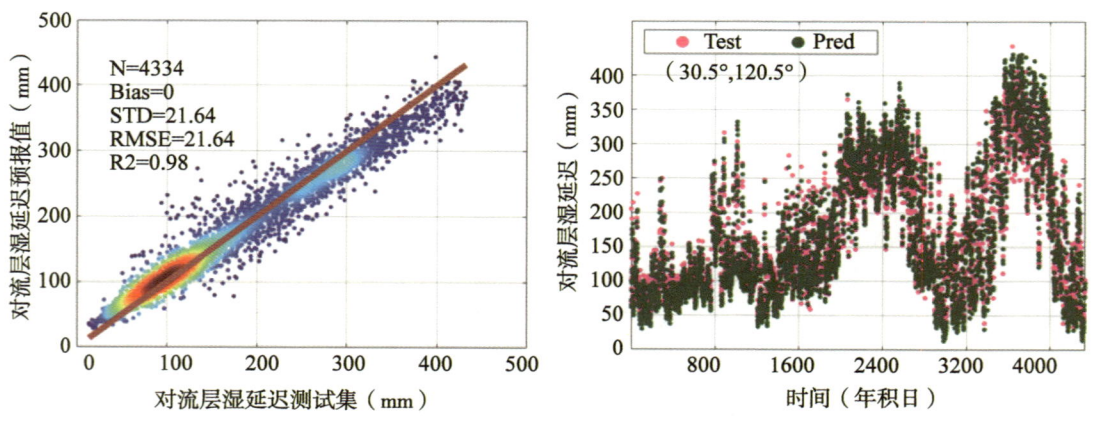

图 5-16　北半球低纬度(30.5°N，120.5°)湿延迟精度对比及时间序列变化图

5.5 模型精度验证

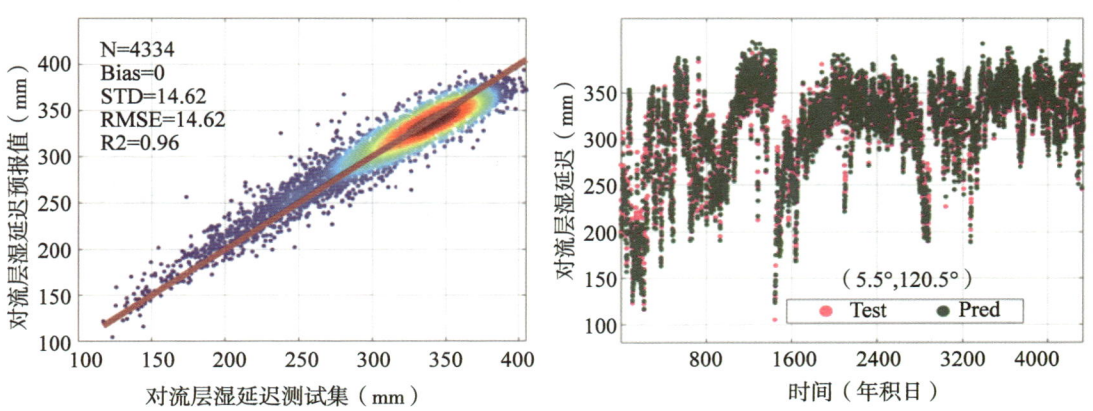

图 5-17　赤道(5.5°N,120.5°)湿延迟精度对比及时间序列变化图

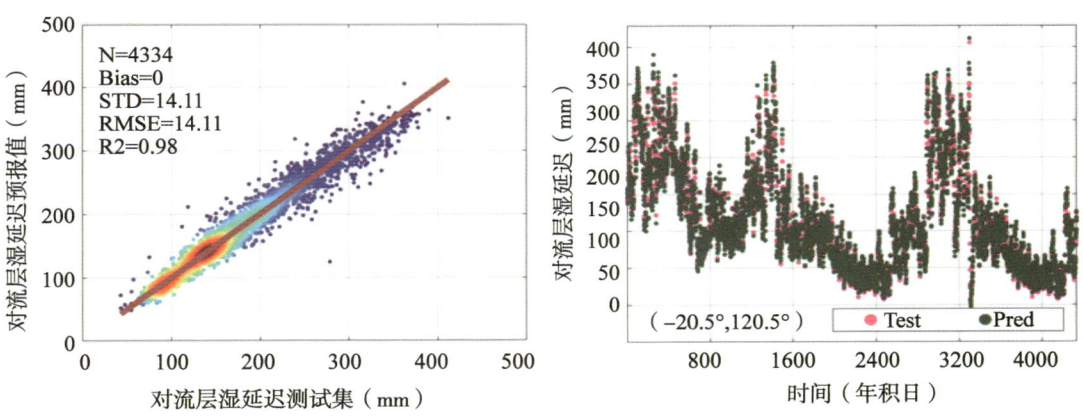

图 5-18　南半球低纬度(20.5°S,120.5°)湿延迟精度对比及时间序列变化图

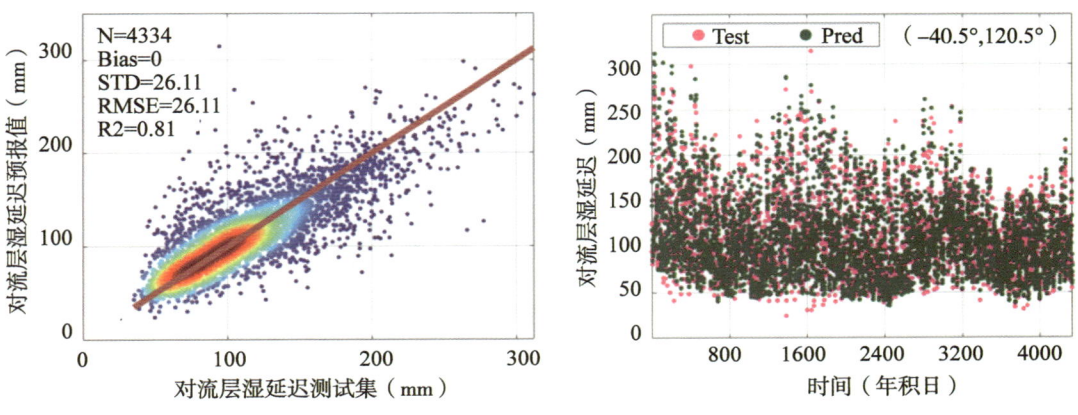

图 5-19　南半球中高纬度(40.5°S,120.5°)湿延迟精度对比及时间序列变化图

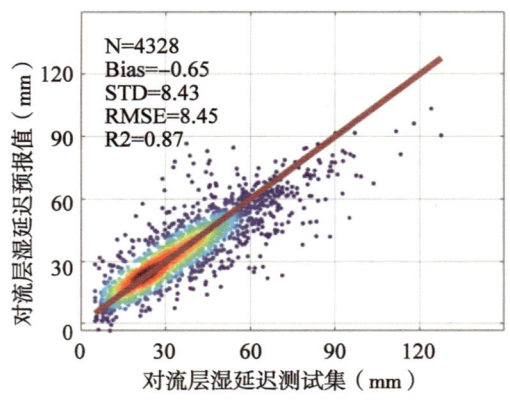
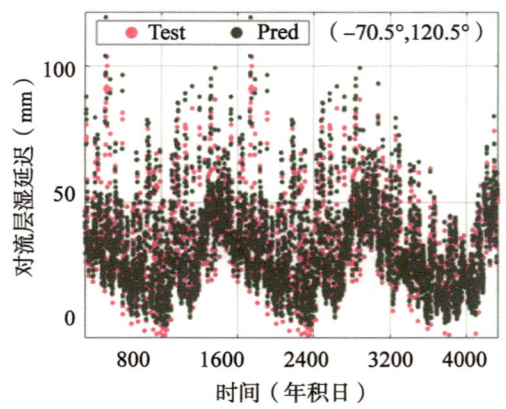

图 5-20 南极(70.5°S,120.5°)湿延迟精度对比及时间序列变化图

表 5-2　　　　POA-CNN-LSTM 模型精度沿纬度带分布统计表　　　　（单位：mm）

纬度带	格网所在纬度	Bias	STD	RMSE	R
北极	80.5°N	0	8.55	8.85	0.97
北半球中高纬度	60.5°N	0	19.55	19.55	0.96
北半球中低纬度	30.5°N	0	21.64	21.64	0.98
赤道	5.5°N	0	14.62	14.62	0.96
南半球低纬度	20.5°S	0	14.11	14.11	0.98
南半球中纬度	40.5°S	0	26.11	26.11	0.81
南极	70.5°S	0.65	8.43	8.45	0.87

表 5-3　　　　POA-CNN-LSTM 与其他模型精度指标统计表

模型	数值	对流层湿延迟 ZWD(mm)			
		Bias	STD	RMSE	R
POA-CNN-LSTM	平均	0	12.19	12.19	0.96
	[最小值,最大值]	[0, 0]	[2.15, 27.68]	[2.17, 27.60]	[0.86, 0.99]
CTropGrid	平均	-0.7	19	20.2	0.91
	[最小值,最大值]	[-24.1, 26.2]	[7.9, 38.3]	[10.2, 38.7]	[0.78, 0.98]
GPT2w	平均	-7	43.8	45.5	0.81
	[最小值,最大值]	[-61.8, 20.5]	[13.8, 78.1]	[13.8, 79.0]	[0.64, 0.91]

如图 5-21 所示，POA-CNN-LSTM 模型预报 ZWD，Bias、STD 和 RMSE 均显著优于 GPT2w 和 CTropGrid 模型，Bias 非常小，几乎为 0，表明该模型是一个无偏模型，RMSE 相比其他两种模型分别改进了 39.7% 和 73.2%，对应的 STD 显著降低。

如图 5-22 所示，全球范围内 POA-CNN-LSTM 模型预报 ZWD 与测试 ZWD 直接拟合效果非常好，在全球全范围内的变化趋势几乎一致，在南北两极精度效果最好，将测试集与

5.5 模型精度验证

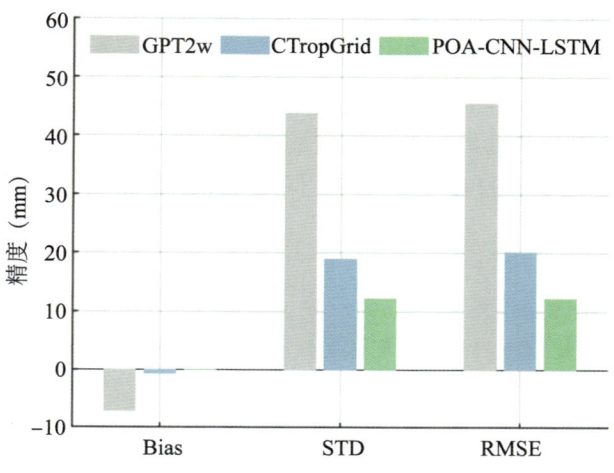

图 5-21　POA-CNN-LSTM 模型精度对比图

预报结果作差,如图 5-23 所示。

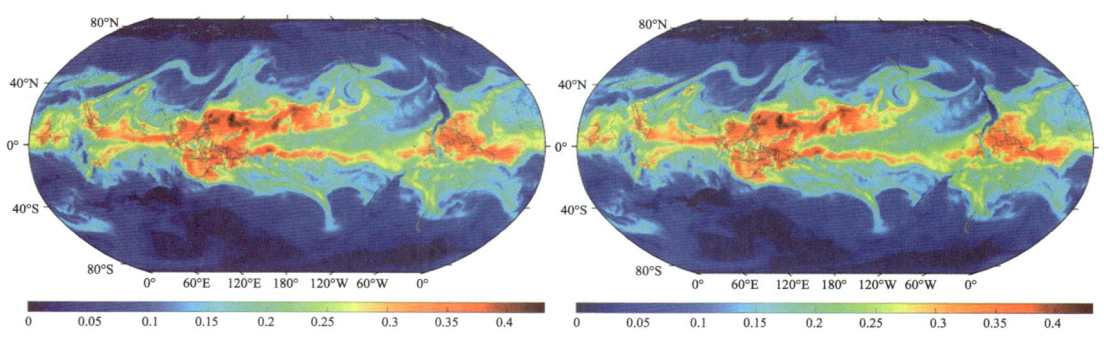

图 5-22　原始 VMF ZWD(左)与 POA-CNN-LSTM 预报 ZWD(右)全球空间分布对比图

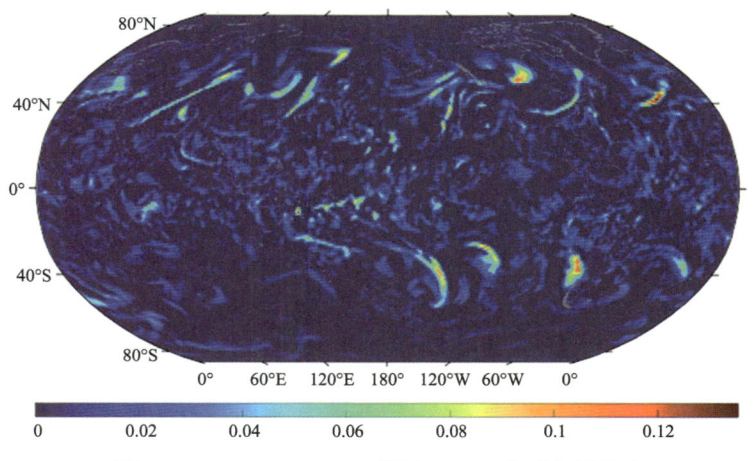

图 5-23　POA-CNN-LSTM 算法 RMSE 全球空间分布

123

通过对实验结果的分析，POA-CNN-LSTM 模型精度可靠，空间分布均匀，不依赖于空间位置。POA-LSTM 模型相对于传统的 LSTM 模型在时序数据预测方面具有更好的准确性和稳定性。POA-LSTM 模型在时序数据预测任务中表现出更高的预测准确性。鹈鹕算法能够更好地优化 LSTM 模型的参数，从而提高模型的性能。此外，POA-LSTM 模型还表现出更好的稳定性，能够在不同的时序数据集上保持较高的预测准确性。

◎ **本章小结**

本章将 CNN 引入对流层湿延迟信号捕获中，共享 ZWD 时间序列的局部连接矩阵和权值矩阵，构建 POA 算法优化卷积中的超参数，然后将优化后的卷积与 LSTM 相结合，构建 POA-CNN-LSTM 集成对流层湿延迟预报模型。

通过引入鹈鹕算法来优化长短期记忆 POA-LSTM 模型，提高了时序时间序列数据的预测准确性。实验结果表明，POA-LSTM 模型相对于传统的 LSTM 模型，在预测任务中表现出更好的性能，模型全球平均精度为 12.19 mm，精度空间分布均匀，其 Bias、STD 和 RMSE 均显著优于 CTropGrid 和 GPT2w 模型，RMSE 相比其他两种模型分别改进了 39.7% 和 73.2%。未来的研究可以进一步探索鹈鹕算法在其他领域的应用，并进一步改进和优化 POA-LSTM 模型。

第6章 基于 LSSVM-Adaboost 算法的 PWV 优化计算模型

6.1 引言

北斗高精度定位和大气水汽反演是中国在卫星导航和气象监测领域的重要战略规划。北斗定位技术的提升对助力智慧城市建设、提高资源利用效率、推动相关产业发展具有重要科学意义。大气水汽反演对气象灾害预警、农业保障等方面具有重要研究意义。

水汽的气-液-固态三相变换是各种天气、气候现象形成的重要驱动力，是表征极端天气和气候变化的重要参数（Yao et al.，2016；Zhang et al.，2021）。精细监测和计算对流层延迟、预报大气水汽含量（precipitable water vapor，PWV）是实现极端天气有效监测和预报的重要手段（Zhang et al.，2021；Li et al.，2020b）。因此，构建长时序、高精度水汽反演模型，研究大气水汽变化特征，探究其中隐含的变化规律，揭示极端天气事件发生的内部逻辑，对于提升北斗水汽反演的可靠性具有重要的科学意义和实用价值。

近年来，相关研究人员在北斗对流层延迟、水汽反演等领域开展了一系列卓有成效的研究（Bai et al.，2023；Shi et al.，2023），研究数据包含以下两类：北斗观测数据、地面观测设备（如雷达）和气象站实测数据。在对流层延迟建模方面，主要构建了对流层延迟与水汽含量之间的线性关系模型、非线性关系模型以及统计学模型等（Wang et al.，2022；Zhang et al.，2021）；在反演算法方面，开发了多种反演方法，如基于卡尔曼滤波、贝叶斯分类器和人工神经网络等方法（赵庆志等，2024；Zhang et al.，2018），这些方法能够从北斗观测数据中估计出对流层延迟和水汽含量的空间分布，并提高水汽反演的精度（Zhao et al.，2021；Zheng et al.，2022）。

GNSS 数据解算时，通常将对流层延迟作为未知参数，与其他待估参数共同参与解算，从而获得高精度的对流层延迟信息。在 GNSS 定位中，站间双差模型可以实时解算对流层延迟，非差精密单点定位技术也可通过无电离层组合估计对流层延迟（Zhang et al.，2022；Ke et al.，2023）。已有研究表明，两种方法估计的对流层延迟精度相当（Geng et al.，2019；Shi et al.，2023；张小红等，2020）。对流层延迟修正 PPP 和传统无电离层组合改正 PPP 可以显著减少 U 方向的收敛时间（Shi et al.，2023；Zhang et al.，2022；Gong et al.，2019）。GPS、GPS/伽利略、GPS/北斗和三星座 GPS/伽利略/北斗多系统组合 PPP 解算对流层延迟精度可达 3.1cm（Jiang et al.，2023）。然而，GNSS 方法计算的对流层延迟依赖于离散分布测站，插值后精度明显降低，在实时高分辨率（1km）、高精度水汽反演中存在许多局限性。

第 6 章　基于 LSSVM-Adaboost 算法的 PWV 优化计算模型

PWV 是大气中水汽含量研究的重要参数，对天气变化、气候模式、降水预测等有着直接影响。通过准确测量 PWV，可以改善气象预报精度，提高灾害预警效率，同时也有助于气候变化研究和环境保护工作的开展。为了监测和评估气象变化，需要掌握大气中水汽分布及其变化规律，大气水汽信息获取手段主要包括水汽辐射计（WVR）、探空仪和遥感卫星等。此外，全球导航卫星系统反演 PWV 已被广泛应用于气象学，特别是短临气象预报以及对数值天气预报模式的改进（Li et al.，2021；朱晓武等，2023）。对流层延迟解算需要连续稳定的 GNSS 观测数据，但在某些地区或特定气象条件下，可用数据有限或不完整。由于缺乏足够的 GNSS 观测数据，获取大气水汽产品饱受阻碍，抑制了大气水汽时空变化研究的发展。

无线电探空（radio sonde，RS）是一种重要的大气水汽探测手段，其精度较高，通常用来检验其他方法的有效性。然而，无线电探空手段面临时空分辨率低、成本高、分布不均匀等问题，在反演大气水汽时空变迁方面存在明显缺陷。卫星遥感技术可以获取全球高时空分辨率大气水汽信息，卫星遥感产品 MERSI/FY-3A PWV 在潮湿条件下的精度为 14.7mm，已不能满足气象学应用的精度要求（He et al.，2019）；另一种应用广泛的卫星遥感产品 MODIS 虽然分辨率高，但精度相对较差。当前再分析资料，如 ECMWF ERA5 等，是一种重要的 PWV 数据源，ERA5 PWV 与 GNSS PWV 夏季偏差较大，冬季较小，两者强相关，理论上没有数据间断，精度大约在 2.0mm（Li et al.，2023；Zhang et al.，2022），而 MODIS PWV 与 GNSS PWV 一致性较差，精度为 4~6mm（Li et al.，2020）。ERA5 PWV 空间变迁的反应能力弱于 MODIS PWV，不足以支持气象变化研究（Zhu et al.，2023）。总体来说，不同源 PWV 各具优势又存在固有缺陷，多源 PWV 精度并不一致，同一数据在不同天气条件下精度一致性较差。

机器学习方法在提高水汽时空分辨率方面的研究一直处于不断探索阶段。水汽是大气中的重要组成部分，对天气、气候和自然灾害等具有重要影响。传统观测技术受限于空间覆盖和时间分辨率，难以全面解释水汽的时空变化特征。因此，利用机器学习方法提高水汽时空分辨率已成为当前研究的热点之一。通过机器学习方法建立复杂的模型和算法，从多源数据中提取水汽相关特征，实现对水汽时空分布的高精度估计。例如，利用卫星遥感数据、气象观测数据和地面监测数据等多源数据，结合机器学习算法，可以建立起水汽时空分布的预测模型。这种方法能够充分利用各种数据的优势，弥补传统观测的不足，提高水汽分布的精度和分辨率（Li et al.，2020；Zhang et al.，2021）。其次，机器学习方法还可以通过数据同化技术，将观测数据与数值模式模拟结果进行有效融合，进一步提高水汽时空分辨率。数据同化技术可以将不同时间和空间尺度的数据进行整合，得到更准确的水汽分布，通过对大量观测数据和模拟数据的处理和分析，提高水汽分布的时空分辨率和预测能力（Liu et al.，2023；Zhang et al.，2018；Zhao et al.，2020）。此外，机器学习方法还可以通过优化算法和深度学习网络等技术手段，进一步提高水汽时空分辨率的精度和效率。例如，使用卷积神经网络（CNN）等深度学习方法可以对水汽遥感图像进行特征提取和分类，快速准确地获取水汽分布的时空信息（Lu et al.，2023；Wu et al.，2023）。此外，还可以通过改进机器学习算法的训练策略和模型结构，提高水汽时空分辨率估计的准确性和稳定性（Shi et al.，2023；Zhang et al.，2022）。然而，上述研究的不足在于只关注了多源数据的同一时空关系，没有顾及不同分析、监测中心的气象参数及时空变化对 PWV 精度的影响，对极端天气演变引起水汽扰动研究不足，该方法的 PWV 精度严重依赖于气象参数，且气象参数的获取成本高，不同分析中心发布的气象参数存在系统差且精度差异较大，阻碍了 PWV 研究的进一步发展。

6.2　研究区域与数据

本章从 ECMWF 网站上（https：//cds.climate.copernicus.eu）下载了全球大气气压和 2m 的露点温度，时间跨度为 2023 年 1 月 1 日 0 时至 2023 年 12 月 31 日 18 时，其空间分辨率为 0.25°×0.25°，将时间分辨率统一至 6h，绘制 2023 年 12 月 31 日 0 时全球气压如图 6-1 所示，气温的空间分布如图 6-2 所示。从全球气压空间分布图中来看，陆地区域气压低于海洋区域，南极高原和青藏高原气压明显偏低，海域的气压明显偏高。整体来讲，全球气压变化相对稳定。

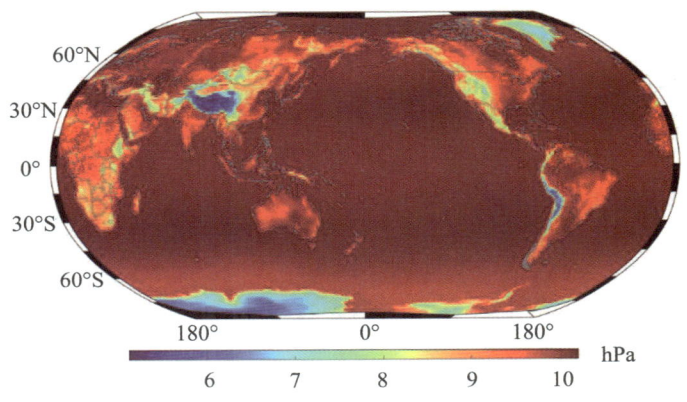

图 6-1　全球气压分布图(单位：hPa)

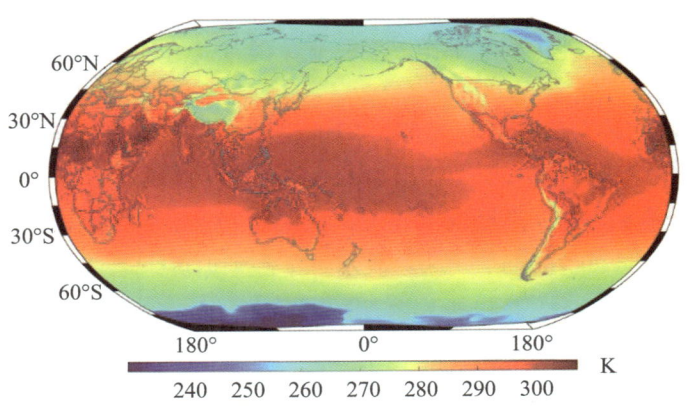

图 6-2　全球气温分布图(单位：K)

图 6-2 展示了全球气温分布图，南北两极气温较低，尤其是南极高原，温度达到最小值，约为 220 K。此外高海拔地区气温低于低海拔地区，在青藏高原这种特征表现得更加明显。从赤道至南北半球的中低纬度地区气温近似对称分布，纬度越高温度越低。

6.3 研究方法

通过融合最小二乘支持向量机集成 Adaboost 算法，解决经典支持向量机算法无法处理全球大规模对流层湿延迟数据的难题，降低算法复杂度，避免了内存和计算资源的消耗，节约了训练时间，克服了已有模型多分量的困难，与粗集理论相结合，形成一种高效的水汽反演算法体系，模型技术路线如图 6-3 所示。将湿延迟以及测站的时空信息作为训练数据样本，对初始化后的数据拆分为 M 个弱分类器，每个弱分类器分别计算权值，当所有弱分类器都达到最优后，根据每个弱分类器的损失函数输出的误差值求解分类器的权重，然后通过加权组合得到 LSSVM-Adaboost 强分类器，从而实现全球高精度水汽反演。

6.3.1 最小二乘算法

在水汽反演模型中，根据加权平均温度、气压、气体常量等观测数据估计对流层湿延迟与水汽之间的转换系数 Π。该转化过程是非线性的，而且转换参数提供的也仅是一个估值，全球湿延迟时空变化复杂，导致这种常规转换方法在全球时空范围内精度不一。在实际应用中，通过不同分析中心观测到的数据也会存在系统差，导致无法通过一个函数连接所有的点，致使方程组无解。虽然方程组无解，但也可以舍弃一部分影响不大的数据，通过主要影响因素求出一个近似解，使算法在每个观测样本都接近最佳拟合。最佳的判别标准不一，可以是所有样本到拟合直线的距离和最小，也可以是所有样本到直线的误差（拟合值-观测值）绝对值之和最小。

最佳准则如下：

$$L = \sum [y_i - f(x)]^2 \tag{6-1}$$

求解该目标函数取最小值的函数参数即为最小二乘法。使函数拟合值与观测值间的误差平方和最小，在多组误差中构造平衡关系，避免误差极值过大，影响函数偏离正常值确保函数的可靠性。

误差分析理论证明了函数值与观测值间的误差服从标准正态分布，即 $\epsilon \in N(0, \sigma^2)$。假设模型理论参数为 θ，模型输出为 $f_\theta(x_i)$，由于湿延迟的不稳定性，导致实测值 y_i 距离真值存在误差 ϵ，根据高斯误差理论，该误差 ϵ 满足 $\epsilon \in N(0, \sigma^2)$。此时，每个实测湿延迟 y_i 满足 $y_i \in N(f_\theta(x_i), \sigma^2)$，表示每个湿延迟等于理论值（模型输出）$f_\theta(x_i)$ 加高斯噪声 ϵ。

在最小二乘模型中，根据先验知识即观测样本，可以近似估计出一个显示的函数表达式，当需要将全球范围内的对流层湿延迟都考虑进来时，由于很难估计出输入与输出直接的复杂关系，所以这种显示函数就无能为力了。在机器学习技术中，不需要考虑显示表达的问题，通过搭建神经网络让其自动拟合输入样本与输出结果之间的映射关系。

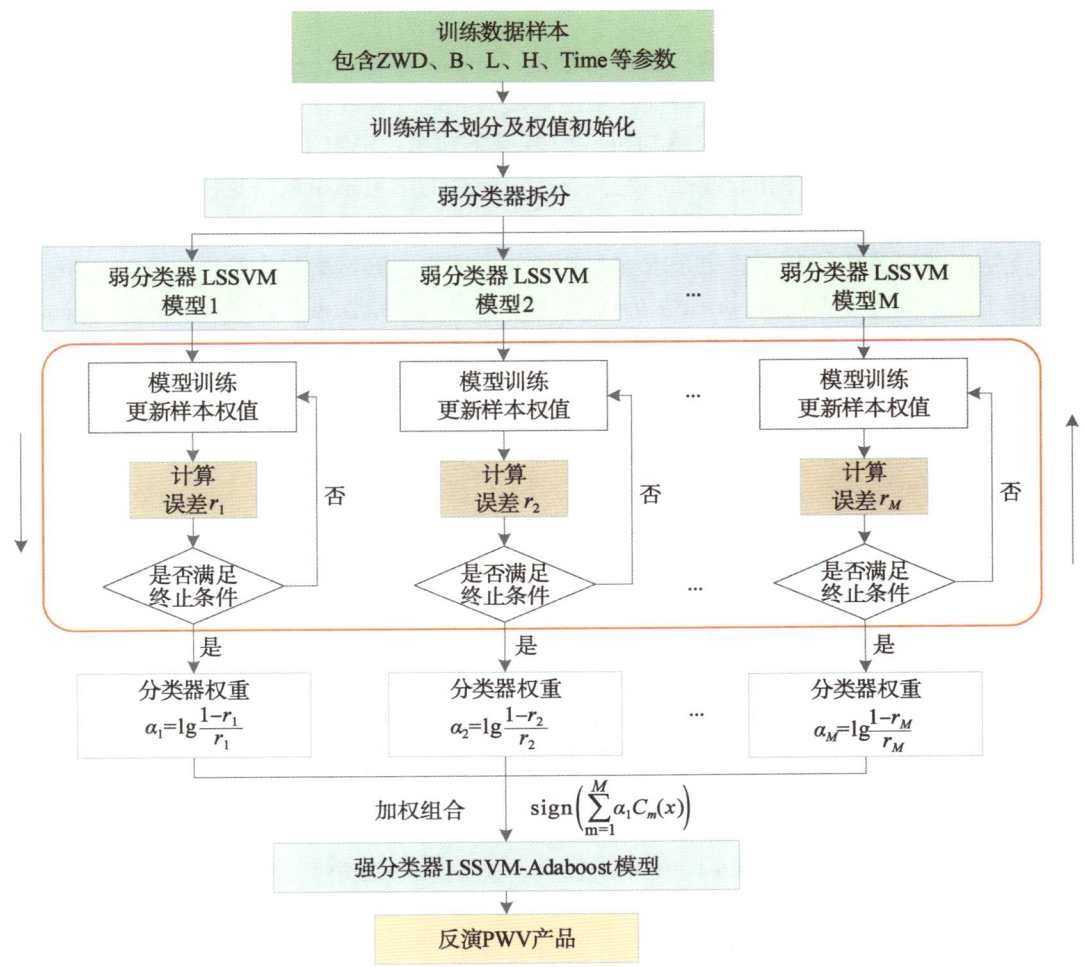

图 6-3 LSSVM-Adaboost 算法技术路线图

在每个神经网络如 CNN、RNN、LSTM、MLP、Transformer 等中，对应的模型映射关系 f_θ 函数差异显著，输入参数与输出参数之间的映射关系可以通过参数矩阵 θ 来广义化，在神经网络训练过程中，在训练集上使用梯度下降算法，根据输出与目标之间的误差来调整参数 θ，使模型的预测值与实际观测值尽可能接近。

在模型训练过程中，需要确定评价预测结果与实际观测值之间误差的准则。该评价准则就是损失函数（loss function），也称代价函数（cost function）。针对不同的问题，损失函数也有所不同，应根据具体算法类型选择合适的损失函数，例如本书构建的对流层湿延迟全球预报模型实际上是一个回归问题，所以将误差的平方作为损失函数。分类、聚类问题中的损失函数通常用交叉熵。由于损失函数的存在，极大似然估计理论证明模型在理论上的最优解。

6.3.2 支持向量机

作为一种二分类的基本模型,支持向量机(support vector machines,SVM)主要设计面向多个特征空间,且特征空间中特征向量距离最大化的一种线性分类器,由于特征向量距离最大,所以支持向量机有别于感知机,如多层感知机;SVM 还包括核函数语法,所以支持向量机可以处理线性和非线性问题。支持向量机的学习思路策略是使特征向量间隔最大化,该类问题就可以转化为求解凸二次规划的问题,即损失函数的最小化。

支持向量机算法的基本思想是求解正确划分训练集、测试集样本且满足几何间隔最大化的超平面。如图 6-4 所示,$\omega \cdot x + b = 0$ 即为超平面,在线性可分样本中,该类超平面即感知机存在无穷多个,但满足几何间隔最大的分离超平面有且仅有一个。

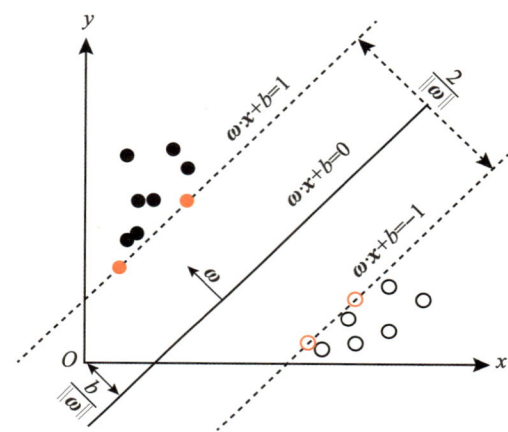

图 6-4 支持向量机二分模型基本原理图

将输入样本数据表示在特征空间上,可以表示为

$$T = \{(x_1, y_1), (x_2, y_2), \cdots, (x_N, y_N)\} \tag{6-2}$$

式中,$x_i \in \mathbf{R}^n$,$y_i \in \{+1, -1\}(i = 1, 2, \cdots, N)$,$x_i$ 表示第 i 个特征向量,y_i 表示分类后的类别矩阵,当分类为+1,表示正例;为-1 时,表示负例。

对于输入数据集 T 和超平面 $\omega \cdot x + b = 0$,每一个输入样本数据 (x_i, y_i) 至超平面的几何间隔可以表示为

$$\gamma_i = y_i \left(\frac{\omega}{\|\omega\|} \cdot x_i + \frac{b}{\|\omega\|} \right) \tag{6-3}$$

在超平面中,所有输入样本的几何距离最小值可以表示为

$$\gamma = \min_{i=1,2,\cdots,N} \gamma_i \tag{6-4}$$

事实上,该距离 γ 就是支持向量至超平面的最短距离。

通过上述讨论,支持向量机算法求解的最大分割超平面可以转化为附加约束的最优化问题。

$$\max_{\boldsymbol{\omega},\,b} \gamma \tag{6-5}$$

$$y_i\left(\frac{\boldsymbol{\omega}}{\|\boldsymbol{\omega}\|} \cdot \boldsymbol{x}_i + \frac{b}{\|\boldsymbol{\omega}\|}\right) \geqslant \gamma, \quad i = 1, 2, \cdots, N \tag{6-6}$$

在不等式约束的两端同时除以 γ，就得到

$$\frac{y_i}{\gamma}\left(\frac{\boldsymbol{\omega}}{\|\boldsymbol{\omega}\|} \cdot \boldsymbol{x}_i + \frac{b}{\|\boldsymbol{\omega}\|}\right) \geqslant 1 \tag{6-7}$$

由于 $\|\boldsymbol{\omega}\|$ 和 γ 都为标量，为了简化表达式，令

$$\boldsymbol{\omega} = \frac{\boldsymbol{\omega}}{\|\boldsymbol{\omega}\|\gamma} \tag{6-8}$$

$$b = \frac{b}{\|\boldsymbol{\omega}\|\gamma} \tag{6-9}$$

可以进一步得到简化的支持向量机约束表达式：

$$y_i(\boldsymbol{\omega} \cdot \boldsymbol{x}_i + b) \geqslant 1, \quad i = 1, 2, \cdots, N \tag{6-10}$$

求解 γ 最大值的问题，等价于 $\frac{1}{\|\boldsymbol{\omega}\|}$ 的最优解，进一步等价于最小化 $\frac{1}{2} \cdot \|\boldsymbol{\omega}\|^2$，所以，支持向量机算法求解最大分割超平面问题可以表示为以下简化约束的最优化问题：

$$\min_{\boldsymbol{\omega},\,b} \frac{1}{2} \|\boldsymbol{\omega}\|^2 \tag{6-11}$$

$$y_i(\boldsymbol{\omega} \cdot \boldsymbol{x}_i + b) \geqslant 1, \quad i = 1, 2, \cdots, N \tag{6-12}$$

针对上述含有不等式条件约束的凸二次规划，通过拉格朗日乘子法解决支持向量机中的对偶问题。

首先，原始附加约束条件的目标函数可以通过下式构造出一个无约束的新的拉格朗日目标函数。

$$L(\boldsymbol{\omega}, b, \alpha) = \frac{1}{2}\|\boldsymbol{\omega}\|^2 - \sum_{i=1}^{N} \alpha_i [y_i(\boldsymbol{\omega} \cdot \boldsymbol{x}_i + b) - 1] \tag{6-13}$$

式中，α_i 表示拉格朗日乘子，且 $\alpha_i \geqslant 0$，令

$$\theta(\boldsymbol{\omega}) = \max_{\alpha_i \geqslant 0} L(\boldsymbol{\omega}, b, \alpha) \tag{6-14}$$

当输入样本数据不满足约束条件的情况时，表明该样本落在了可行解区域之外，即

$$y_i(\boldsymbol{\omega} \cdot \boldsymbol{x}_i + b) < 1 \tag{6-15}$$

当输入样本数据满足约束条件时，即表示该样本在可行解范围内：

$$y_i(\boldsymbol{\omega} \cdot \boldsymbol{x}_i + b) \geqslant 1 \tag{6-16}$$

$\theta(\boldsymbol{\omega})$ 表示原函数，将两种情况组合得到新的目标函数：

$$\theta(\boldsymbol{\omega}) = \begin{cases} \frac{1}{2}\|\boldsymbol{\omega}\|^2, & \boldsymbol{x} \in \text{可行区域} \\ +\infty, & \boldsymbol{x} \in \text{不可行区域} \end{cases} \tag{6-17}$$

如此一来，约束问题就被改写为下列形式：

$$\min_{\boldsymbol{\omega},\,b} \theta(\boldsymbol{\omega}) = \min_{\boldsymbol{\omega},\,b} \max_{\alpha_i \geqslant 0} L(\boldsymbol{\omega}, b, \alpha) = p^* \tag{6-18}$$

对于重新构造的目标函数，分别求最大值和最小值，利用拉格朗日函数的对偶性，将

最小和最大的位置交换：

$$\max_{\alpha_i \geqslant 0} \min_{\boldsymbol{\omega}, b} L(\boldsymbol{\omega}, b, \alpha) = d^* \tag{6-19}$$

要有 $p^* = d^*$，需要满足两个条件：①优化问题满足凸优化；②满足 KKT 条件：

$$\begin{cases} \alpha_i \geqslant 0 \\ y_i(\boldsymbol{\omega}_i \cdot \boldsymbol{x}_i + b) - 1 \geqslant 0 \\ \alpha_i [y_i(\boldsymbol{\omega}_i \cdot \boldsymbol{x}_i + b) - 1] = 0 \end{cases} \tag{6-20}$$

令 $L(\boldsymbol{\omega}, b, \alpha)$ 对 $\boldsymbol{\omega}$ 和 b 的偏导为 0，可得

$$\boldsymbol{\omega} = \sum_{i=1}^{N} \alpha_i y_i \boldsymbol{x}_i \tag{6-21}$$

$$\sum_{i=1}^{N} \alpha_i y_i = 0 \tag{6-22}$$

通过入拉格朗日函数可以消去 $\boldsymbol{\omega}$ 和 b。

$$\begin{aligned} L(\boldsymbol{\omega}, b, \alpha) &= \frac{1}{2} \sum_{i=1}^{N} \sum_{j=1}^{N} \alpha_i \alpha_j y_i y_j (\boldsymbol{x}_i \cdot \boldsymbol{x}_j) - \sum_{i=1}^{N} \alpha_i y_i \left(\left(\sum_{j=1}^{N} \alpha_j y_j \boldsymbol{x}_j \right) \cdot \boldsymbol{x}_i + b \right) + \sum_{i=1}^{N} \alpha_i \\ &= -\frac{1}{2} \sum_{i=1}^{N} \sum_{j=1}^{N} \alpha_i \alpha_j y_i y_j (\boldsymbol{x}_i \cdot \boldsymbol{x}_j) + \sum_{i=1}^{N} \alpha_i \end{aligned} \tag{6-23}$$

即

$$\min_{\boldsymbol{\omega}, b} L(\boldsymbol{\omega}, b, \alpha) = -\frac{1}{2} \sum_{i=1}^{N} \sum_{j=1}^{N} \alpha_i \alpha_j y_i y_j (\boldsymbol{x}_i \cdot \boldsymbol{x}_j) + \sum_{i=1}^{N} \alpha_i \tag{6-24}$$

求 $\min\limits_{\boldsymbol{\omega}, b} L(\boldsymbol{\omega}, b, \alpha)$ 对 α 的极大值，即是对偶问题

$$\max_{\alpha} -\frac{1}{2} \sum_{i=1}^{N} \sum_{j=1}^{N} \alpha_i \alpha_j y_i y_j (\boldsymbol{x}_i \cdot \boldsymbol{x}_j) + \sum_{i=1}^{N} \alpha_i \tag{6-25}$$

$$\sum_{i=1}^{N} \alpha_i y_i = 0 \tag{6-26}$$

$$\alpha_i \geqslant 0, \ i = 1, 2, \cdots, N \tag{6-27}$$

为目标函数添加一个负号，将极大问题求解转换为求解极小值。

$$\min_{\alpha} \frac{1}{2} \sum_{i=1}^{N} \sum_{j=1}^{N} \alpha_i \alpha_j y_i y_j (\boldsymbol{x}_i \cdot \boldsymbol{x}_j) - \sum_{i=1}^{N} \alpha_i \tag{6-28}$$

$$\sum_{i=1}^{N} \alpha_i y_i = 0 \tag{6-29}$$

$$\alpha_i \geqslant 0, \ i = 1, 2, \cdots, N \tag{6-30}$$

通过该优化算法可以求解 α^*，再根据 α^* 就可以求解出 $\boldsymbol{\omega}$ 和 b，进而找到超平面，即"决策平面"。

KKT 条件如下：

$$\begin{cases} \alpha_i \geqslant 0 \\ y_i(\boldsymbol{\omega}_i \cdot \boldsymbol{x}_i + b) - 1 \geqslant 0 \\ \alpha_i (y_i(\boldsymbol{\omega}_i \cdot \boldsymbol{x}_i + b) - 1) = 0 \end{cases} \tag{6-31}$$

$$\boldsymbol{\omega} = \sum_{i=1}^{N} \alpha_i y_i \boldsymbol{x}_i \tag{6-32}$$

$$\sum_{i=1}^{N} \alpha_i y_i = 0 \tag{6-33}$$

由此可知,在 $\boldsymbol{\alpha}^*$ 中,至少存在一个 $\alpha_j^* > 0$(反证法可以证明,若全为0,则 $\boldsymbol{\omega} = 0$,矛盾)。

$$y_j(\boldsymbol{\omega}^* \cdot \boldsymbol{x}_j + b^*) - 1 = 0 \tag{6-34}$$

因此,可以得到

$$\boldsymbol{\omega}^* = \sum_{i=1}^{N} \alpha_i^* y_i \boldsymbol{x}_i \tag{6-35}$$

$$b^* = y_j - \sum_{i=1}^{N} \alpha_i^* y_i (\boldsymbol{x}_i \cdot \boldsymbol{x}_j) \tag{6-36}$$

对于任意训练样本 $(\boldsymbol{x}_i, y_i)$,总有 $\alpha_i = 0$ 或者 $y_j(\boldsymbol{\omega} \cdot \boldsymbol{x}_j + b) = 1$。若 $\alpha_i = 0$,则意味着该样本会被屏蔽掉,不会影响最终的模型参数;若 $\alpha_i > 0$,则必然存在 $y_j(\boldsymbol{\omega} \cdot \boldsymbol{x}_j + b) = 1$,表示该样本落在最大间隔的外围边界上。

上述已经分析了训练集数据在线性可分的理想情况,但是实际样本数据几乎不能线性可分,为此,加入松弛变量,引入"软间隔"数据,允许某些局部最大最小样本脱离约束。

$$y_j(\boldsymbol{\omega} \cdot \boldsymbol{x}_j + b) \geq 1 \tag{6-37}$$

附加损失函数,将原优化问题进一步改写成如下形式:

$$\min_{\boldsymbol{\omega}, b, \xi_i} \frac{1}{2} \|\boldsymbol{\omega}\|^2 + C \sum_{i=1}^{m} \xi_i \tag{6-38}$$

$$y_i(\boldsymbol{\omega} \cdot \boldsymbol{x}_i + b) \geq 1 - \xi_i \tag{6-39}$$

$$\xi_i \geq 0, \ i = 1, 2, \cdots, N \tag{6-40}$$

式中,ξ_i 表示松弛变量,$\xi_i = \max(0, 1 - y_i(\boldsymbol{\omega} \cdot \boldsymbol{x}_i + b))$,表示优化后的损失函数。每个输入对流层湿延迟样本数据都对应各自的松弛变量,表示当前输入样本与附加约束条件的偏离程度。当约束条件满足 $C > 0$ 时,对应的约束参数称为惩罚参数。研究发现,C 值越大,表明松弛变量对分类的惩罚越大。与线性可分的思想类似,首先通过拉格朗日乘子法构造拉格朗日函数,然后再进一步求解对偶问题。

线性支持向量机算法如下:

输入:训练数据集 $T = \{(\boldsymbol{x}_1, y_2), (\boldsymbol{x}_2, y_2), \cdots, (\boldsymbol{x}_N, y_N)\}$,其中,$\boldsymbol{x}_i \in \mathbf{R}^n$, $y_i \in \{+1, -1\}$, $i = 1, 2, \cdots, N$。

输出:分离超平面和分类决策函数。

(1) 优化惩罚参数,使 $C > 0$,构造二次凸规划约束问题。

$$\min_{\alpha} \frac{1}{2} \sum_{i=1}^{N} \sum_{j=1}^{N} \alpha_i \alpha_j y_i y_j (\boldsymbol{x}_i \cdot \boldsymbol{x}_j) - \sum_{i=1}^{N} \alpha_i \tag{6-41}$$

$$\sum_{i=1}^{N} \alpha_i y_i = 0 \tag{6-42}$$

$$0 \leq \alpha_i \leq C, \ i = 1, 2, \cdots, N \tag{6-43}$$

得到最优解 $\boldsymbol{\alpha}^* = (\alpha_1^*, \alpha_2^*, \cdots, \alpha_N^*)^\mathrm{T}$。

(2) 计算:

$$\boldsymbol{\omega}^* = \sum_{i=1}^{N} \alpha_i^* y_i(\boldsymbol{x}_i \cdot \boldsymbol{x}_j) \tag{6-44}$$

选择 $\boldsymbol{\alpha}^*$ 的一个分量 α_j^* 满足条件 $0 < \alpha_j^* < C$, 计算:

$$b^* = y_j - \sum_{i=1}^{N} \alpha_i^* y_i(\boldsymbol{x}_i \cdot \boldsymbol{x}_j) \tag{6-45}$$

(3) 求分离超平面:

$$\boldsymbol{\omega}^* \cdot \boldsymbol{x} + b^* = 0 \tag{6-46}$$

分类决策函数:

$$f(x) = \text{sign}(\boldsymbol{\omega}^* \cdot \boldsymbol{x} + b) \tag{6-47}$$

针对输入样本空间中的非线性分类、回归问题, 构造非线性变换, 将输入样本转化为特征空间下的局部最小线性分类问题, 建立高维特征空间中的局部线性支持向量机。在支持向量机算法的相关对偶问题中, 一般目标函数与决策函数都仅需要计算输入样本间的内积, 无需指定非线性变换, 仅需通过核函数替换内积。核函数 $K(\boldsymbol{x}, \boldsymbol{z})$ 是非线性变化后的实例内积, 也称正定核, 表示从输入向量空间到特征空间的映射关系 $\phi(\boldsymbol{x})$, 对任意输入空间中的两个参数 $\boldsymbol{x}$ 和 $\boldsymbol{z}$, 满足:

$$K(\boldsymbol{x}, \boldsymbol{z}) = \phi(\boldsymbol{x}) \cdot \phi(\boldsymbol{z}) \tag{6-48}$$

线性支持向量机算法中, 通常会面临样本在一定情况下的对偶问题, 此时可以通过核函数 $K(\boldsymbol{x}, \boldsymbol{z})$ 来代替内积, 如下式:

$$f(x) = \text{sign}\left[\sum_{i=1}^{N} \alpha_i^* y_i K(\boldsymbol{x}, \boldsymbol{x}_i) + b^*\right] \tag{6-49}$$

进而求解非线性支持向量机, 非线性支持向量机学习算法如下:

输入: 训练数据集 $T = \{(\boldsymbol{x}_1, y_2), (\boldsymbol{x}_2, y_2), \cdots, (\boldsymbol{x}_N, y_N)\}$, 其中, $\boldsymbol{x}_i \in \mathbf{R}^n$, $y_i \in \{-1, 1\}$, $i = 1, 2, \cdots, N$。

输出: 分离超平面和分类决策函数。

(1) 选取适当的核函数 $K(\boldsymbol{x}, \boldsymbol{z})$ 和惩罚参数 $C > 0$, 构造并求解凸二次规划问题:

$$\min_{\alpha} \frac{1}{2} \sum_{i=1}^{N} \sum_{j=1}^{N} \alpha_i \alpha_j y_i y_j(\boldsymbol{x}_i \cdot \boldsymbol{x}_j) - \sum_{i=1}^{N} \alpha_i \tag{6-50}$$

$$\sum_{i=1}^{N} \alpha_i y_i = 0 \tag{6-51}$$

$$0 \leqslant \alpha_i \leqslant C, \ i = 1, 2, \cdots, N \tag{6-52}$$

得到最优解 $\boldsymbol{\alpha}^* = (\alpha_1^*, \alpha_2^*, \cdots, \alpha_N^*)^\mathrm{T}$。

(2) 计算:

选择 $\boldsymbol{\alpha}^*$ 的一个分量 α_j^* 满足条件 $0 < \alpha_j^* < C$, 计算:

$$b^* = y_j - \sum_{i=1}^{N} \alpha_i^* y_i(\boldsymbol{x}_i \cdot \boldsymbol{x}_j) \tag{6-53}$$

(3) 分类决策函数:

$$f(\boldsymbol{x}) = \text{sign}\Big(\sum_{i=1}^{N} \alpha_i^* y_i K(\boldsymbol{x},\ \boldsymbol{x}_i) + b^*\Big) \tag{6-54}$$

高斯核函数如下：

$$K(\boldsymbol{x},\ z) = \exp\Big(-\frac{\|\boldsymbol{x}-z\|^2}{2\sigma^2}\Big) \tag{6-55}$$

支持向量机中的决策函数是高斯径向基函数

$$f(\boldsymbol{x}) = \text{sign}\Big(\sum_{i=1}^{N} \alpha_i^* y_i \exp\Big(-\frac{\|\boldsymbol{x}-z\|^2}{2\sigma^2}\Big) + b^*\Big) \tag{6-56}$$

式中，$\boldsymbol{\alpha}$ 为系数矩阵，b 为偏置矩阵，σ 是样本方差。

6.3.3 Adaboost 算法

Boosting 是一种可将弱学习器集成为强学习器的算法，通过每一轮基础学习器优化上一轮基础学习器的误差，根据优化方式的不同，衍生出了多种不同的 Boosting 集成算法。

在 Boosting 算法的基础上，Adaboost 集成算法融合多个基础学习器也称弱学习器，形成一个强学习器，从而更高效地实现回归、分类、聚类等问题求解，算法基本步骤如下：

第一步：权重参数初始化，从训练集中提取基础学习器；

第二步：增加错误分类样本的权重，记录正确分类样本，并缩小正确分类样本的权重；

第三步：提升误分率小于最小阈值的基础学习器权重，缩小误分率高于最大阈值的基础学习器权重；

第四步：使用修正后的新样本权重矩阵继续训练下一个基础学习器，直到基础学习器的个数达到预先设定的阈值；

第五步：将若干个基础学习器加权求和。

经典 Adaboost 只能解决二分类问题，$y_i \in \{-1, 1\}$，数据定义如下：

$$T = (x_1,\ y_1),\ (x_2,\ y_2),\ \cdots,\ (x_n,\ y_n),\ y_i \in (-1,\ 1) \tag{6-57}$$

初始化训练样本权重分布：

$$\omega_1 = (\omega_{11},\ \omega_{12},\ \cdots,\ \omega_{1N}),\ \omega_{1i} = \frac{1}{N},\ i = 1,\ 2,\ \cdots,\ N \tag{6-58}$$

权重初始化为 $\frac{1}{N}$，即

$$\Big[\frac{1}{N},\ \frac{1}{N},\ \cdots,\ \frac{1}{N}\Big] \tag{6-59}$$

使用有权值分布 ω_{mi} 的训练集学习得到基分类器 $h_m(x)$，计算 $h_m(x)$ 在训练集上的错误率：

$$e_m = P(h_m(x) \neq y_i) = \frac{\sum_{i=1}^{N} \omega_{mi} I(h_m(x_i) \neq y_i)}{\sum_{i=1}^{N} \omega_{mi}} \tag{6-60}$$

因为权重会归一化,所以分母为一。

$$e_m = \sum_{i=1}^{N} \omega_{mi} I(h_m(x_i) \neq y_i) \tag{6-61}$$

式中,$h_m(x) \neq y_i$:相等是 0,不相等是 1;e_m:所有错分样本的加总。

如果错误率大于 0.5,算法终止,正确率小于 0.5,算法也终止。

计算 $h_m(x)$ 的相关系数 α,即基分类器的重要性,错误率越小,基分类器越重要。

$$\alpha_m = \frac{1}{2} \ln \frac{1 - e_m}{e_m} \tag{6-62}$$

更新训练数据的权重分布:

$$\omega_{m+1} = (\omega_{m+1}, 1, \omega_{m+1}, 2, \cdots, \omega_{m+1}, N) \tag{6-63}$$

$$\omega_{m+1, i} = \frac{\omega_{mi}}{z_m} \exp(-\alpha_{mi} h_m(x_i)) = \begin{cases} \dfrac{\omega_{mi}}{z_m} e^{-\alpha_{mi}}, & h_m(x) = y_i \text{ 减小分对样本的权重} \\ \dfrac{\omega_{mi}}{z_m} e^{\alpha_{mi}}, & h_m(x) \neq y_i \text{ 增加错分样本的权重} \end{cases} \tag{6-64}$$

Z_m 表示规范化因子,使 $\omega_{(m+1)}$ 服从概率分布:

$$Z_m = \sum_{i=1}^{N} N\omega_{mi} \exp[-\alpha_m y_i h_m(x_i)] \tag{6-65}$$

规范化因子在归一化后累加和为 1,所以原始权重:

$$\left[\frac{1}{N}, \frac{1}{N}, \frac{1}{N}, \cdots, \frac{1}{N}\right] \tag{6-66}$$

改进后的权重:

$$\left[\frac{1}{N} e^{-\alpha}, \frac{1}{N} e^{\alpha}, \cdots\right] \tag{6-67}$$

构建基分类器的线性组合。M 个基分类器的加权表决,α 越大,基分类器权重就越高,表示该信号越重要。

$$f(x) = \sum_{m=1}^{M} \alpha_m h_m(x) \tag{6-68}$$

得到最终分类器:

$$H(x) = \text{sign}(f(x)) \tag{6-69}$$

$$\text{sign:符号函数} = \begin{cases} \text{sign}(x) = 1, & x > 0 \\ \text{sign}(x) = 0, & x = 0 \\ \text{sign}(x) = -1, & x < 0 \end{cases} \tag{6-70}$$

最小化指数损失:

$$L(f(x), H(x)) = \exp[-f(x)H(x)] \tag{6-71}$$

式中,$f(x)$ 是真实的分类,值为 -1 或 1;$H(x)$ 表示分类器的分类结果,值为 -1 或者 1。

6.3.4 LSSVM-Adaboost 算法融合

为了解决经典 SVM 回归算法中过拟合和多变量的问题,本章构建一种 LSSVM-

Adaboost 对流层湿延迟预报算法。将 Adaboost 算法与最小二乘支持向量机 LSSVM 算法相结合，发挥 Adaboost 集成学习算法的优势，通过迭代不断训练得到若干个弱分类器，然后再通过弱分类器加权组合得到强分类器。LSSVM 是一种经典的支持向量机回归算法，其核心思想是使目标函数最小化地拟合输出数据。LSSVM-Adaboost 针对多个 LSSVM 模型进行迭代训练，按照每个 LSSVM 的预测误差来调整对流层湿延迟样本的权重和偏置矩阵，进而实现模型的优化改进。LSSVM-Adaboost 算法训练步骤如下：

（1）初始化样本权重矩阵。将所有样本的权重随机初始化，预先设定一个初值，通过后续操作来训练该模型；

（2）迭代训练 LSSVM 模型。在每一轮迭代中，根据当前样本权重训练一个 LSSVM 模型，并计算该模型的预测误差；

（3）计算模型权重。根据每个模型的预测误差，计算该模型的权重；

（4）更新样本权重。根据每个样本在每个模型上的预测误差和模型权重，更新样本的权重；

（5）归一化样本权重。将样本权重归一化，使其总和为 1；

（6）终止条件判断。根据预设的终止条件，判断是否终止迭代；

（7）得到最终模型。根据每个模型的权重，得到最终的 LSSVM-Adaboost 模型。

LSSVM-Adaboost 方法的优势是能够处理多变量回归问题，并且具有较好的预测性能。通过迭代训练多个 LSSVM 模型，并根据每个模型的预测误差来调整样本权重，LSSVM-Adaboost 能够逐步提高模型的泛化能力，从而得到更准确的预测结果。

$$D_1 = (\omega_{1,1}, \omega_{1,2}, \cdots, \omega_{1,i}), \omega_{1,i} = \frac{1}{N}, i = 1, 2, \cdots, n \quad (6-72)$$

具体步骤如下：

（1）设置迭代次数 m；

（2）将 SVM 训练的分类模型作为弱分类器 $G_m(x)$，计算 $G_m(x)$ 在训练集上的误差率 e_m：

$$e_m = \sum_{i=1}^{N} \omega_{m,i} I(G_m(x_i) \neq y_i) \quad (6-73)$$

$$F(x) = \text{sign}\left(\sum_{i=1}^{N} \alpha_m G_m(x)\right) \quad (6-74)$$

（3）计算 $G_m(x)$ 在强分类器中的系数：

$$\alpha_m = \frac{1}{2} \log \frac{1 - e_m}{e_m} \quad (6-75)$$

（4）更新各个样本的权值：

$$\omega_{m+1,i} = \frac{\omega_{m,i}}{z_m} \exp[-\alpha_m y_i G_m(x_i)], \quad i = 1, 2, \cdots, n \quad (6-76)$$

（5）构造核化的最小二乘 SVM 处理非线性回归 PWV 反演问题：

$$\min R(\omega, e) = \frac{1}{2} \|\omega\|^2 + \frac{c}{2} \sum_{i=1}^{n} e_i^2 \quad (6-77)$$

第6章 基于 LSSVM-Adaboost 算法的 PWV 优化计算模型

收敛条件：$y_i = \omega \cdot \Phi(x_i) + b + e_i$, $i = 1, 2, \cdots, n$

式中，R 为损失函数；ω 为适应系数；e_i 为误差值；c 为惩罚函数。

6.4 模型构建与实验设计

VMF 发布的对流层湿延迟时间分辨率为 6h，空间分辨率 1°×1°，ERA5 发布的全球气温和气压数据，时间分辨率 1h，空间分辨率 0.25°×0.25°。将 2023 年的对流层湿延迟及 ERA5 PWV 在时空尺度上对齐后构建水汽反演模型。首先，根据前文介绍的全球温度数据和加权平均温度求解方法，计算全球范围内的加权平均温度，时间为 2023 年 12 月 31 日 0 时，空间分辨率为 1°×1°，空间分布如图 6-5 所示。

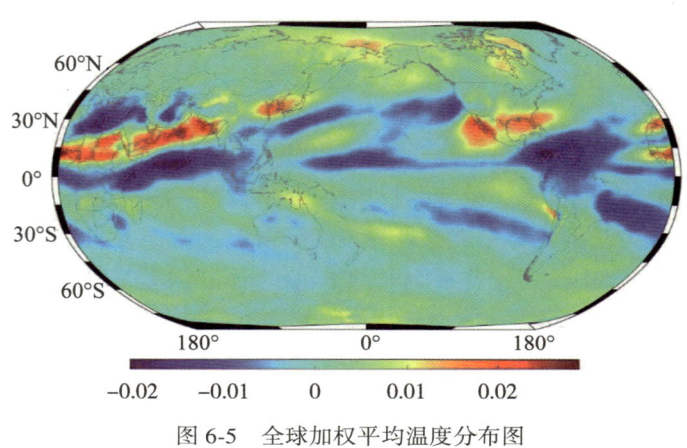

图 6-5 全球加权平均温度分布图

PWV 反演中需要用到的另外一个重要参数是对流层湿延迟，如图 6-6 所示，绘制了全球范围内对流层湿延迟的空间分布图，在南北两极对流层湿延迟相对稳定，而且较小，约为 10mm，在赤道附近对流层湿延迟变化活跃，海域变化较陆地更加复杂。

对流层延迟与可感知水汽压 PWV 之间有着密切的关系，传统气象参数模型中可以借助气温和气压等气象参数计算干延迟和湿延迟，Hopfield 模型中干延迟和湿延迟计算方法如下：

$$\text{ZHD} = 155.2 \times 10^{-7} \cdot \frac{P_s}{T_s}(h_d - h_s) \tag{6-78}$$

$$\text{ZWD} = 155.2 \times 10^{-7} \cdot \frac{4810}{T_s^2} e_s (h_w - h_s) \tag{6-79}$$

$$h_d = 40136 + 148.72(T_s - 273.16) \tag{6-80}$$

$$h_w = 11100 \tag{6-81}$$

式中，P_s 表示测站所在空间位置和高程处的气体压强，T_s 表示测站所在位置处的地表温度，h_s 为测站仪器中心所在的高程，h_w 和 h_d 为干分量和湿分量大气层高度，e_s 为测站所在地表高度的水汽压。Saastamoinen 模型计算方法如下：

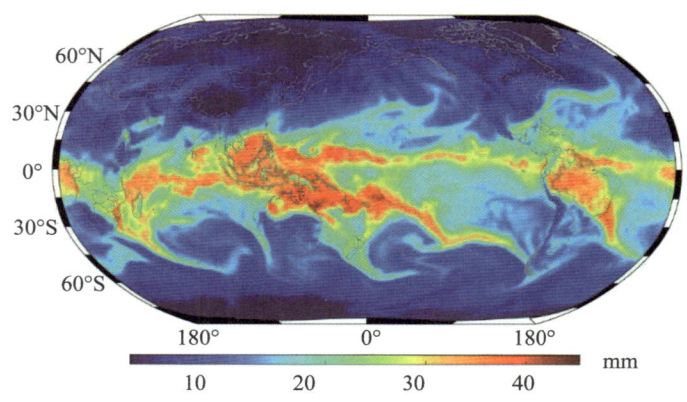

图 6-6 对流层湿延迟全球分布图

$$\text{ZHD} = 0.002277 \times \frac{P_s}{f(\varphi, h_s)} \tag{6-82}$$

$$\text{ZWD} = \frac{e_s}{f(\varphi, h_s)} \times \left(\frac{0.2789}{T_s} + 0.05\right) \tag{6-83}$$

$$f(\varphi, h_s) = 1 - 0.00266\cos(2\varphi) - 0.00028 h_s \tag{6-84}$$

式中，φ 表示测站所在的纬度，可见 Saastamoinen 模型计算的对流层干延迟和湿延迟均与纬度有关。

经典的水汽参数 PWV 求解方法可以借助转换因子 Π 来求解：

$$\text{PWV} = \Pi \times \text{ZWD} \tag{6-85}$$

而转换因子 Π 的求解又可以通过气温、气压等气象参数来求解：

$$\Pi = \frac{10^5}{\left(\dfrac{k_3}{T_m} + k_2'\right) \times R_v} \tag{6-86}$$

$$T_m = \frac{\int_{h_s}^{\infty} \dfrac{e}{T} dh}{\int_{h_s}^{\infty} \dfrac{e}{T^2} dh} \tag{6-87}$$

式中，k_2' 和 k_3 表示大气反射常数，其值一般分别为 6.25×10^5 K/hPa 和 3.776×10^5 K^2/hPa；R_v 为大气中的气体常量，通常情况下取近似常数值 461.495 J/(K·kg；T_m 表示大气加权平均温度(K)；e 为大气中的水汽压(hPa)；T 表示测站处的露点气温(K)；h 为测站海拔(m)；h_s 为测站高(m)。对于加权平均温度也有近似的估计模型，如：

$$T_m = 44.05 + 0.81 \cdot T_s \tag{6-88}$$

$$P_{h_g} = P_{h_s} \cdot \left[1 - 0.0000226 \cdot (h_g - h_s)\right]^{5.225} \tag{6-89}$$

所以，PWV 的气象参数近似估计模型可以表示为

$$PWV = \Theta \cdot (ZTD - ZHD) = \frac{10^6}{(k'_2 + k_3/T_m) \times R_w \times \rho} \times ZWD \tag{6-90}$$

将对流层湿延迟和加权平均温度作为输入参数计算 PWV，其空间分布如图 6-7 所示。

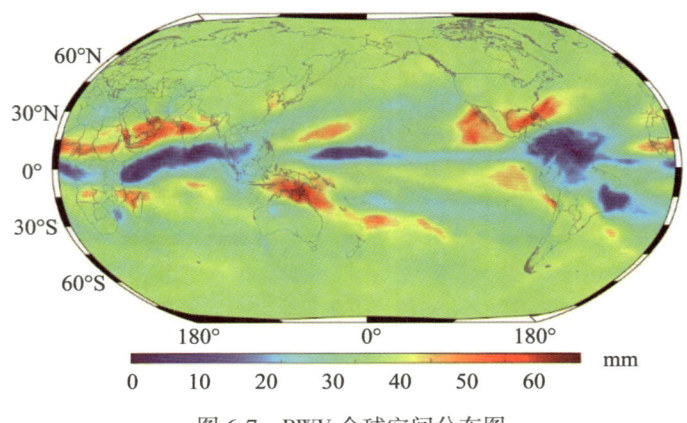

图 6-7 PWV 全球空间分布图

然而，气象参数模型精度较低，为了提升水汽反演的精度，近年来发展了一系列机器学习模型，但训练耗时、精度不高、过拟合等问题严重阻碍了水汽反演的发展。为了提升水汽反演的精度，本书将对流层湿延迟、格网点时空信息作为输入参数，构建最小二乘支持向量机集成 Adaboost 算法，学习 ZWD 与 PWV 之间的映射关系，构建高精度 PWV 反演模型。模型输入输出模型结构图如图 6-8 所示。

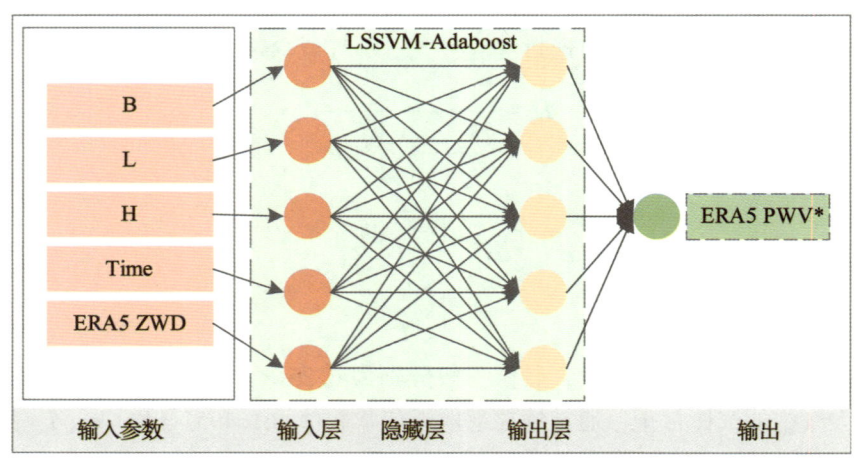

图 6-8 PWV 反演模型输入输出结构图

将特征标记后的对流层湿延迟时空信息作为输入参数，对应的 PWV 作为输出参数，搭建水汽反演模型。首先采用探空数据验证全球格网数据的可靠性，评估两种数据源的外符合精度因子。对数据集进行特征标记和归一化处理,取样本集 2023 年 1 月 1 日 0 时至 2023 年 11 月 30 日 18 时的数据(约 91%)作为训练集,2023 年 12 月 1 日至 12 月 31 日的时间序列数据(约占 9%)作为测试集,交叉验证评估模型的可靠性,评估预报结果精度的空间分布。

6.5 精度分析

以经典支持向量机算法 SVM 作为对比,评估了本章提出 LSSVM-Adaboost 模型的先进性,实验结果统计如表 6-1 所示。本章提出的模型精度相比经典支持向量机算法有了显著提升,RMSE 为 1.94mm,较经典 SVM 算法提升了 16.7%。其他精度指标确定系数 R^2、Bias、平均绝对误差 MAE、MSE 等均有显著提升。精度对比如图 6-9 所示。

表 6-1　　　　　　　　　　　LSSVM-Adaboost 模型精度对比

	LSSVM-Adaboost(mm)	SVM(mm)
R^2	0.99	0.98
RMSE	1.94	2.33
Bias	0.01	0.03
MAE	1.85	2.34
MSE	1.93	2.37

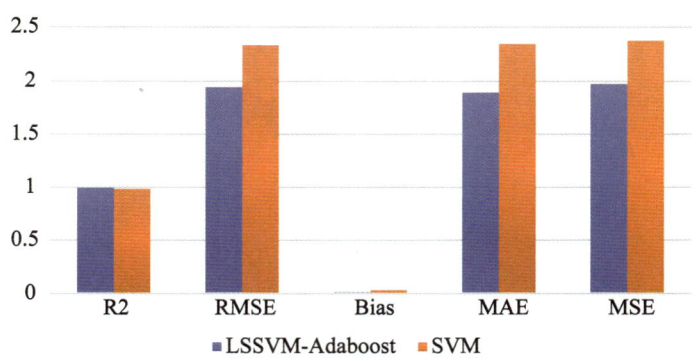

图 6-9　LSSVM-Adaboost 模型精度对比图(单位:mm)

各项精度指标结果表明,LSSVM-Adaboost 模型优于经典 SVM 算法。此外,本章还对比分析了 LSSVM-Adaboost 模型反演 PWV 与原始测试集以及经典 SVM 算法得到的 PWV 之间的时间序列变化趋势,如图 6-10 所示,展示了 LSSVM-Adaboost 模型在格网点(37.5°S,7.5°E)2023 年的时间序列变化趋势图。

在我国北京的格网点(37.5°N,117.5°E)上,模型反演 PWV 与原始 PWV 拟合趋势非常接近,除了极值点之外,拟合效果非常好。如图 6-11 所示,为模型预报 PWV 与原始

第 6 章　基于 LSSVM-Adaboost 算法的 PWV 优化计算模型

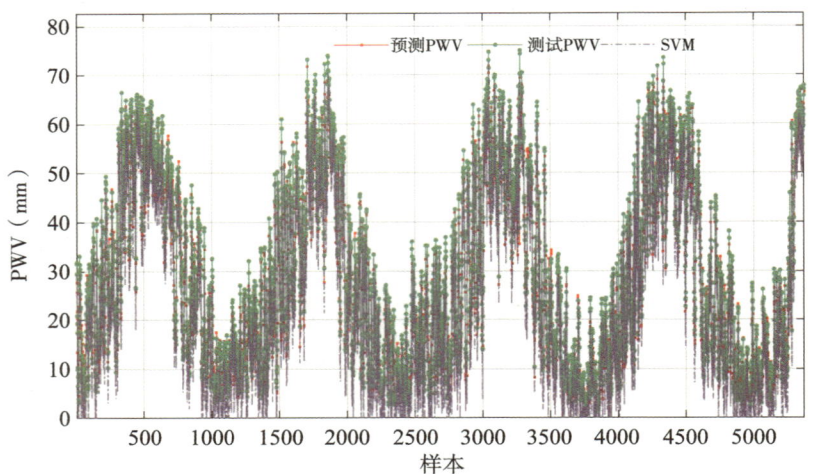

图 6-10　LSSVM-Adaboost 模型反演 PWV 精度对比（$R^2=0.99$，RMSE $=1.94$mm）

PWV 之间的精度对比图。在数据量级小的情况下（PWV 为 1~10mm），拟合值与原始 PWV 分布表现最为集中。统计结果表明，在一年的样本中，模型 RMSE 为 1.94mm，确定系数 R^2 为 0.99。

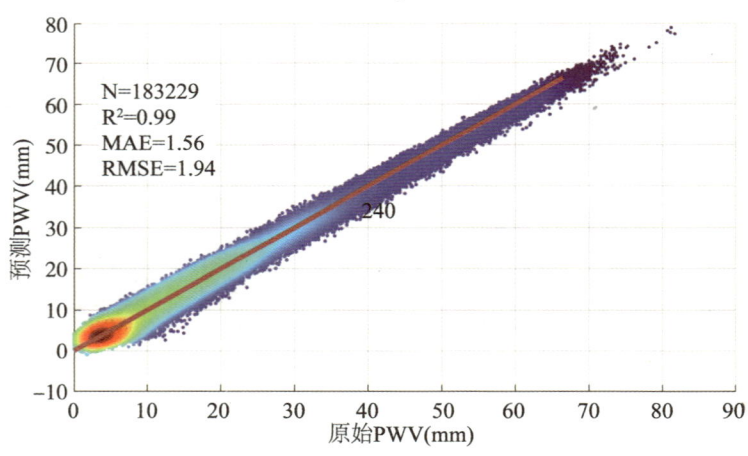

图 6-11　所有样本拟合预测图（$R^2=0.99$　RMSE $=1.94$(mm)）

图 6-12 展示了 LSSVM-Adaboost 模型的相对误差图，可以看出误差集中分布在±5mm，对应的误差分布直方图如图 6-13 所示。模型误差符合白噪声特性，满足正态分布，说明本章构建的 LSSVM-Adaboost 模型是有效、可靠的。

综上所述，统计结果表明，本章构建的 LSSVM-Adaboost 算法实现了全球水汽的高精

6.5 精度分析

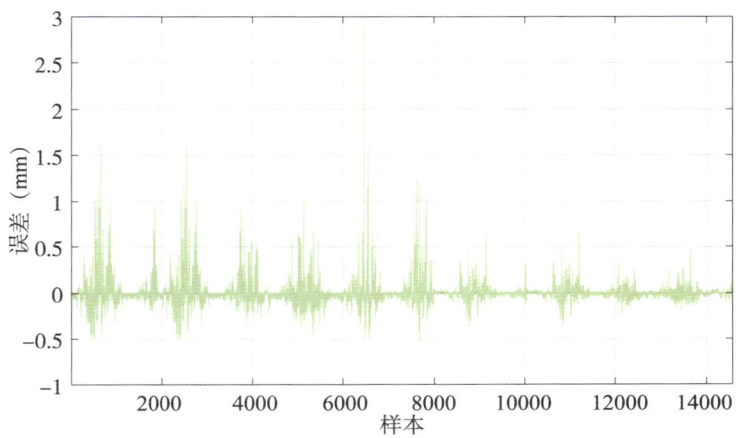

图 6-12 LSSVM-Adaboost 模型训练集相对误差

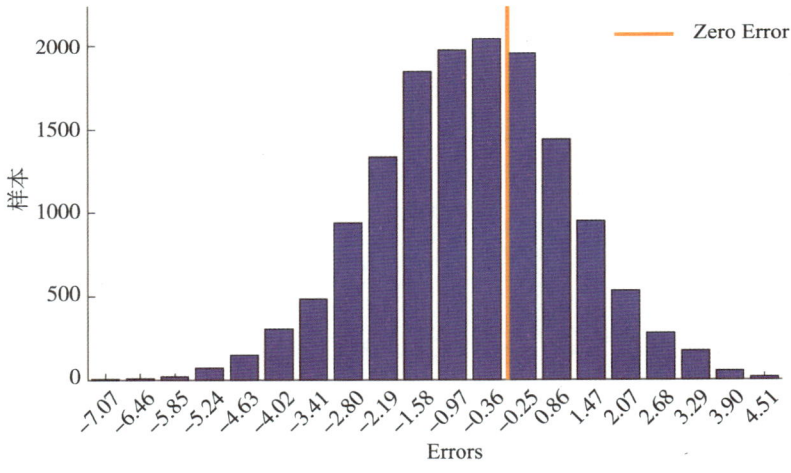

图 6-13 LSSVM-Adaboost 模型误差直方图（单位：mm）

度反演，模型精度在 2mm 以内，优于传统气象参数模型以及经典 SVM 算法，为水汽的高精度反演研究提供了理论依据和数据支撑。

◎ 本章小结

  LSSVM-Adaboost 是一种将 Adaboost 算法与 LSSVM 相结合的方法，用于解决多变量回归问题。通过迭代训练多个 LSSVM 模型，并根据每个模型的预测误差来调整样本权重，LSSVM-Adaboost 能够逐步提高模型的泛化能力，从而得到更准确的预测结果。本章基于 LSSVM-Adaboost 最小二乘支持向量机结合 AdaBoost 算法输入对流层湿延迟时空数据，反演 PWV。将多个弱分类器集成为一个强分类器，其中每个分类器针对不同的数据集和特征进行训练，算法的核心是将 LSSVM 作为基础模型，利用 AdaBoost 算法进行增强，训练多个 LSSVM 模型，每个模型使用不同的数据集和特征表示，然后将预测的结果综合考虑其时空变化特征并进行有机组合，形成一个具有高精度和强鲁棒性的新模型。利用 ERA5 再分析对流层湿延迟 ZWD 作为主要训练参数，结合格网的时空信息，以 ERA5 再分析 PWV 作为模型训练输出，实现 ZWD 向 PWV 的高精度转换，RMSE 优于 2mm，精度较高，拟合效果较好。

第 7 章 总结与展望

本书首先对比分析了对流层延迟的时间序列变化趋势图,分别研究了干延迟和湿延迟的时空特性,解决对流层延迟研究中遇到的问题和挑战,通过信号分解探索对流层延迟时空变化底层逻辑,以便于更好地应用于高精度定位改正和 GNSS 气象学等领域。围绕这条主线,本书从对流层延迟信号的模态分解出发,构建了 VMF 对流层延迟各项本征模态信号的分解,结合当日的天气状况,对比分析了本征模态分量剧烈抖动时的天气变化情况;将本征模态分量与长短期记忆神经网络算法相结合;构建了全球高精度对流层延迟预报模型,通过不同地区的精度分析评估了模型的可靠性;分析得出对流层干延迟变化相对稳定,在对流层延迟变化中起主导作用的主要是变化活跃的湿延迟,并将对流层湿延迟结合鹈鹕—卷积神经网络—长短期记忆神经网络算法,构建了高精度的湿延迟预报模型;最后,将湿延迟的时空信息作为主要训练参数,构建了最小二乘支持向量机集成 Adaboost 算法,实现水汽的高精度反演。以上技术创新有效解决了对流层延迟在复杂时空变化情况下的高精度预报难题,为对流层和水汽的发展及应用提供了理论支撑与数据服务。

7.1 研究工作总结

(1)针对全球对流层延迟时空变化复杂问题,在经典模态分解算法的基础上分析了全球对流层延迟时间序列的时空变化规律,研究并提出了一种基于变分模态算法的对流层延迟信号去噪、分解新方法。通过全球格网 VMF 对流层延迟时间序列信号的时空变化规律分析,构建了一种改进的本征模态分解算法,通过实验对比分别探讨了模态分量模态数 M 为 2、3、4、5、6、8 时的各项信号变化趋势与频域特征;分析了各项本征模态信号在对流层延迟变化中起到的作用,对比了各项模态信号的频率和振幅特征;将该特征结合当日的天气后报数据研究本征模态信号与天气之间的关系。实验结果表明,本征信号的变化与天气变化密切相关,当本征模态信号分解的力度足够细时,本征模态分量信号与天气现象几乎可以匹配,该理论可为进一步的研究提供理论依据。此外,绘制了各项本征模态分量在时间维度的频率和振幅图,结合 Hilbert 谱分析了对流层延迟变化的长短期特征规律,解决了当前对流层延迟模型无法准确表征其复杂变化和解释自然现象的问题,为高精度的对流层延迟研究和揭示其底层规律提供了高精度的数据成果。

(2)针对经典 LSTM 算法训练耗时存在过拟合的问题,本书在经典 LSTM 算法的基础上结合模态分解思想,构建了一种基于 VMD-LSTM 算法的全球对流层延迟预报模型。该算法对经典 LSTM 训练过程作出了改进,实现了全球对流层延迟的高精度预报。实验中,首先下载并处理了 GGOS 数据网站上发布的 5°×5° 的 VMF 格网对流层延迟数据,将 VMF

对流层延迟时间序列数据通过 VMD 信号分解算法进行模态分解，对比分析了每个模态分量的振幅与周期特征，对每个模态分量分配权值，选取在对流层延迟时间序列变化中起主导作用的本征模态信号，作为长短期记忆神经网络的输入参数，分别预报，然后根据每个模态的输出结果进行加权组合得到最终的对流层延迟预报产品。统计结果表明，该模型精度为 1.5cm 左右，相比于同类模型效率和精度显著提升。全球范围内精度空间分布结果表明，模型在高海拔地区优于低海拔地区，陆地区域优于海洋区域，精度在南北半球近似对称分布。以上分析结果证明了本书构建的对流层延迟预报模型具有可靠性，有效解决了全球对流层延迟高精度预报的难题，为大范围对流层延迟研究提供了数据支撑。

（3）针对经典卷积神经网络超参数多，难以快速搜索最优超参数的问题，本书结合鹈鹕算法、卷积神经网络算法和经典 LSTM 算法，构建一种基于 POA-CNN-LSTM 算法的 ZWD 精化模型。实验首先分析了对流层延迟的时空变化特征，分别探讨了干延迟和湿延迟的时间序列变化趋势以及在全球范围内对流层延迟变化趋势与海拔的关联性，在对流层延迟中起主导作用的是湿延迟，而干延迟相对稳定。湿延迟在北半球中高纬度变化正余弦周期信号明显，赤道区域变化活跃规律性较差，在南半球规律性相对较弱，为了研究对流层延迟的底层规律，揭示相关的自然现象并服务于高精度预报，本书将对流层湿延迟结合鹈鹕算法优化卷积神经网络中的超参数，再将卷积后的结果结合长短期记忆神经网络算法构建高精度的对流层湿延迟预报模型，通过鹈鹕算法有效解决了卷积神经网络中超参数设置的难题，卷积与长短期记忆神经网络相结合发挥了 LSTM 中记忆细胞的优势，同时发挥了卷积的优势，实现对流层湿延迟时间序列数据的局部连接。统计结果表明，模型的全球平均精度为 12mm。相比同类模型精度显著提升。

（4）针对水汽反演效率低、精度受限的难题，在经典支持向量机算法的基础上，本书研究了 LSSVM-Adboost 集成算法，构建了顾及对流层湿延迟的 PWV 反演模型。针对对流层湿延迟及时空数据作为最小二乘支持向量机的输入，将 ERA5 PWV 作为模型特征输出，构建 M 个弱分类器，再将多个弱分类器根据湿延迟的时空变化特性导致输出精度的差异加权求和，集成学习形成强分类器，最终得到 PWV 反演产品。通过最小二乘算法融合支持向量机，解决了经典单一支持向量机算法无法解决全球对流层湿延迟时空数据量大、时间序列长的难题，降低了算法复杂度，提升了训练的效率。先由若干个弱学习器学习，然后再将这若干个弱分类器集成，实现了分部训练，得到了高精度的水汽反演模型，统计结果表明，模型精度(以 RMSE 计)为 1.94mm，与同类模型相比，精度有显著提升，为对流层湿延迟的进一步应用和水汽研究提供了一种新思路。

7.2　本书创新点

本书研究的关注点主要是基于机器学习算法的全球高精度对流层延迟建模、湿延迟预报模型研究和高精度水汽反演研究，为近地空间环境学的发展提供了新方法，主要创新点有以下几方面：

（1）提出了基于变分模态分解的对流层延迟信号分解算法，揭示了对流层延迟中隐藏的多个本征模态信号分量，分析了对全球范围内对流层延迟时空变化起主导作用的各项本征模态信号及其变化特征,研究了对流层延迟各模态分量的时域、频域变化趋势,最后对比验证了在降雨、降雪等天气事件下各本征模态分量的变化规律,探索本征模态信号与天气现象的相关性,为对流层延迟的进一步研究奠定了理论基础并提供了数据支撑。

(2)利用长短期记忆神经网络算法,构建了顾及本征模态分量的高精度对流层延迟预报模型。对各项本征模态分量分别预报,然后再对其加权求和恢复对流层延迟时间序列信号,分析了模态分解信号融合长短期记忆神经网络模型精度在全球范围内的变化情况,评估了模型可靠性。统计结果表明,该模型显著提升了预报时长和预报精度,为全球范围内对流层延迟预报产品提供了数据服务。

(3)融合鹈鹕算法、卷积神经网络算法和长短期记忆神经网络算法构建了全球对流层湿延迟预报模型。通过鹈鹕算法解决了卷积算法超参数优化的难题,将卷积与长短期记忆神经网络算法结合,解决了长短期记忆神经网络经典算法过拟合、训练慢的问题。分析了对流层湿延迟模型预报精度在全球范围内的时空变化特性,实现了全球范围内对流层湿延迟的高精度预报,与同类模型相比精度显著提升,为 GNSS 近地空间环境学的发展提供了可靠数据。

(4)构建了顾及对流层湿延迟的最小二乘支持向量机融合 Adaboost 水汽反演模型,将全球格网点的对流层湿延迟和对应的时间、格网经纬度高程等空间信息作为训练输入参数,将大气可降水量参数 PWV 作为模型输出参数,构建了高效快速的支持向量机集成模型。实现了全球范围湿延迟向水汽的高效转化,解决了传统模型对转化系数的依赖,与同类模型相比,精度显著提升,充分发挥了对流层延迟和水汽的综合应用,为 GNSS 气象学的发展提供了理论支撑和数据服务。

7.3 研究展望

本书构建了对流层延迟信号分解模型、对流层延迟预报模型、对流层湿延迟模型,顾及对流层湿延迟时空信息,实现了对流层延迟的高精度预报模型研究和水汽反演。然而,全球数据量大、成果形式丰富,今后将考虑构建对流层延迟数据共享平台,服务于北斗快速精密定位,提供大气延迟改正数,也可应用于气象学的研究。

此外,可将分解后的对流层延迟信号与风速、火灾、地震等极端事件相结合,进一步研究对流层延迟与自然特征直接的联系,进一步将本书构建的信号分解算法推广至地震波、信号噪声提取等领域的研究中。

缩略词中英文对照

缩略词	英　　文	中　　文
BDS	beidou navigation satellite system	北斗卫星导航系统
CNN	convolution neural network	卷积神经网络
ConvLSTM	convolutional long short-term memory	卷积长短期记忆
CORS	continuous operational reference system	连续运行参考站系统
COSMIC	constellation observing system for meteorology, ionosphere and climate	气象、电离层及气候观测系统星座
DL	deep learning	深度学习
DNN	deep neural network	深度神经网络
Galileo	galileo positioning system	伽利略导航系统
GMF	global mapping function	全球映射函数模型
GNSS	global navigation satellite system	全球卫星导航系统
GPS	global positioning system	全球定位系统
IGS	international GNSS service	国际全球导航卫星系统服务
IMF	intrinsic mode function	本征模态函数
LSSVM	least square support vector machine	最小二乘支持向量机
LSTM	long short-term memory	长短期记忆
MAE	mean absolute error	平均绝对误差
NWM	numerical weather model	数值天气模型
POA	pelican optimization algorithm	鹈鹕优化算法
PWV	precipitable water vapor	大气可降水量
PPP	precision point positioning	精密单点定位
RMSE	root mean squared error	均方根误差
RNN	recurrent neural network	循环神经网络
SVD	singular value decomposition	奇异值分解
SVM	support vector machine	支持向量机
UT	universal time	世界时间

续表

缩略词	英　文	中　文
VMD	variational mode decomposition	变分模态分解算法
ZTD	zenith total delay	对流层天顶总延迟
ZHD	zenith hydrostatic delay	对流层静力学延迟
ZWD	zenith wet delay	对流层湿延迟

参 考 文 献

[1] ALSHAWAF F, ZUS F, BALIDAKIS K, et al. On the statistical significance of climatic trends estimated from GPS tropospheric time series [J]. Journal of Geophysical Research: Atmospheres, 2018, 123 (19): 10-967.

[2] ALTINER Y, MERVART L, SOEHNE W, et al. Real-time PPP results from global orbit and clock corrections [J]. EGU General Assembly Conference Abstracts, 2010.

[3] ANANTRASIRICHAI N, BIGGS J, ALBINO F, et al. A deep learning approach to detecting volcano deformation from satellite imagery using synthetic datasets [J]. Remote Sens. Environ, 2019, 230: 111179.

[4] ANTHONY M, BARTLETT P. L. Neural Network Learning: Theoretical Foundations [M]. London: Cambridge University Press, 2009.

[5] ASKNE J, NORDIUS H. Estimation of tropospheric delay for microwaves from surface weather data [J]. Radio Science, 1987, 22 (3): 379-386.

[6] BAARDA W, Statistical concepts in geodesy [J]. Netherlands Geodetic Commission, Publ. on Geodesy, New Series, 1967, 2 (4): 1-74.

[7] BAARDA, W, A testing procedure for use in geodetic networks [J]. Netherlands Geodetic Commission, Publ. on Geodesy, New Series, 1968, 2 (5): 1-97.

[8] BADRINARAYANAN V, KENDALL A, CIPOLLA R. Segnet. A deep convolutional encoder-decoder architecture for image segmentation [J]. IEEE Trans. Pattern Anal. Mach. Intell, 2017: 39, 2481-2495.

[9] BAI J, LOU Y, ZHANG W, et al. Impact analysis of processing strategies for long-term GPS zenith tropospheric delay (ZTD) [J]. Atmospheric Measurement Techniques, 2023, 16 (21): 5249-5259.

[10] BAI J, NG S. Tests for skewness, kurtosis, and normality for time series data [J]. Journal of Business and Economic Statistics, 2005, 23 (1): 49-60.

[11] BENEVIDES P, CATALAO J, MIRANDA P M A. On the inclusion of GPS precipitable water vapour in the nowcasting of rainfall [J]. Natural Hazards and Earth System Sciences, 2015, 15 (12): 2605-2616.

[12] BEVIS M, BUSINGER S, HERRING T A, et al. GPS meteorology: Remote sensing of atmospheric water vapor using the Global Positioning System [J]. Journal of Geophysical Research: Atmospheres, 1992, 97 (D14): 15787-15801.

[13] BISNATH S, GAO, Y. Precise point positioning [J]. GPS World, 2009, 20 (4): 43-50.

[14] BLACK H D. An easily implemented algorithm for the tropospheric range correction [J]. Journal of Geophysical Research: Solid Earth, 1978, 83 (B4): 1825-1828.

[15] BLACK H D. An easily implemented algorithm for the tropospheric range correction [J]. Geophys. Res. Solid Earth, 1978, 83: 1825-1828.

[16] BLEWITT G. Carrier phase ambiguity resolution for the Global Positioning System applied to geodetic baselines up to 2000 km [J]. Journal of Geophysical Research: Solid Earth, 1989, 94 (B8): 10187-10203.

[17] BOCK O, DOERFLINGER E. Atmospheric modeling in GPS data analysis for high accuracy positioning [J]. Physics and Chemistry of the Earth, Part A: Solid Earth and Geodesy, 2001, 26 (6-8): 373-383.

[18] BOCK O, WILLIS P, WANG J, et al. A high quality, homogenized, global, long term (1993-2008) DORIS precipitable water data set for climate monitoring and model verification [J]. Journal of Geophysical Research: Atmospheres, 2014, 119 (12): 7209-7230.

[19] BOEHM J, NIELL A, TREGONING P, et al. GLobal Mapping Function (GMF): A new empirical mapping function based on numerical weather model data [J]. Geophysical Research Letters, 2006, 33 (7).

[20] BOEHM J, WERL B, SCHUH H. Troposphere mapping functions for GPS and very long baseline interferometry from European Centre for Medium-Range Weather Forecasts operational analysis data [J]. Journal of Geophysical Research: Solid Earth, 2006, 111 (B2).

[21] BÖHM J, HEINKELMANN R, SCHUH H. Short note: a global model of pressure and temperature for geodetic applications [J]. Journal of Geodesy, 2007, 81 (10): 679-683.

[22] BÖHM, J., MöLLER, G., SCHINDELEGGER, M., et al. Development of an improved empirical model for slant delays in the troposphere (GPT2w) [J]. GPS Solutions, 2015, 19 (3): 433-441.

[23] BUCK A L. New equations for computing vapor pressure and enhancement factor [J]. Journal of Applied Meteorology and Climatology, 1981, 20 (12): 1527-1532.

[24] CALLAHAN P S. Prediction of tropospheric wet-component range error from surface measurements [R]. Progress Report for September and October, 1973: 41.

[25] CHEN W, GAO C, PAN S. Assessment of GPT2 empirical troposphere model and application analysis in precise point positioning [C]. China Satellite Navigation Conference (CSNC), 2014, Proceedings: Volume II.

[26] COLLINS J P, LANGLEY R B. A Tropospheric Delay Model for the User of the Wide Area

Augmentation System [J]. University of New Brunswick. Department of Geodesy and Geomatics Engineering: Fredericton, NB, Canada, 1997.

[27] DALGKITSIS A, LOUTA M, KARETSOS G T. Traffic forecasting in cellular networks using the LSTM RNN [C]. In Proceedings of the 22nd Pan-Hellenic Conference on Informatics, Athens, Greece, 29 November-1 December, 2018: 28-33.

[28] DAVIS J L, HERRING T A, SHAPIRO I I. et al. Geodesy by radio interferometry: Effects of atmospheric modeling errors on estimates of baseline length [J]. Radio Science, 1985, 20 (6): 1593-1607.

[29] DE OLIVEIRA P S, MOREL L, FUND F, et al. Modeling tropospheric wet delays with dense and sparse network configurations for PPP-RTK [J]. GPS Solutions, 2017, 21 (1): 237-250.

[30] DING M, HU W, JIN X, et al. A new ZTD model based on permanent ground-based GNSS-ZTD data [J]. Survey Review, 2015, 48 (351): 385-391.

[31] DOUSA J, VACLAVOVIC P. The Evaluation of Ground-Based GNSS Tropospheric Products at Geodetic Observatory Pecný [C]. In IAG 150 Years 2015: 759-765.

[32] DOUŠA J, ELIAŠ M, VÁCLAVOVIC P, et al. A two-stage tropospheric correction model combining data from GNSS and numerical weather model [J]. GPS Solut. 2018, 22: 1-13.

[33] DU Z, ZHAO Q, YAO W, et al. Improved GPT2w (IGPT2w) model for site specific zenith tropospheric delay estimation in China [J]. Journal of Atmospheric and Solar-Terrestrial Physics, 2020, 198: 105202.

[34] DUAN J, BEVIS M, FANG P, et al. GPS Meteorology: Direct Estimation of the Absolute Value of Precipitable Water [J]. Journal of Applied Meteorology, 1996, 35 (6): 830-838.

[35] EJIGU Y G, HUNEGNAW A, ABRAHA K E, et al. Impact of GPS antenna phase center models on zenith wet delay and tropospheric gradients [J]. GPS Solutions, 2019, 23 (1): 1-15.

[36] ELSOBEIEY M, AL-HARBI S. Performance of real-time Precise Point Positioning using IGS real-time service [J]. GPS Solutions, 2016, 20 (3): 565-571.

[37] FREDERICKSON G N. An optimal algorithm for selection in a min-heap [J]. Inf. Comput, 1993, 104: 197-214.

[38] FROOT K A, ROGOFF K. Perspectives on PPP and long-run real exchange rates [J]. Handbook of International Economics, 1995, 3: 1647-1688.

[39] GAFFEN D J, ELLIOTT W P, ROBOCK A. Relationships between tropospheric water vapor and surface temperature as observed by radiosondes [J]. Geophysical Research Letters, 1992, 19 (18): 1839-1842.

[40] GAO Y, CHEN K. Performance analysis of precise point positioning using real-time orbit

and clock products [J]. Journal of Global Positioning Systems, 2004, 3 (1-2): 95-100.

[41] GARCíA-LAENCINA P J, SANCHO-GÓMEZ J-L, FIGUEIRAS-VIDAL A R, et al. K nearest neighbours with mutual information for simultaneous classification and missing data imputation [J]. Neurocomputing, 2009, 72 (7-9): 1483-1493.

[42] GE M, GENDT G, ROTHACHER M, et al. Resolution of GPS carrier-phase ambiguities in precise point positioning (PPP) with daily observations [J]. Journal of Geodesy, 2008, 82 (7): 389-399.

[43] GE M, ZOU X, DICK G, et al. An alternative Network RTK approach based on undifferenced observation corrections [C]. Portland ION GNSS, 2010.

[44] GENDT G, DICK G, REIGBER C, et al. Near real time GPS water vapor monitoring for numerical weather prediction in Germany [J]. Journal of the Meteorological Society of Japan. Ser. II, 2004, 82 (1B): 361-370.

[45] GENG J, BOCK Y. Triple-frequency GPS precise point positioning with rapid ambiguity resolution [J]. Journal of Geodesy, 2013, 87 (5): 449-460.

[46] GENG J, BOCK Y. GLONASS fractional-cycle bias estimation across inhomogeneous receivers for PPP ambiguity resolution [J]. Journal of Geodesy, 2016, 90 (4): 379-396.

[47] GENG J, CHEN X, PAN Y, et al. A modified phase clock/bias model to improve PPP ambiguity resolution at Wuhan University [J]. Journal of Geodesy, 2019b, 93 (10): 2053-2067.

[48] GENG J, CHEN X, PAN Y, et al. A modified phase clock/bias model to improve PPP ambiguity resolution at Wuhan University [J]. Journal of Geodesy, 2019b, 93 (10): 2053-2067.

[49] GENG J, GUO J, CHANG H, et al. Towards global instantaneous decimeter-level positioning using tightly-coupled multi-constellation and multi-frequency GNSS [J]. Journal of Geodesy, 2019, 93 (7): 977-991.

[50] GENG J, GUO J, CHANG H, et al. Towards global instantaneous decimeter-level positioning using tightly-coupled multi-constellation and multi-frequency GNSS [J]. Journal of Geodesy, 2019, 93 (7): 977-991.

[51] GENG J, GUO J, CHANG H, et al. Toward global instantaneous decimeter-level positioning using tightly coupled multi-constellation and multi-frequency GNSS [J]. Journal of Geodesy, 2019a, 93 (7): 977-991.

[52] GENG J, TFFERLE FN, SHI C, et al. Ambiguity resolution in precise point positioning with hourly data [J]. GPS Solutions, 2009, 13 (4): 263-270.

[53] GHODDOUSI-FARD R, DARE P, LANGLEY R B. Tropospheric delay gradients from numerical weather prediction models: effects on GPS estimated parameters [J]. GPS Solutions, 2009, 13 (4): 281-291.

[54] GONG Y, LIU Z, FOSTER J H. Evaluating the Accuracy of Satellite-Based Microwave

Radiometer PWV Products Using Shipborne GNSS Observations Across the Pacific Ocean [J]. IEEE Transactions on Geoscience and Remote Sensing, 2021, 60: 1558-0644.

[55] GRAVES A. Generating sequences with recurrent neural networks. arXiv preprint arXiv: 2013, 1308. 0850.

[56] GRUBBS, F E. Procedures for detecting outlying observations in samples [J]. Technometrics, 1969, 11 (1): 1-21.

[57] GU J, FAN D, JIANG N, et al. A noise detection method for NDVI time series data based on dixon test. In 2012 First International Conference on Agro-Geoinformatics [J]. IEEE, 2012: 1-5.

[58] GUO M, ZHANG H. Exploration and analysis of the factors influencing GNSS PWV for nowcasting applications [J]. Advances in Space Research, 2021, 67 (12): 3960-3978.

[59] HADAS T, KAPLON J, BOSY J, et al. Near-real-time regional troposphere models for the GNSS precise point positioning technique [J]. Measurement Science and Technology, 2013, 24 (5): 055003.

[60] HADAS T, TEFERLE F N, KAZMIERSKI K, et al. Optimum stochastic modeling for GNSS tropospheric delay estimation in real-time [J]. GPS Solutions, 2017, 21 (3): 1069-1081.

[61] HAN K, WANG Y, CHEN H, et al. A survey on vision transformer. arXiv 2020, arXiv: 2012. 12556.

[62] HÉROUX P, KOUBA J. GPS precise point positioning with a difference [J]. Natural Resources Canada, Geomatics Canada, Geodetic Survey Division, 1995: 13-15.

[63] HERRING T. Modeling atmospheric delays in the analysis of space geodetic data. Proceedirws of Refraction of Transatmospheric simals in Geodesy, eds [J]. JC De Munck and TA Spoelstra: Netherlands Geodetic Commission Publications on Geodesy, 1992, 36 (4).

[64] HOCHREITER S, SCHMIDHUBER J. Long short-term memory [J]. Neural Computation, 1997, 9 (8): 1735-1780.

[65] HOPFIELD H. Two-quartic tropospheric refractivity profile for correcting satellite data [J]. Journal of Geophysical Research, 1969, 74 (18): 4487-4499.

[66] HOPFIFIELD H S. Two-quartic tropospheric refractivity profifile for correcting satellite data [J]. Geophys. Res, 1969, 74: 4487-4499.

[67] HUANG L, GUO L, LIU L, et al. Accuracy analysis of ZTD and ZWD calculated from MERRA-2 reanalysis data over China [J]. Geomatics and Information Science of Wuhan University, 2023, 48 (3): 416-424.

[68] HUANG L, WANG X, et al. High-precision GNSS PWV retrieval using dense GNSS sites and in-situ meteorological observations for the evaluation of MERRA-2 and ERA5 reanalysis products over China [J]. Atmospheric Research, 2022, 276: 0169-8095.

[69] HUANG B, JI, Z, ZHAI, R, et al. Clock bias prediction algorithm for navigation satellites based on a supervised learning long short-term memory neural network [J]. GPS Solutions, 2021, 25 (2): 1-16.

[70] IFADIS I. The atmospheric delay of radio waves: modelling the elevation dependence on a global scale [R]. Licentiate Thesis, Technical Report, 1986, 38.

[71] ASTUDILLO J M, LAU L, TANG Y, et al. Analyzing the zenith tropospheric delay estimates in on-line precise point positioning (PPP) services and PPP software packages [J]. Sensors, 2018: 1-16.

[72] COLLINS J P, LANGLEY B R, A tropospheric delay model for the user of the wide area augmentation system [J]. University of New Brunswick, Department of Geodesy and Geomatics Engineering, 1997.

[73] JIA S, MIN L QILE Z, et al. A real time regional zenith troposphere delay model and its application in PPP [J]. Bulletin of Surveying and Mapping, 2018, (4): 1.

[74] JIANG C, GAO X, WANG S, et al. Comparison of ZTD derived from CARRA, ERA5 and ERA5-Land over the Greenland based on GNSS [J]. Advances in Space Research, 2023, 72 (11): 4692-4706.

[75] JIANG P, YE S, CHEN D, et al. Retrieving Precipitable Water Vapor Data Using GPS Zenith Delays and Global Reanalysis Data in China [J]. Remote Sens. 2016, 8: 389.

[76] JIN S, LUO O F, GLEASON S. Characterization of diurnal cycles in ZTD from a decade of global GPS observations [J]. Journal of Geodesy, 2009, 83 (6): 537-545.

[77] KALAMKAR S S, BANERJEE A, ROYCHOWDHURY A. Malicious user suppression for cooperative spectrum sensing in cognitive radio networks using Dixon's outlier detection method. In 2012 National Conference on Communications (NCC) [J]. IEEE, 2012: 1-5.

[78] KARAIM M E, ABOELMAGD N. GNSS Error sources, multifunctional operation and application of GPS [J]. Rustam B. Rustamov and Arif M. Hashimov, IntechOpen, 2018.

[79] KE F, ZHAO P, YU W, et al. Response of Meiyu process considering the temporal and spatial characteristics of GNSS PWV [J]. Theoretical and Applied Climatology, 2023, 155 (2): 1301-1319.

[80] KONDO K, ISHIKAWA A, KIMURA M. Sequence to sequence with attention for influenza prevalence prediction using google trends [C]. International Conference on Computational Biology and Bioinformatics, New York, NY, USA, 17-19 October 2019: 1-7.

[81] KOS T, BOTINCAN M, MARKEZIC, I. Estimation of tropospheric delay models compliance [C]. International Symposium ELMAR, 2008, 2: 381-384.

[82] KOUBA J. Implementation and testing of the gridded Vienna Mapping Function 1 (VMF1) [J]. Journal of Geodesy, 2008, 82: 193-205.

[83] KOUBA J, HéROUX P. Precise point positioning using IGS orbit and clock products [J].

参考文献

GPS Solutions, 2001, 5 (2): 12-28.

[84] KRUEGER E, SCHUELER T, ARBESSER-RASTBURG B. The standard tropospheric correction model for the European satellite navigation system Galileo [J]. Proc. General Assembly URSI, 2005: 23-29.

[85] LAGLER K, SCHINDELEGGER M, BöHM J, KRáSNá H, et al. GPT2: Empirical slant delay model for radio space geodetic techniques [J]. Geophysical Research Letters, 2013, 40 (6): 1069-1073.

[86] LANDSKRON D, BöHM J. VMF3/GPT3: Refined discrete and empirical troposphere mapping functions [J]. Geod, 2018, 92: 349-360.

[87] LEANDRO R, SANTOS M, LANGLEY R. UNB neutral atmosphere models: development and performance [C]. National Technical Meeting of The Institute of Navigation, 2006.

[88] LI H, ZHU G, KANG Q, et al. A global zenith tropospheric delay model with ERA5 and GNSS-based ZTD difference correction [J]. GPS Solutions, 2023, 27 (3): 154.

[89] LI J, ZHANG B, YAO Y, et al. A Refined Regional Model for Estimating Pressure, Temperature, and Water Vapor Pressure for Geodetic Applications in China [J]. Remote Sens, 2020, 12 (11): 1713.

[90] LI T, WANG L, CHEN R, et al. Refining the empirical global pressure and temperature model with the ERA5 reanalysis and radiosonde data [J]. Journal of Geodesy, 2021, 95: 1-17.

[91] LI W, YUAN Y, OU J, et al. IGGtrop_SH and IGGtrop_rH: Two improved empirical tropospheric delay models based on vertical reduction functions [J]. IEEE Transactions on Geoscience and Remote Sensing, 2018, 56 (9): 5276-5288.

[92] LI X, LONG D. An improvement in accuracy and spatiotemporal continuity of the MODIS precipitable water vapor product based on a data fusion approach [J]. Remote Sensing of Environment, 2020, 248: 111966.

[93] LI B, ZHANG Z, SHEN Y, et al. A procedure for the significance testing of unmodeled errors in GNSS observations [J]. Journal of Geodesy, 2018, 92 (10): 1171-1186.

[94] LI L, LU Z, CHEN Z, et al. Parallel computation of regional CORS network corrections based on ionospheric-free PPP [J]. GPS Solutions, 2019, 23 (3): 1-12.

[95] LI L, XU Y, YAN L, et al. A Regional NWP Tropospheric Delay Inversion Method Based on a General Regression Neural Network Model [J]. Sensors, 2020, 20 (11): 3167.

[96] LI S, JIN X, XUAN Y, et al. Enhancing the locality and breaking the memory bottleneck of transformer on time series forecasting [J]. Adv. Neural Inf. Processing Syst, 2019, 32: 5243-5253.

[97] LI W, YUAN Y, OU J, et al. IGGtrop_SH and IGGtrop_rH: Two improved empirical tropospheric delay models based on vertical reduction functions [J]. IEEE Transactions on Geoscience and Remote Sensing, 2018, 56 (9): 5276-5288.

[98] LI W, YUAN Y, OU J, et al. New versions of the BDS/GNSS zenith tropospheric delay model IGGtrop [J]. Journal of geodesy, 2015, 89 (1): 73-80.

[99] LI W, YUAN Y, OU J, et al. A new global zenith tropospheric delay model IGGtrop for GNSS applications [J]. Chinese Science Bulletin, 2012, 57 (17): 2132-2139.

[100] LIAO S, YANG C, LI D. Improving precise point positioning performance based on Prophet model [J]. Plos One, 2021, 16 (1): e0245561.

[101] LIU Z, WEN Y, ZHANG X, et al. A novel rainfall forecast model using GNSS observations and CAPE in Singapore [J]. Journal of Atmospheric and Solar-Terrestrial Physics, 2023, 253: 106158.

[102] LIU J P, ZHU YG. GPS precise point positioning by using undifferenced phase observation [J]. Geomatics and Spatial Information Technology, 2012, 06.

[103] LIU L, ZOU S, YAO Y, et al. Forecasting global ionospheric total electron content (TEC) using deep learning [C]. In AGU Fall Meeting Abstracts, 2020: 4-17.

[104] LOU Y, ZHENG F, GU S, et al. Multi-GNSS precise point positioning with raw single-frequency and dual-frequency measurement models [J]. GPS Solutions, 2016, 20 (4): 849-862.

[105] LU C, ZHANG Y, ZHENG Y, et al. Precipitable water vapor fusion of MODIS and ERA5 based on convolutional neural network [J]. GPS Solutions, 2023, 27 (1): 15.

[106] MA X, YAO Y, ZHANG B, et al. An improved MODIS NIR PWV retrieval algorithm based on an artificial neural network considering the land-cover types [J]. IEEE Transactions on Geoscience and Remote Sensing, 2022, 60: 1-12.

[107] MA X, ZHAO Q, YAO Y, et al. A novel method of retrieving potential ET in China [J]. Journal of Hydrology, 2021, 598: 126271.

[108] MA Y, ZHANG Z, IHLER, A. Multi-lane short-term traffic forecasting with convolutional LSTM network [J]. IEEE Access, 2020, 8: 34629-34643.

[109] MALYS S, JENSEN PA. Geodetic Point Positioning with GPS Carrier Beat Phase Data from the CASA UNO Experiment [R]. Geophysical Research Letters, 1990, 17 (5): 651-654.

[110] MEMMO A, FIONDA E, PAOLUCCI, T, et al. Comparison of MM5 integrated water vapor with microwave radiometer, GPS, and radiosonde measurements [J]. IEEE Transactions on Geoscience and Remote Sensing, 2005, 43 (5): 1050-1058.

[111] MENDEZ ASTUDILLO J, LAU L, TANG Y T, et al. Analysing the zenith tropospheric delay estimates in on-line precise point positioning (PPP) services and PPP software packages [J]. Sensors, 2018, 18 (2): 580.

[112] MIAO K, HAN T, YAO Y, et al. Application of LSTM for short term fog forecasting based on meteorological elements [J]. Neurocomputing, 2020, 408: 285-291.

[113] MIR-REZA G R, BEHZAD V. Estimation of tropospheric wet refractivity using

tomography method and artificial neural networks in Iranian case study [J]. GPS Solutions, 2020, 24 (3).

[114] MOHAMMED J. Artificial neural network for predicting global sub-daily tropospheric wet delay [J]. Journal of Atmospheric and Solar-Terrestrial Physics, 2021, 217: 105612.

[115] MUNEKANE H, BOEHM J. Numerical simulation of troposphere-induced errors in GPS-derived geodetic time series over Japan [J]. Journal of Geodesy, 2010, 84 (7): 405-417.

[116] MURRAY MP, SEIREG A, SCHOLZ R C. Center of gravity, center of pressure, and supportive forces during human activities [J]. Journal of Applied Physiology, 1967, 23 (6): 831-838.

[117] PENNA N, DODSON A, CHEN W. Assessment of EGNOS Tropospheric Correction Model [J]. Journal of Navigation, 2001, 54 (1): 37-55.

[118] NAIR K. The distribution of the extreme deviate from the sample mean and its studentized form [J]. Biometrika, 1948, 35 (1/2): 118-144.

[119] NIE Z, LIU F, GAO Y. Real-time precise point positioning with a low-cost dual-frequency GNSS device [J]. GPS Solutions, 2020, 24 (1): 1-11.

[120] NIELL A. Preliminary evaluation of atmospheric mapping functions based on numerical weather models [J]. Physics and Chemistry of the Earth, Part A: Solid Earth and Geodesy, 2001, 26 (6-8): 475-480.

[121] NIELL A E. Global mapping functions for the atmosphere delay at radio wavelengths [J]. Journal of Geophysical Research: Solid Earth, 1996, 101 (B2): 3227-3246.

[122] NIKOLAIDOU T, NIEVINSKI F, BALIDAKIS K, et al. PPP without troposphere estimation: impact assessment of regional versus global numerical weather models and delay parametrization [J]. International Symposium on Advancing Geodesy in a Changing World, 2018: 107-118.

[123] NILSSON T, GRADINARSKY L. Water vapor tomography using GPS phase observations: simulation results [J]. IEEE Transactions on Geoscience and remote sensing, 2006, 44 (10): 2927-2941.

[124] NOWEL K. Specification of deformation congruence models using combinatorial iterative DIA testing procedure [J]. Journal of Geodesy, 2020, 94 (12): 1-23.

[125] OSAH S, ACHEAMPONG A A, FOSU C, et al. Deep learning model for predicting daily IGS zenith tropospheric delays in West Africa using TensorFlow and Keras [J]. Adv. Space Res, 2021, 68: 1243-1262.

[126] PASCANU R, MIKOLOV T, BENGIO Y. On the difficulty of training recurrent neural networks [C]. International Conference on Machine Learning, 2013: 1310-1318. PMLR.

[127] PENNA N, DODSON A, CHEN, W. Assessment of EGNOS tropospheric correction model

[J]. The Journal of Navigation, 2001, 54 (1): 37-55.

[128] PIKRIDAS C, KATSOUGIANNOPOULOS S, IFADIS I. Predicting Zenith Tropospheric Delay using the Artificial Neural Network technique. Application to selected EPN stations [J]. Journal of the National Cancer Institute, 2010, 88 (24): 1803-1805.

[129] LEANDRO R, SANTOS M, LANGLEY R B. UNB Neutral Atmosphere Models: Development and Performance [C]. Proceedings of the National Technical Meeting of the Institute of Navigation Ntm, 2006.

[130] ROCKEN C, VAN HOVE T, WARE R. Near real-time GPS sensing of atmospheric water vapor [J]. Geophysical Research Letters, 1997, 24 (24): 3221-3224.

[131] ROCKEN C, WARE R, VAN HOVE T, et al. Sensing atmospheric water vapor with the Global Positioning System [R]. Geophysical Research Letters, 1993, 20 (23): 2631-2634.

[132] ROHM W, BOSY, J. The verification of GNSS tropospheric tomography model in a mountainous area [R]. Advances in Space Research, 2011, 47 (10): 1721-1730.

[133] ROSS R J, ROSENFELD S. Estimating mean weighted temperature of the atmosphere for Global Positioning System applications [J]. Journal of Geophysical Research: Atmospheres, 1997, 102 (D18): 21719-21730.

[134] RÓZSA S, AMBRUS B, JUNI I, et al. An advanced residual error model for tropospheric delay estimation [J]. GPS Solutions, 2020, 24 (4): 1-15.

[135] RUWALI A, KUMAR A S, PRAKASH K B, et al. Implementation of Hybrid Deep Learning Model (LSTM-CNN) for Ionospheric TEC Forecasting Using GPS Data [J]. IEEE Geoscience and Remote Sensing Letters, 2020.

[136] SAASTAMOINEN J. Contributions to the theory of atmospheric refraction [J]. Bull. Géodésique (1946-1975) 1973, 105: 279-298.

[137] SCHUELER M G, HIGGINS A W, RUDD M K, et al. Genomic and genetic definition of a functional human centromere [J]. Science, 2001, 294 (5540): 109-115.

[138] SCHÜLER T. The TropGrid2 standard tropospheric correction model [J]. GPS Solutions, 2014, 18 (1): 123-131.

[139] SEKULIĆ A, KILIBARDA M, PROTIĆ D, et al. A high-resolution daily gridded meteorological dataset for Serbia made by Random Forest Spatial Interpolation [J]. Scientific Data, 2021, 8 (1): 1-12.

[140] SHAMSHIRI R, MOTAGH M, NAHAVANDCHI H, et al. Improving tropospheric corrections on large-scale Sentinel-1 interferograms using a machine learning approach for integration with GNSS-derived zenith total delay (ZTD) [J]. Remote Sens. Environ, 2020, 239: 111608.

[141] SHAW P, USZKOREIT J, VASWANI A. Self-attention with relative position

representations. arXiv 2018, arXiv: 1803.02155.

[142] SHERSTINSKY A. Fundamentals of Recurrent Neural Network (RNN) and Long Short-Term Memory (LSTM) Network [J]. Phys. D Nonlinear Phenom, 2020, 404: 132306.

[143] SHI J, LI X, LI L, et al. An efficient deep learning-based troposphere ZTD dataset generation method for massive GNSS CORS stations [J]. IEEE Transactions on Geoscience and Remote Sensing, 2023, 61: 1-11.

[144] SHI J, XU C, GUO J, et al. Local troposphere augmentation for real-time precise point positioning [J]. Earth, Planets and Space, 2014, 66 (1): 1-13.

[145] SIAMI-NAMINI S, TAVAKOLI N, NAMIN A S. A comparison of ARIMA and LSTM in forecasting time series [C]. IEEE International Conference on Machine Learning and Applications (ICMLA), Orlando, FL, USA, 17-20 December 2018; IEEE: Piscataway, NJ, USA, 2018: 1394-1401.

[146] SMITH E K, WEINTRAUB S. The constants in the equation for atmospheric refractive index at radio frequencies [J]. Proceedings of the IRE, 1953, 41 (8): 1035-1037.

[147] SONG C, HAO J, ZHANG H. A Method to Accelerate PPP Re-Convergence with Prior Troposphere Delay Constraint [J]. Geom. Sci. Technol, 2015, 32: 441-444.

[148] SUN Z, ZHANG B, YAO Y. An ERA5-Based Model for Estimating Tropospheric Delay and Weighted Mean Temperature Over China With Improved Spatiotemporal Resolutions [J]. Earth and Space Science, 2019, 6 (10): 1926-1941.

[149] SUN Z, ZHANG B, YAO Y. Improving the estimation of weighted mean temperature in China using machine learning methods [J]. Remote Sens, 2021, 13: 1016.

[150] SUPARTA W, ALHASA K M. Modeling of zenith path delay over Antarctica using an adaptive neuro fuzzy inference system technique [J]. Expert Systems with Applications, 2015, 42 (3): 1050-1064.

[151] SUTSKEVER I, VINYALS O, LE Q V. Sequence to sequence learning with neural networks [J]. In Advances in Neural Information Processing Systems, 2014: 3104-3112.

[152] TEKE K, NILSSON T, BÖHM J, et al. Troposphere delays from space geodetic techniques, water vapor radiometers, and numerical weather models over a series of continuous VLBI campaigns [J]. Journal of Geodesy, 2013, 87 (10-12): 981-1001.

[153] TEUNISSEN P J G, KHODABANDEH A. Review and principles of PPP-RTK methods [J]. Journal of Geodesy, 2015, 89 (3): 217-240.

[154] THAYER G D. An improved equation for the radio refractive index of air [J]. Radio Science, 1974, 9 (10): 803-807.

[155] TOMASZ H. GNSS-Warp software for real-time precise point positioning [J]. Artificial Satellites, 2015, 50 (2): 59.

[156] TREGONING P, BOERS R, O'BRIEN D, et al. Accuracy of absolute precipitable water vapor estimates from GPS observations [J]. Journal of Geophysical Research: Atmospheres, 1998, 103 (D22): 28701-28710.

[157] TUKA A, EL-MOWAFY A. Performance evaluation of different troposphere delay models and mapping functions [J]. Measurement, 2013, 46 (2): 928-937.

[158] URQUHART L. Atmospheric pressure loading and its effects on precise point positioning [C]. International Technical Meeting of The Satellite Division of the Institute of Navigation (ION GNSS 2009), 2009: 658-667.

[159] VACLAVOVIC P, DOUSA J, ELIAS M, et al. Using external tropospheric corrections to improve GNSS positioning of hot-air balloon [J]. GPS Solutions, 2017, 21 (4): 1479-1489.

[160] VASWANI A, SHAZEER N, PARMAR N, et al. Attention is all you need [J]. Adv. Neural Inf. Process. Syst, 2017, 30: 6000-6010.

[161] WABBENA G, SCHMITZ M, BAGGE A. PPP-RTK: Precise point positioning using state-space representation in RTK networks [C]. International Technical Meeting of the Satellite Division of the Institute of Navigation (ION GNSS 2005), Long Beach, CA, USA, 13-16 September 2005: 2584-2594.

[162] WANG J, BALIDAKIS K, ZUS F, et al. Improving the vertical modeling of tropospheric Delay [J]. Geophysical Research Letters, 2022, 49 (5).

[163] WANG M, CHAI H, XIE K, et al. PWV inversion based on CNES real-time orbits and clocks [J]. Geod and Geodyn, 2013, 33 (1): 137-140.

[164] WANG S C. Artificial neural network. In Interdisciplinary computing in java programming, 2003: 81-100. Springer, Boston, MA.

[165] WANG X, CHENG Y, WU S, et al. An effective toolkit for the interpolation and gross error detection of GPS time series [J]. Survey Rev, 2016, 48 (348): 202-211.

[166] WANG X, ZHANG K, WU S, et al. The correlation between GNSS-derived precipitable water vapor and sea surface temperature and its responses to El Niño-Southern Oscillation [J]. Remote Sensing of Environment, 2018, 216: 1-12.

[167] WANG Y, ZHANG L, YANG J. Prediction of zenith tropospheric delay based on BP neural network [J]. In Advances in Computer Science and Education, 2012: 459-465.

[168] WARREN, D L, RAQUET J F. Broadcast vs precise GPS ephemerides: a historical perspective [C]. National Technical Meeting of The Institute of Navigation, 2002: 733-741.

[169] WILGAN K, HURTER F, GEIGER A, et al. Tropospheric refractivity and zenith path delays from least-squares collocation of meteorological and GNSS data [J]. Journal of Geodesy, 2017, 91 (2): 117-134.

[170] WITTE T, WILSON A. Accuracy of non-differential GPS for the determination of speed

over ground [J]. Journal of Biomechanics, 2004, 37 (12): 1891-1898.

[171] WU J, XIA L, CHAN T O, et al. A novel fusion framework embedded with zero-shot super-resolution and multivariate autoregression for precipitable water vapor across the continental Europe [J]. Remote Sensing of Environment, 2023, 297: 113783.

[172] WU N, GREEN B, BEN X, et al. Deep transformer models for time series forecasting: The inflfluenza prevalence case. arXiv 2020, arXiv: 2001.08317.

[173] WU Q, GUAN F, LV C, et al. Ultra-short-term multi-step wind power forecasting based on CNN-LSTM [J]. IET Renew. Power Gener, 2021, 15: 1019-1029.

[174] WU X, KUMAR V, QUINLAN J R, et al. D. Top 10 algorithms in data mining [J]. Knowledge and Information Systems, 2008, 14 (1): 1-37.

[175] WÜBBENA G, BAGGE A, SEEBER G, et al. Reducing distance dependent errors for real-time precise DGPS applications by establishing reference station networks [J]. Institute of Navigation in proceedings of ion GPS, 1996, 9: 1845-1852.

[176] XIAO G W, JIKUN O U, LIU G L, et al. Construction of a regional precise tropospheric delay model based on improved BP neural network [J]. Chinese Journal of Geophysics, 2018.

[177] XU J, LIU Z. A linear regression of differential PWV calibration model to improve the accuracy of MODIS NIR all-weather PWV products based on ground-based GPS PWV data [J]. IEEE Journal of Selected Topics in Applied Earth Observations and Remote Sensing, 2022, 15: 7929-7951.

[178] XU C, YAO Y, SHI J, et al. Development of global tropospheric empirical correction model with high temporal resolution [J]. Remote Sensing, 2020, 12 (4): 721.

[179] XUE N, TRIGUERO I, FIGUEREDO G P, et al. Evolving deep CNN-LSTMs for inventory time series prediction [C]. IEEE Congress on Evolutionary Computation (CEC), Wellington, New Zealand, 10-13 June 2019; IEEE: Piscataway, NJ, USA, 2019: 1517-1524.

[180] YANG F, GUO J, ZHANG C, et al. A regional zenith tropospheric delay (ZTD) model based on GPT3 and ANN [J]. Remote Sensing, 2021, 13 (5): 838.

[181] YANG Y, ZHANG S. Adaptive fitting of systematic errors in navigation [J]. Journal of Geodesy, 2005, 79 (1-3): 43-49.

[182] YANG Y, XU T, REN, L. A new regional tropospheric delay correction model based on BP neural network [J]. IEEE. In 2017 Forum on Cooperative Positioning and Service (CPGPS), 2017: 96-100.

[183] YAO Y, HU Y. An empirical zenith wet delay correction model using piecewise height functions [J]. Annales Geophysicae, 2018, 36 (6): 1507-1519.

[184] YAO Y B, HE C Y, ZHANG B, et al. A new global zenith tropospheric delay model GZTD [J]. Chinese Journal of Geophysics, 2013, 56 (7): 2218-2227.

［185］ YAO Y B, ZHANG B, YUE S Q, et al. Global empirical model for mapping zenith wet delays onto precipitable water［J］. Journal of Geodesy, 2013, 87（5）: 439-448.

［186］ YAO Y, HU Y, YU C, et al. An improved global zenith tropospheric delay model GZTD2 considering diurnal variations［J］. Nonlinear Processes in Geophysics, 2016, 23（3）: 127-136.

［187］ YAO Y, PENG W, XU C, et al. Enhancing real-time precise point positioning with zenith troposphere delay products and the determination of corresponding tropospheric stochastic models［J］. Geophysical Supplements to the Monthly Notices of the Royal Astronomical Society, 2016, 208（2）: 1217-1230.

［188］ YAO Y, XU C, SHI J, et al. ITG: A New Global GNSS Tropospheric Correction Model［J］. Rep, 2015, 5: 10273.

［189］ YAO Y, XU X, XU C, et al. GGOS tropospheric delay forecast product performance evaluation and its application in real-time PPP［J］. Journal of Atmospheric and Solar-Terrestrial Physics, 2018, 175: 1-17.

［190］ YAO Y, XU C, SHI J, et al. ITG: A new global GNSS tropospheric correction model［J］. Sci. Rep, 2015, 5: 1-9.

［191］ YENIDOAN I, ÇAYIR A, KOZAN O, et al. Bitcoin forecasting using ARIMA and PROPHET［J］. IEEE. In 2018 3rd International Conference on Computer Science and Engineering（UBMK）, 2018: 621-624.

［192］ YAO Y B, HE C Y, ZHANG B, et al. A new global zenith tropospheric delay model GZTD［J］. Chinese Journal of Geophysics-Chinese Edition, 2013, 56（7）: 2218-2227.

［193］ YAO Y B, CAO N, XU C Q, et al. Accuracy assessment and analysis for GPT2［J］. Acta Geod. Cartogr. Sin, 2015, 44: 726.

［194］ YU R, LI Y, SHAHABI C, et al. Deep learning: A generic approach for extreme condition traffic forecasting［C］. SIAM International Conference on Data Mining, Houston, TX, USA, 27-29 April 2017; Society for Industrial and Applied Mathematics: Philadelphia, PA, USA, 2017: 777-785.

［195］ ZHANG B, YAO Y. Precipitable water vapor fusion based on a generalized regression neural network［J］. Journal of Geodesy, 2021, 95（3）: 1-14.

［196］ ZHANG H, YAO Y, XU C, et al. Transformer-Based Global Zenith Tropospheric Delay Forecasting Model［J］. Remote Sensing, 2022, 14（14）: 3335.

［197］ ZHANG H, YUAN Y, LI Wei. An analysis of multisource tropospheric hydrostatic delays and their implications for GPS/GLONASS PPP-based zenith tropospheric delay and height estimations［J］. Journal of Geodesy, 2021a, 95（7）: 1-19, 83.

［198］ ZHANG H; YAO Y, HU M, et al. A Tropospheric Zenith Delay Forecasting Model Based on a Long Short-Term Memory Neural Network and Its Impact on Precise Point Positioning

[J]. Remote Sens. , 2022, 14 (23): 5921.

[199] ZHANG M, WANG M, GUO H, et al. Tropospheric Delay Model Based on VMF and ERA5 Reanalysis Data [J]. Applied Sciences, 2023, 13 (9): 5789.

[200] ZHANG Q, YE J, ZHANG S, et al. Precipitable Water Vapor Retrieval and Analysis by Multiple Data Sources: Ground-Based GNSS, Radio Occultation, Radiosonde, Microwave Satellite, and NWP Reanalysis Data [J]. Journal of Sensors, 2018 (2018): 1-13.

[201] ZHANG W, LOU Y, CAO Y, et al. Corrections of Radiosonde-Based Precipitable Water Using Ground-Based GPS and Applications on Historical Radiosonde Data Over China [J]. Journal of Geophysical Research: Atmospheres, 2019, 124 (6): 3208-3222.

[202] ZHANG X, LI X, GUO F. , . Satellite clock estimation at 1 Hz for realtime kinematic PPP applications [J]. GPS Solutions, 2011, 15 (4): 315-324.

[203] ZHANG H, YUAN Y, LI W. An analysis of multisource tropospheric hydrostatic delays and their implications for GPS/GLONASS PPP-based zenith tropospheric delay and height estimations [J]. Journal of Geodesy, 2021, 95 (7): 1-19.

[204] ZHANG J, LACHAPELLE G. Precise estimation of residual tropospheric delays using a regional GPS network for real-time kinematic applications [J]. Journal of Geodesy, 2001, 75 (5): 255-266.

[205] ZHANG Q, LI F, ZHANG S, et al. Modeling and Forecasting the GPS Zenith Troposphere Delay in West Antarctica Based on Different Blind Source Separation Methods and Deep Learning [J]. Sensors, 2020, 20: 2343.

[206] ZHANG Q, LI F, ZHANG S K, et al. Modeling and forecasting the GPS zenith troposphere delay in West Antarctica based on different blind source separation methods and deep learning [J]. Sensors 20, 2020, 8: 2343.

[207] ZHAO Q, DU Z, YAO W, et al. Precipitable water vapor fusion method based on artificial neural network [J]. Advances in Space Research, 2022.

[208] ZHAO Q, LIU K, SUN T, et al. A novel regional drought monitoring method using GNSS-derived ZTD and precipitation [J]. Remote Sensing of Environment, 2023, 297: 113778.

[209] ZHAO Q, MA X, YAO W, et al. A drought monitoring method based on precipitable water vapor and precipitation [J]. Journal of Climate, 2020, 33 (24): 10727-10741.

[210] ZHAO Q, MA Y, LI Z, et al. Retrieval of a high-precision drought monitoring index by using GNSS-derived ZTD and temperature [J]. IEEE Journal of Selected Topics in Applied Earth Observations and Remote Sensing, 2021, 14: 8730-8743.

[211] ZHAO Q, SU J, XU C, et al. High-precision ZTD model of altitude-related correction [J]. IEEE Journal of Selected Topics in Applied Earth Observations and Remote Sensing, 2023, 16: 609-621.

[212] ZHAO Q, WANG W, LI Z, et al. A high-precision ZTD interpolation method considering

large area and height differences [J]. GPS Solutions, 2024, 28 (1): 4.

[213] ZHAO Q, WANG W, YIN J, et al. Real-time retrieval of high-precision ZTD maps using GNSS observation [J]. Geodesy and Geodynamics, 2024, 12 (6): 381.

[214] ZHAO Q, YAO Y, YAO W Q, et al. Near-global GPS-derived PWV and its analysis in the El Niño event of 2014-2016 [J]. Journal of Atmospheric and Solar-Terrestrial Physics, 2018, 179: 69-80.

[215] ZHAO, Q., MA, X., YAO, W., et al. Improved drought monitoring index using GNSS-derived precipitable water vapor over the loess plateau area [J]. Sensors, 2019, 19 (24): 5566.

[216] ZHAO, Q., YAO, Y., YAO, W. Q., et al. Near-global GPS-derived PWV and its analysis in the El Niño event of 2014-2016 [J]. Atmos. Solar-Terrestrial Phys, 2018, 179: 69-80.

[217] ZHAO, Q, YAO, Y, YAO, W, et al. GNSS-derived PWV and comparison with radiosonde and ECMWF ERA-Interim data over mainland China [J]. Atmos. Sol.-Terr. Phys, 2019, 182: 85-92.

[218] ZHENG Y, LU C, WU Z, et al. Machine Learning - Based Model for Real - Time GNSS Precipitable Water Vapor Sensing [J]. Geophysical Research Letters, 2022, 49 (3).

[219] ZHENG D, HU W, WANG J, et al. Research on regional zenith tropospheric delay based on neural network technology [J]. Survey Review, 2015, 47 (343): 286-295.

[220] ZHOU H, ZHANG S, PENG J, et al. Informer: Beyond efficient transformer for long sequence time-series forecasting [C]. AAAI Conference on Artificial Intelligence, Virtual, February 2-9, 2021.

[221] ZHU G, HUANG L, YANG Y, et al. Refining the ERA5-based global model for vertical adjustment of zenith tropospheric delay [J]. Satellite Navigation, 2022, 3 (1): 27.

[222] ZHU X, FU B, YANG Y, et al. Attention-based recurrent neural network for influenza epidemic prediction [J]. BMC Bioinform, 2019, 20: 575.

[223] Zumberge, J, Heflin, M, Jefferson, D, et al. Precise point positioning for the efficient and robust analysis of GPS data from large networks [J]. Journal of Geophysical Research: Solid Earth, 1997, 102 (B3): 5005-5017.

[224] 蔡猛, 刘立龙, 黄良珂, 等. GPT3模型反演GNSS大气可降水量精度评定 [J]. 大地测量与地球动力学, 2022, 42 (05): 483-488.

[225] 曹艳丰, 陈秀万, 李伟, 等. 天顶对流层干延迟模型高程适用性研究 [J]. 北京大学学报 (自然科学版), 2015, 51 (01): 93-98.

[226] 陈俊勇. 地基GPS遥感大气水汽含量的误差分析 [J]. 测绘学报, 1998 (02): 22-27.

[227] 冯鹏. GNSS对流层误差模型研究及其气象学应用 [D]. 武汉: 武汉大学, 2021.

参考文献

[228] 胡羽丰. 全球高精度对流层延迟建模及其在地基 GNSS 技术中的应用研究 [J]. 测绘学报, 2020, 49 (04): 535.

[229] 滑中豪, 柳林涛, 梁星辉. GPT2w 模型检验以及对流层模型的参数互融 [J]. 武汉大学学报 (信息科学版), 2017, 42 (10): 1468-1473.

[230] 李博峰, 王苗苗, 沈云中, 等. 不同全球对流层天顶延迟产品在中国区域的比较 [J]. 同济大学学报 (自然科学版), 2014, 42 (08): 1267-1272.

[231] 李国平. 地基 GPS 水汽监测技术及气象业务化应用系统的研究 [J]. 大气科学学报, 2011, 34 (04): 385-392.

[232] 李宏达, 张显云, 廖留峰, 等. 利用 GPS/BDS/GLONASS/Galileo 组合 PPP 反演大气可降水量 [J]. 测绘通报, 2020 (06): 63-66, 98.

[233] 刘经南, 叶世榕. GPS 非差相位精密单点定位技术探讨 (Doctoral dissertation).

[234] 马克玲. 卫星遥感反演大气水汽含量的研究 [D]. 东北师范大学, 2006.

[235] 曲建光, 赵丽萍, 刘基余. 利用 GPS 数据来评定 Saastamoinen 和 Hopfield 天顶湿延迟模型的精度 [J]. 黑龙江工程学院学报, 2006 (01): 1-5.

[236] 曲伟菁, 朱文耀, 宋淑丽, 等. 三种对流层延迟改正模型精度评估 [J]. 天文学报, 2008 (01): 113-122.

[237] 施闯, 张卫星, 楼益栋, 等. 基于北斗/GNSS 的中国-中南半岛地区大气水汽气候特征及同降水的相关分析 [J]. 测绘学报, 2020, 49 (09): 1112-1119.

[238] 许超钤. 实时高精度对流层关键参量建模及其应用研究 [D]. 武汉: 武汉大学, 2017.

[239] 姚宜斌, 何畅勇, 张豹, 等. 一种新的全球对流层天顶延迟模型 GZTD [J]. 地球物理学报, 2013, 56 (07): 2218-2227.

[240] 姚宜斌, 徐星宇, 胡羽丰. GGOS 对流层延迟产品精度分析及在 PPP 中的应用 [J]. 测绘学报, 2017, 46 (03): 278-287.

[241] 姚宜斌, 余琛, 胡羽丰, 刘强. 利用非气象参数对流层延迟估计模型加速 PPP 收敛 [J]. 武汉大学学报 (信息科学版), 2015, 40 (02): 188-192, 221.

[242] 姚宜斌, 张豹, 严凤, 等. 两种精化的对流层延迟改正模型 [J]. 地球物理学报, 2015, 58 (05): 1492-1501.

[243] 殷海涛, 黄丁发, 熊永良, 等. GPS 信号对流层延迟改正新模型研究 [J]. 武汉大学学报 (信息科学版), 2007 (05): 454-457.

[244] 岳迎春, 吴北平, 李征航. 地基 GPS 技术探测大气水汽含量的误差分析 [J]. 全球定位系统, 2003 (05): 14-18.

[245] 张豹. 地基 GNSS 水汽反演技术及其在复杂天气条件下的应用研究 [D]. 武汉: 武汉大学, 2016.

[246] 张婧宇. 基于北斗系统的对流层天顶延迟解算与分析 [D]. 西安: 中国科学院研究生院 (国家授时中心), 2015.

[247] 张克非, 李浩博, 郑南山, 等. 地基 GNSS 大气水汽探测遥感研究进展和展望

[J]．测绘学报，2022：051-007．

[248] 张洛恺．地基 GNSS 反演大气水汽含量方法研究［D］．郑州：解放军信息工程大学，2014．

[249] 张卫星．中国区域融合地基 GNSS 等多种资料水汽反演、变化分析及应用［D］．武汉：武汉大学，2016．

[250] 张小红，胡家欢，任晓东．PPP/PPP-RTK 新进展与北斗/GNSS PPP 定位性能比较［J］．测绘学报，2020，49（09）：1084-1100．

[251] 章迪．GNSS 对流层天顶延迟模型及映射函数研究［D］．武汉：武汉大学，2017．

[252] 赵庆志，杜正，姚宜斌，等．时空加权与再分析资料相结合的 GNSS PWV 时序填补方法［J］．测绘学报，2023，52（10）：1661-1668．

[253] 朱晓武，段宏山，陈国恒，等．粤港澳大湾区多系统 GNSS 大气可降水量反演分析［J］．测绘通报，2023（10）：163-167．

[254] DRAGOMIRETSKIY K，ZOSSO D．Variational model decomposition［J］．IEEE Transactions on Signal Processing，2014，62（3）：531-544．

[255] 周志华．机器学习［M］．北京：清华大学出版社，2016．